国家出版基金项目
NATIONAL PUBLICATION FOUNDATION

"十四五"国家重点图书出版规划项目
核能与核技术出版工程

先进核反应堆技术丛书（第一期）
主编 于俊崇

先进快中子反应堆技术

Advanced Fast Reactor Technology

张东辉 等 编著

上海交通大学出版社
SHANGHAI JIAO TONG UNIVERSITY PRESS

内容提要

本书为"先进核反应堆技术丛书"之一。主要内容包括快中子反应堆(简称"快堆")的基本原理和特点,以及主要技术用途;第四代核能系统及其目标要求,先进快堆概念、典型设计方案,国内外先进快堆研究计划;先进快堆的技术特点;与快堆匹配的乏燃料后处理以及闭式燃料循环体系的技术组成和发展现状,先进快堆和先进闭式燃料循环发展的技术方向;未来基于快堆的先进核能系统发展的技术方向以及先进快堆在特种动力领域的拓展用途。本书可供从事核工程相关工作,尤其是从事快堆工程、核燃料循环体系发展以及规划政策制定等相关工作的技术和研究人员参考。

图书在版编目(CIP)数据

先进快中子反应堆技术/ 张东辉等编著. —上海:
上海交通大学出版社,2023.1
(先进核反应堆技术丛书)
ISBN 978－7－313－27459－5

Ⅰ. ①先… Ⅱ. ①张… Ⅲ. ①快堆－技术 Ⅳ.
①TL43

中国版本图书馆 CIP 数据核字(2022)第 175952 号

先进快中子反应堆技术

XIANJIN KUAIZHONGZI FANYINGDUI JISHU

编　　著: 张东辉 等
出版发行: 上海交通大学出版社　　　　地　　址: 上海市番禺路 951 号
邮政编码: 200030　　　　　　　　　　电　　话: 021－64071208
印　　制: 苏州市越洋印刷有限公司　　经　　销: 全国新华书店
开　　本: 710mm×1000mm　1/16　　印　　张: 20.5
字　　数: 341 千字
版　　次: 2023 年 1 月第 1 版　　　　印　　次: 2023 年 1 月第 1 次印刷
书　　号: ISBN 978－7－313－27459－5
定　　价: 168.00 元

先进核反应堆技术丛书

编　委　会

主　编

于俊崇（中国核动力研究设计院，研究员，中国工程院院士）

编　委（按姓氏笔画排序）

王丛林（中国核动力研究设计院，研究员级高级工程师）

刘　永（核工业西南物理研究院，研究员）

刘汉刚（中国工程物理研究院，研究员）

孙寿华（中国核动力研究设计院，研究员）

李　庆（中国核动力研究设计院，研究员级高级工程师）

李建刚（中国科学院等离子体物理研究所，研究员，中国工程院院士）

杨红义（中国原子能科学研究院，研究员级高级工程师）

余红星（中国核动力研究设计院，研究员级高级工程师）

张东辉（中国原子能科学研究院，研究员）

张作义（清华大学，教授）

陈　智（中国核动力研究设计院，研究员级高级工程师）

柯国土（中国原子能科学研究院，研究员）

姚维华（中国核动力研究设计院，研究员级高级工程师）

顾　龙（中国科学院近代物理研究所，研究员）

柴晓明（中国核动力研究设计院，研究员级高级工程师）

徐洪杰（中国科学院上海应用物理研究所，研究员）

黄彦平（中国核动力研究设计院，研究员）

序

  人类利用核能的历史始于 20 世纪 40 年代。实现核能利用的主要装置——核反应堆诞生于 1942 年。意大利著名物理学家恩里科·费米领导的研究小组在美国芝加哥大学体育场,用石墨和金属铀"堆"成了世界上第一座用于试验可实现可控链式反应的"堆砌体",史称"芝加哥一号堆",于 1942 年 12 月 2 日成功实现人类历史上第一个可控的铀核裂变链式反应。后人将可实现核裂变链式反应的装置称为核反应堆。

  核反应堆的用途很广,主要分为两大类:一类是利用核能,另一类是利用裂变中子。核能利用又分军用与民用。军用核能主要用于原子武器和推进动力;民用核能主要用于发电,在居民供暖、海水淡化、石油开采、冶炼钢铁等方面也具有广阔的应用前景。通过核裂变中子参与核反应可生产钚-239、聚变材料氚以及广泛应用于工业、农业、医疗、卫生等诸多领域的各种放射性同位素。核反应堆产生的中子还可用于中子照相、活化分析以及材料改性、性能测试和中子治癌等方面。

  人类发现核裂变反应能够释放巨大能量的现象以后,首先研究将其应用于军事领域。1945 年,美国成功研制原子弹,1952 年又成功研制核动力潜艇。由于原子弹和核动力潜艇的巨大威力,世界各国竞相开展相关研发,核军备竞赛持续至今。另外,由于核裂变能的能量密度极高且近零碳排放,这一天然优势使其成为人类解决能源问题与应对环境污染的重要手段,因而核能和平利用也同步展开。1954 年,苏联建成了世界上第一座向工业电网送电的核电站。随后,各国纷纷建立自己的核电站,装机容量不断提升,从开始的 5 000 千瓦到目前最大的 175 万千瓦。截至 2021 年底,全球在运行核电机组共计 436 台,总装机容量约为 3.96 亿千瓦。

  核能在我国的研究与应用已有 60 多年的历史,取得了举世瞩目的成就。

1958年,我国第一座核反应堆建成,开启了我国核能利用的大门。随后我国于1964年、1967年与1971年分别研制成功原子弹、氢弹与核动力潜艇。1991年,我国大陆第一座自主研制的核电站——秦山核电站首次并网发电,被誉为"国之光荣"。进入21世纪,我国在研发先进核能系统方面不断取得突破性成果,如研发出具有完整自主知识产权的第三代压水堆核电品牌ACP1000、ACPR1000和ACP1400。其中,以ACP1000和ACPR1000技术融合而成的"华龙一号"全球首堆已于2020年11月27日首次并网成功,其先进性、经济性、成熟性、可靠性均已处于世界第三代核电技术水平,标志着我国已进入掌握先进核能技术的国家之列。截至2022年7月,我国大陆投入运行核电机组达53台,总装机容量达55 590兆瓦。在建机组有23台,装机容量达24 190兆瓦,位居世界第一。

2002年,第四代核能系统国际论坛(Generation Ⅳ International Forum, GIF)确立了6种待开发的经济性和安全性更高的第四代先进的核反应堆系统,分别为气冷快堆、铅合金液态金属冷却快堆、液态钠冷却快堆、熔盐反应堆、超高温气冷堆和超临界水冷堆。目前我国在第四代核能系统关键技术方面也取得了引领世界的进展:2021年12月,具有第四代核反应堆某些特征的全球首座球床模块式高温气冷堆核电站——华能石岛湾核电高温气冷堆示范工程送电成功。此外,在号称人类终极能源——聚变能方面,2021年12月,中国"人造太阳"——全超导托卡马克核聚变实验装置(Experimental and Advanced Superconducting Tokamak, EAST)实现了1 056秒的长脉冲高参数等离子体运行,再一次刷新了世界纪录。经过60多年的发展,我国已建立起完整的科研、设计、实(试)验、制造等核工业体系,专业涉及核工业各个领域。科研设施门类齐全,为试验研究先后建成了各种反应堆,如重水研究堆、小型压水堆、微型中子源堆、快中子反应堆、低温供热实验堆、高温气冷实验堆、高通量工程试验堆、铀-氢化锆脉冲堆、先进游泳池式轻水研究堆等。近年来,为了适应国民经济发展的需要,我国在多种新型核反应堆技术的科研攻关方面也取得了不俗的成绩,如各种小型反应堆技术、先进快中子堆技术、新型嬗变反应堆技术、热管反应堆技术、钍基熔盐反应堆技术、铅铋反应堆技术、数字反应堆技术以及聚变堆技术等。

在我国,核能技术已应用到多个领域,为国民经济的发展做出了并将进一步做出重要贡献。以核电为例,根据中国核能行业协会数据,2021年中国核能发电4 071.41亿千瓦时,相当于减少燃烧标准煤11 558.05万吨,减少排放二氧化碳 30 282.09 万吨、二氧化硫 98.24 万吨、氮氧化物 85.53 万吨,相当于造林 91.50 万公顷(9 150 平方千米)。在未来实现"碳达峰、碳中和"国家重大战略和国民经济高质量发展过程中,核能发电作为以清洁能源为基础的新型电力系统的稳定电源和节能减排的保障将起到不可替代的作用。也可以说,研发先进核反应堆为我国实现能源独立与保障能源安全、贯彻"碳达峰、碳中和"国家重大战略部署提供了重要保障。

随着核动力和核技术应用的不断扩展,我国积累了大量核领域的科研成果与实践经验,因此很有必要系统总结并出版,以更好地指导实践,促进技术进步与可持续发展。鉴于此,上海交通大学出版社与国内核动力领域相关专家多次沟通、研讨,拟定书目大纲,最终组织国内相关单位,如中国原子能科学研究院、中国核动力研究设计院、中国科学院上海应用物理研究所、中国科学院近代物理研究所、中国科学院等离子体物理研究所、清华大学、中国工程物理研究院、核工业西南物理研究院等,编写了这套"先进核反应堆技术丛书"。本丛书聚集了一批国内知名核动力和核技术应用专家的最新研究成果,可以说代表了我国核反应堆研制的先进水平。

本丛书规划以 6 种第四代核反应堆型及三个五年规划(2021—2035 年)中我国科技重大专项——小型反应堆为主要内容,同时也包含了相关先进核能技术(如气冷快堆、先进快中子反应堆、铅合金液态金属冷却快堆、液态钠冷却快堆、重水反应堆、熔盐反应堆、超临界水冷堆、超高温气冷堆、新型嬗变反应堆、科学研究用反应堆、数字反应堆)、各种小型堆(如低温供热堆、海上浮动核能动力装置等)技术及核聚变反应堆设计,并引进经典著作《热核反应堆氚工艺》等,内容较为全面。

本丛书系统总结了先进核反应堆技术及其应用成果,是我国核动力和核技术应用领域优秀专家的精心力作,可作为核能工作者的科研与设计参考,也可作为高校核专业的教辅材料,为促进核能和核技术应用的进一步发展及人才的培养提供支撑。本丛书必将为我国由核能大国向核能强国迈进、推动我国核科技事业的发展做出一定的贡献。

王俊峰

2022 年 7 月

前　　言

核能是人类在 20 世纪最为激动人心的发现之一。人类自诞生以来,就对所生存的自然界充满了好奇。1932 年英国物理学家查德威克发现了中子,之后中子成了人类"打开"原子核"大门"的"钥匙"。1938 年,人类又第一次发现了中子轰击铀核时发生裂变的现象。核裂变反应在释放巨大能量的同时,还能够释放 2 个或 3 个新的中子。这些发现让人们很快意识到产生链式裂变反应并利用核裂变能具有很大的可能性。

发现了核裂变现象之后,人们提出了两种实现链式反应的途径:一是通过轻原子核的"减速"作用,将核裂变所产生中子的能量降低至热平衡状态,提高铀-235 等易裂变原子核与其发生裂变反应的可能性,可以利用低富集铀甚至天然铀作为燃料,这促进了热中子反应堆的发展;二是不慢化中子,但显著地提高堆芯铀-235 或钚-239 等易裂变核素的含量,使用高富集度铀或者使用钚作为燃料,这促进了快中子反应堆的发展。核反应堆工程研发初期就是按照这两条途径进行的。现今,在发电、核动力等核能应用方面,主要采用压水堆、沸水堆、重水堆等热中子反应堆,但快中子反应堆一直是重要的研究方向。

快中子反应堆(简称"快堆")之所以称为"快",主要原因是堆芯中的链式核裂变反应是由能量较高的"快中子"诱发的。相比热中子反应堆(简称"热堆"),快堆中没有慢化剂,中子平均能量高。快堆的显著优点在于能够实现核燃料增殖和长寿命废物嬗变,是实现核裂变能高安全、大规模、可持续、环境友好发展的关键堆型。

快堆技术已研发了数十年,先后建成了 20 多座快堆,涵盖实验堆、原型堆和商用示范堆。2000 年以来,快堆技术又得到了长足发展,第四代核能系统、行波堆等概念先后出现。本书基于系统工程角度,在先进核燃料循环大体系下,对先进快堆技术进行全方位的研究和论述,汲取了国内外本领域的最新研究成果,针对核心问题和技术进展给读者提供一个参考视角,希望能够对未来核裂变能长期可持续发展研究起到积极的促进作用。

本书由中国原子能科学研究院张东辉研究员主持编著。参与编写的成员还包括胡赟、任丽霞、刘琳、霍兴凯、曹攀、何辉、贾艳虹、张华、左臣。在书稿撰写和出版过程中,中国科学院王乃彦院士,中国原子能科学研究院薛小刚研究员、叶国安研究员审阅全书并提出了宝贵意见。中国原子能科学研究院的阳文俊、张崇等编排了书中的部分图、表,参与了统稿和校对工作。在此一并表示诚挚的谢意。

本书涉及内容较多,先进快堆及闭式燃料循环技术也在持续发展之中,因编者水平有限,书中难免存在不足之处,敬请读者批评指正。

目　　录

第 1 章

快堆原理与特点

核反应堆是一种能以可控方式实现自持链式裂变反应的装置[1]。它由核燃料、冷却剂、结构材料和吸收体等材料组成。快堆中不设置慢化剂材料，堆芯中的中子能量很高，几乎没有热中子，堆内裂变反应均由能量较高的快中子诱发。本章首先概要介绍裂变核反应堆的基本概念和中子与原子核相互作用的基本知识，以及链式裂变反应和临界条件，然后讨论快堆的原理、作用、设计特点和发展情况。

1.1　中子及其能量划分

中子是核反应堆的关键，一方面核反应堆内不断通过裂变反应产生大量中子，另一方面各种不同反应和泄漏又消耗大量中子。核反应堆内的主要核过程是中子与核反应堆内各种核素相互作用的过程。

中子是组成原子核的核子之一，它不带电荷，它的静止质量稍大于质子的静止质量。因其不带电，在靠近原子核时不受核内正电的斥力，很容易进入原子核内部并诱发原子核反应。中子是维持核反应堆稳定运行的关键因素，是核反应堆的"灵魂"。

中子的静止质量 $m=1.674\,954\,3\times10^{-27}$ kg$=1.008\,665\,0$ u(原子质量单位)，工程计算中通常取 m 约等于 1 u。

中子在原子核外自由存在时是不稳定的，它通过 β 衰变转变为质子，其半衰期约为 10 min。在核反应堆中，瞬发中子的平均寿命比自由中子的半衰期短很多，即使在中子平均寿命较长的热堆中也仅为 $1\times10^{-4}\sim1\times10^{-3}$ s，因此可以不考虑自由中子的衰变问题。

中子具有粒子性和波动性。它与原子核的相互作用过程有时表现为两个粒

子的碰撞,有时表现为中子波与核的相互作用。中子的波长 λ(单位为 m)可表示如下:

$$\lambda = \frac{2.86 \times 10^{-11}}{\sqrt{E}} \qquad (1-1)$$

式中,E 为中子能量,单位为 eV。

由式(1-1)可知,中子的波长随能量增加而变短。在核反应堆内的中子能量范围内,中子的波长比起中子平均自由程或宏观尺寸要小多个数量级。因此,在反应堆中子学范畴内讨论中子的运动时,把它看成一个粒子来描述是适当的[2]。

核反应堆内的中子由核裂变反应产生,之后随着与堆内各种物质发生相互作用而降低能量,直至被吸收或泄漏出堆芯。因此,堆内中子的能量在热中子能量到数十兆电子伏范围内连续分布。中子的能量不同,它与原子核相互作用的方式和概率也不同。在反应堆物理分析中通常按照能量把中子划分为:① 快中子(0.1 MeV 以上);② 超热中子(1 eV~0.1 MeV);③ 热中子(1 eV 以下)。

1.2　中子与原子核的相互作用

核反应堆内存在大量的中子,这些中子与堆芯内的各种材料的原子核发生多种核反应,实现核反应堆的可控运作。例如,中子与燃料原子核发生裂变反应,实现链式裂变反应,这是核反应堆裂变能量的来源;中子被燃料中的 ^{238}U 等可转换核吸收发生俘获反应,这是燃料转换增殖的关键反应;裂变释放的快中子与慢化剂原子核发生散射反应,不断降低能量,这是核反应堆中中子能量慢化的机制;中子被硼等吸收控制体的原子核吸收,这是实现核反应堆控制的原理。要了解核反应堆运转的原理,首先应了解中子与原子核相互作用的基本知识。

1.2.1　中子与原子核相互作用机理

原子核反应的理论研究表明中子与原子核的相互作用过程有三种:势散射、直接相互作用、形成复合核。

势散射是最简单的核反应,它是中子波和核表面势相互作用的结果,此情况下中子并未进入靶核[1]。任何能量的中子都可能引起该反应。此种相互作用的特点如下：散射前后靶核的内能没有变化,中子把它的一部分或全部动能传给靶核,成为靶核动能,势散射前后中子与靶核系统的动能和动量守恒。势散射是一种弹性散射。

直接相互作用是指入射中子直接与靶核内的某个核子碰撞,使其从核内发射出来,而中子却留在核内。例如,如果从靶核内发射出来的是质子,即为直接相互作用(n, p)反应。入射中子要具有较高的能量才能发生此种反应,在反应堆内具有如此高能量的中子数量是很少的,因此在反应堆物理分析中,这种直接相互作用方式并不重要。

形成复合核是中子与原子核最重要的相互作用方式[1]。在该反应过程中,入射中子被靶核吸收,成为一个新的复合核。中子和靶核系统在质心系中的总动能以及中子的结合能都转化为复合核的内能,使复合核处于激发态。处于激发态的复合核不稳定,会在极短的时间内发生衰变或分解放出新粒子,并形成一个余核或反冲核。复合核衰变或分解有多种方式：若放出一个质子而衰变,称为(n, p)反应;若放出 α 粒子而衰变,称为(n, α)反应;若放出的是中子,则称为弹性或非弹性散射反应;若放出 γ 光子,则称为辐射俘获反应,简称(n, γ)反应。复合核也可通过分裂成两个较轻的中等质量原子核而衰变,该过程称为核裂变,简称(n, f)反应。

1.2.2　中子的散射

散射是使中子慢化的主要核反应过程,它有弹性散射和非弹性散射两种。

1) 弹性散射

中子与靶核作用后,中子重新出射且靶核内能不变,仍保持在基态,这种反应称为弹性散射。弹性散射还可以分为势散射和共振弹性散射。弹性散射反应前后中子-靶核系统的动能和动量都是守恒的,可以把该过程看成是"弹性球"式的碰撞。热中子反应堆内中子的慢化主要靠中子与慢化剂原子核之间的弹性散射反应实现。

2) 非弹性散射

中子与靶核作用后,靶核放出一个中子,但作用后的靶核内能也发生了改变,靶核处于激发态,然后通过发射 γ 射线返回基态。因此,散射前后中子-靶核系统的动量守恒,但动能不守恒。只有入射中子能量高于靶核第一激发态能量时,才有可能使靶核激发。因此,非弹性散射的发生具有阈值,只有在快中子反应堆中,非弹性散射过程才是重要的[1]。但由于裂变产生的中子能量较高,热中子反应堆中高能区仍会发生一些非弹性散射现象。当中子能量降低到非弹性散射阈能以下时,便主要依靠弹性散射来慢化中子。

1.2.3 中子的吸收

因中子吸收反应的结果是中子消失,这对反应堆内的中子平衡有重要影响。中子吸收反应一般主要包括(n,γ)、(n,f)、(n,p)和(n,α)四种反应[1]。

1) (n,γ)反应

(n,γ)反应即辐射俘获反应,是最常见的吸收反应。该反应的生成核是靶核的同位素,往往具有放射性。辐射俘获反应可以在中子的所有能区发生,但低能中子与中等质量或重核作用时易发生此种反应。

2) (n,f)反应

(n,f)反应即核裂变反应,这是核反应堆内最为重要的核反应。同位素^{233}U、^{235}U、^{239}Pu 和^{241}Pu 等易裂变材料在任意能量的中子作用下都能发生该反应,而同位素^{232}Th、^{238}U 和^{240}Pu 等可转换材料只有在入射中子能量高于某一阈值时才能发生裂变反应。目前,热中子反应堆中最常用的核燃料是^{235}U,而快中子反应堆中一般优先采用^{239}Pu 作为燃料。

3) (n,p)和(n,α)反应

(n,p)和(n,α)反应均为放出带电粒子的反应。(n,p)反应会释放质子,例如,水堆中一回路水放射性的主要来源为^{16}O 发生(n,p)反应产生^{16}N。(n,α)反应释放 α 粒子,例如,常用的 B_4C 吸收体材料就是利用^{10}B 吸收中子发生(n,α)反应,所以^{10}B 广泛地应用在反应堆中,作为反应性控制材料。

1.2.4 核反应堆内中子与物质的作用

核反应堆布置有核燃料、冷却剂、慢化剂、结构材料和吸收体等材料,中子与这些材料的原子核不断发生各种相互作用,并且实现自持链式裂变反应。中子与原子核发生反应的类型不仅与靶核元素组成有关,而且还与入射中子的能量有关。例如,在热中子反应堆内,中子的能量在热中子能量到数十兆电子伏范围内(但实际 10 MeV 以上能量的中子数较少),堆内所采用的材料及裂变产物的原子核的质量数分布在 $A=1$ 到 $A=242$ 的范围内。

中子根据能量可分为热中子、超热中子和快中子;原子核按照质量数的大小可分为轻核($A<30$)、中等核($30<A<90$)和重核($A>90$)。不同能量范围内的中子分别与轻核、中等核、重核可能发生的核反应见表 1-1。

表 1-1　中子与各种质量数的核发生核反应

原子核类型	热中子	超热中子	快中子
轻　核	(n, n)	(n, n) (n, p)	(n, n) (n, p) (n, α)
中等核	(n, n) (n, γ)	(n, n) (n, γ)①	(n, n) (n, n′) (n, p) (n, α)①
重　核	(n, γ) (n, n)① (n, f)	(n, n) (n, γ)① (n, f)	(n, n) (n, n′) (n, p) (n, γ) (n, f)

① 表示有共振。

1.3　链式裂变反应

核裂变反应是核反应堆中最为重要的中子与核相互作用的过程。核反应堆之所以能够稳定地运行，并持续不断地释放巨大的裂变能量，关键之处在于实现了自持的链式裂变反应。核反应堆的一个关键问题，是如何实现定量描述链式裂变反应的自持状态，即临界条件。

1.3.1　原子核裂变

早在 1938 年，奥地利物理学家莉泽·迈特纳和她的侄子奥托·弗里施曾提出，对铀被中子轰击时所观察到的结果的正确解释是铀核发生了裂变。这在当时立即引发了相关研究工作，并很快搞清了两件十分重要的事情：第一，裂变释放了巨大的能量；第二，一个中子诱发铀核发生裂变时，通常释放 2 个或 3 个新的中子[1]。

一般来说，核裂变反应的产物包括 2 个或多个中等质量的原子核(也称为裂变碎片)、2 个或多个新的裂变中子以及大量能量(对于^{235}U，每次裂变产生的能量约为 200 MeV)。裂变碎片是燃料衰变热的主要来源，裂变中子是维持链式裂变反应的关键，而所释放的裂变能则是核能利用的能量来源。

核裂变反应的重要性在于,在核裂变过程中,有大量的能量释放,同时释放中子。这就有可能在适当的条件下使这一反应过程自动持续下去,而人们就能够不断地利用核反应过程中释放的能量和中子。

1.3.2 自持链式裂变反应

在发现核裂变现象后,科学家们便很快意识到实现链式裂变反应使其产生巨大能量的可能性。

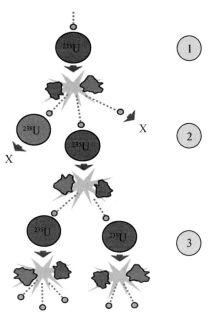

图 1-1 链式裂变反应示意图

裂变所产生的中子有可能会引发下一个裂变核素的裂变,如果裂变能够持续下去,就会形成一个像链条一样的连续反应,如图 1-1 所示,称为链式裂变反应。如果不依靠外界补充中子,裂变反应就能继续自持地进行下去,这样的核反应称为自持链式裂变反应。

一般而言,裂变核每次裂变可平均放出 2 个以上的中子,那么就有可能保持至少 1 个中子去引起下一个核的裂变,这样就有可能维持链式裂变反应持续发生。但核反应堆中不仅有裂变核素,还含有大量其他材料,如结构材料、冷却剂、控制体等,这些材料会吸收一部分中子。另外,反应堆大小是有限的,有一定量的中子会从反应堆中泄漏出去。因此,核反应堆能否实现自持链式裂变反应,取决于实际的中子产生率与中子消失率之间的平衡关系,其中中子的消失包括吸收和泄漏两个部分。如果在该过程中,中子的产生率大于或等于中子的消失率,则自持链式裂变反应就可以一直进行下去。

自持链式裂变反应包括临界和超临界状态。稳定功率运行情况下,反应堆处于临界状态,堆内发生稳定持续的自持链式裂变反应,并源源不断地释放裂变核能。

实现自持链式裂变反应是十分困难的。天然铀[①]主要由^{235}U(丰度为

---

① 天然铀中还有少量^{234}U,丰度约为 0.005 4%,可忽略。

0.7%)和^{238}U(丰度为 99.3%)两种同位素组成。其中,^{235}U 用任何能量的中子进行轰击都可能发生裂变反应;而^{238}U 只有当中子能量大于 1.3 MeV 时,才能发生裂变反应(裂变截面大于 0.1 b,1 b$=10^{-28}$ m^2)。

图 1-2 给出了^{235}U 和^{238}U 的裂变截面随入射中子能量的变化。在天然铀中,^{235}U 的高裂变截面补偿了它的低丰度,当中子能量低于 0.1 eV 时,其裂变概率大于俘获反应的概率。

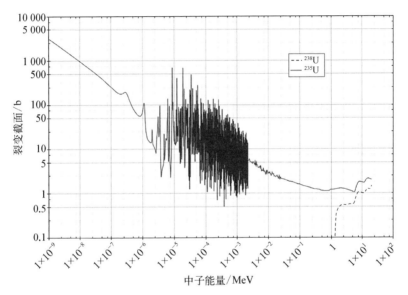

图 1-2　^{235}U 和^{238}U 裂变截面随入射中子能量变化对比

1.3.3　临界条件

从前面的讨论可以看出,实现自持链式裂变反应的条件如下:当一个裂变核吸收一个中子产生裂变后,新产生的中子中,平均至少应该再有一个中子去引起另一个核的裂变。由于裂变反应每次平均放出两个以上的裂变中子,因此实现自持链式裂变反应是有可能的。核反应堆自持链式裂变反应的条件可以很方便地用有效增殖因子来表示。

为定量分析,我们把一个系统新生一代的中子数与产生它们的直属上一代的中子数之比定义为有效增殖因子,用 k_{eff} 表示,即

$$k_{\text{eff}} = \frac{\text{新生一代中子数}}{\text{直属上一代中子数}} \qquad (1-2)$$

式(1-2)的定义是直观地从中子循环角度出发的。然而,式(1-2)在实际应用中不太方便,因为在实际问题中很难确定中子每"代"的起始和终了时间。例如,在堆芯中有的中子从裂变产生后立即就引起新的裂变,有的中子则需要经过慢化过程成为热中子之后才引起裂变,还有的中子在慢化过程中便泄漏出系统或者被吸收发生辐射俘获反应。

所以,在实际应用中,也可以从中子平衡关系的角度定义有效增殖因子,即

$$k_{\text{eff}} = \frac{\text{中子产生率}}{\text{中子消失率(吸收率} + \text{泄漏率)}} \tag{1-3}$$

如果系统内的中子产生率恰好等于消失率,则链式裂变反应处于稳定状态,有效增殖因子等于1,称为临界状态。这时,在系统内已经发生的链式裂变反应将以恒定的速率不断进行下去,也就是说,链式裂变反应过程处于稳定状态。这种系统称为临界系统。

如果中子产生率小于消失率,则有效增殖因子小于1,裂变反应持续减少,称为次临界状态。这时系统内中子数目将随时间不断衰减,链式裂变反应也不断衰减,是非自持的。这种系统称为次临界系统。

如果中子产生率大于消失率,则有效增殖因子大于1,裂变反应持续增加,称为超临界状态。这时系统内中子数目将随时间不断增加,链式裂变反应也不断增加,这种系统称为超临界系统。

显而易见,有效增殖因子与系统的材料成分构成(如燃料富集度等)有关。同时,它还与系统中中子的泄漏程度或者反应堆的大小有关。使核反应堆有效增殖因子等于1,即反应堆恰好处于临界状态时,堆芯的大小称为临界大小,在临界情况下所装载的燃料数量称为临界质量。

1.4 快堆原理及其作用

快堆的概念是相对于热堆而言的。从本质上讲,快堆中的裂变反应由能量较高的快中子诱发,正是这个特点决定了快堆具有增殖和嬗变两个最为重要的作用。

1.4.1 原理

原子核裂变时所产生的中子的平均能量约为 2 MeV,这在天然铀中是不

能维持链式裂变反应的。但是,如果中子经过多次散射反应而且能够"幸存"的话,中子动能会由于散射反应而降低到与原子处于热平衡的状态,此时则认为这些中子是"热中子"。在室温下,热中子最概然速度为 2 200 m/s,对应的能量约为 0.025 3 eV。

因此,要使链式裂变反应发生,要么将裂变产生的中子的能量降低到热中子能量状态附近,这时天然铀或低富集铀可以作为燃料;要么显著地增加燃料中^{235}U所占的比例,以实现在较高中子能量下也能达到临界状态。早期的核反应堆工程就是遵照这两条途径进行的,前者促进了热堆的发展,而后者促进了快堆的发展[2]。快堆之所以得名,就是因为引起裂变的是能量远远高于热中子的快中子,即"快中子反应堆"。

快堆中无慢化剂,中子平均能量比热堆高很多。典型的快堆与压水堆中子能谱对比如图 1-3 所示。可见,热堆中裂变中子能量会慢化到热中子能量区,而在典型快堆中由于无慢化,其中子能量处于快中子和中能中子区,在能量低于 1 keV 的能区基本上没有中子。

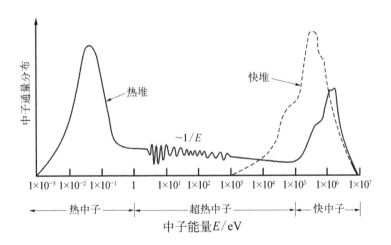

图 1-3 不同堆型中子能谱对比

典型快堆和热堆中,归一化裂变反应率随入射中子的能量分布如图 1-4 所示。从图中看出,热堆中裂变反应基本上由能量较低的热中子诱发,1 eV 以上能区中的裂变反应贡献已经很小,而快堆中裂变反应则完全由快中子诱发。

图 1-5 给出了^{239}Pu 的归一化裂变中子谱 $\chi(E)$,其他核素的裂变中子谱也与此类似。与堆芯中子能谱结合,可说明中子能量是怎样下降的。典型钠冷快堆中,在超过 0.5 MeV 的高能区,^{238}U 以及^{56}Fe 和^{23}Na 的非弹性散射十

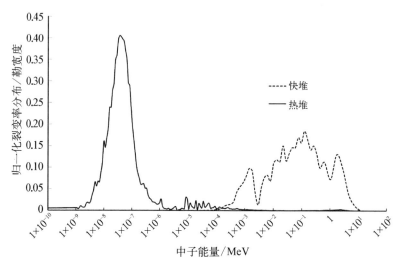

图 1-4　不同堆型中裂变反应率随中子能量的分布

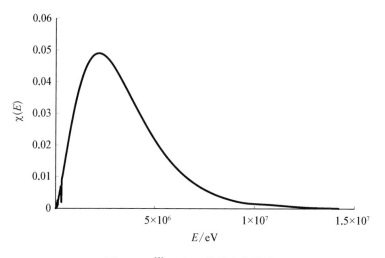

图 1-5　^{239}Pu 归一化裂变中子谱

分重要。^{238}U 核的最低能级的激发使中子能量下降到 45 keV,而^{56}Fe 和^{23}Na 的相应值分别为 845 keV 和 439 keV,因此在 0.5 MeV 以上,非弹性散射作用十分显著。在能量比较低的能区,弹性散射使中子的能量继续降低,而像^{23}Na 和^{16}O 那样的轻核是最重要的"慢化剂"。但是,为使能量降低,需要大量碰撞,中子被吸收或从堆芯泄漏出去的机会也相应增大,因此,中子注量率随能量的降低而平稳地下降。有些中子被^{23}Na 或^{56}Fe 俘获,但大多数被^{238}U 或^{239}Pu 俘获。

从堆芯泄漏出来的大部分中子在增殖层里被^{238}U俘获,有一部分中子泄漏出增殖层并在屏蔽层中消失掉,而通过增加增殖层的厚度,可以减少这些损失,增殖层的设置应综合衡量整体性能进行设计。

1.4.2　作用

因快堆内的链式裂变反应由快中子诱发可释放更多中子,使得快堆具有增殖燃料和嬗变核废物的优势。

1) 燃料增殖

在 20 世纪 40 年代初期,科学家就发现同位素^{233}U、^{235}U 和^{239}Pu 的原子核在遭受任何能量的中子轰击时都能够发生核裂变反应,这些同位素称为"易裂变"同位素;同时也发现^{232}Th 和^{238}U 的原子核只有在遭受高能中子的轰击时才能够发生核裂变反应,但在吸收一个中子之后,可分别转换为^{233}U 和^{239}Pu,故把它们称为"可转换"同位素。易裂变同位素对维持中子链式裂变反应是必不可少的。非常遗憾的是,自然界唯一存在的易裂变同位素^{235}U 在天然铀中只占很少的百分数(0.7%),天然铀中剩下的 99.3%基本都是^{238}U。

为了最大限度地发挥铀资源的作用,人们很快认识到必须设法找到一条途径,将天然铀中剩余的 99.3%的潜在资源也利用起来。值得庆幸的是,^{238}U和^{232}Th 在俘获一个中子后,经过几次衰变,可以转换成相应的易裂变同位素,这个物理过程可以用图 1 - 6 表示。如果从可转换同位素里可以产生比链式反应中消耗的还要多的易裂变同位素,人们就有可能利用丰富的可转换同位素去生产更多的易裂变材料。先期的研究已经证明,实现这个过程是可能的,并把这个过程命名为"增殖"。

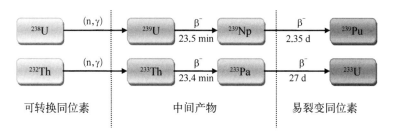

图 1 - 6　可转换同位素的增殖过程

上述增殖过程理论上必须要有足够的可以利用的中子才能实现。我们一般用$\bar{v}$表示单次裂变释放的平均中子数,其数值取决于发生裂变的同位素和诱发裂变的中子能量。在大多数情况下,使用^{235}U 燃料裂变的 $\bar{\nu}$ 值约为 2.5。应注意到,$\bar{\nu}$ 大于 1 使链式裂变反应自持成为可能,而 $\bar{\nu}$ 大于 2 则使得燃料增殖成为可能,即每次裂变产生的 $\bar{\nu}$ 个中子中,平均有 1 个中子可引起下一次裂变,以维持链式裂变反应,另外还有超过 1 个中子可被可转换材料吸收,并生成新的易裂变材料。

尽管 $\bar{\nu} > 2$ 使增殖堆的实现具备了可能性,但实现增殖的条件非常复杂。当一个中子同易裂变核相互作用时,未必一定引起裂变,也可能发生俘获反应,而如果是这样的话,实际上是"浪费"了中子。确定增殖是否可能的重要物理量是每吸收一个中子所产生的平均中子数,这个量用 η 表示,并可得出

$$\eta = \frac{\bar{\nu}\sigma_f}{\sigma_f + \sigma_c} \tag{1-4}$$

式中,$\bar{\nu}$ 为单次裂变释放的平均中子数,σ_f 是裂变反应截面,σ_c 是辐射俘获反应截面。η 是入射中子能量 E 的函数,图 1-7 给出了三种易裂变同位素的 η 值随 E 的变化。在所产生的 η 个中子中,需要 1 个中子维持链式裂变反应,剩下的中子或被其他材料吸收,或泄漏出堆芯。若被可转换核素吸收,则可产生易裂变核。如果用 L 表示易裂变材料每吸收 1 个中子所损失的中子数,则每消耗 1 个易裂变核所产生的新易裂变核的数量 C 可粗略地估算为

$$C \approx \eta - 1 - L \tag{1-5}$$

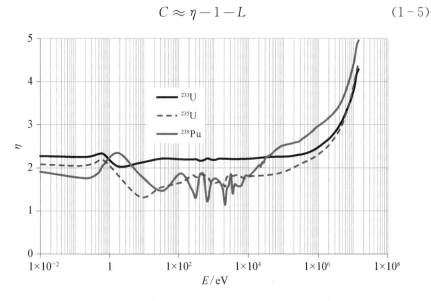

图 1-7 不同易裂变核素的 η 值随入射中子能量的变化

如果 C 大于 1，则称为"增殖比"；若 C 小于 1，则称为"转换比"。实际上，L 不可能降到 0.2 以下，因此只有当 η 约大于 2.2 时，增殖才是可能的。图 1-7 中的数据表明，中子能量较低的能区，^{233}U 的增殖可能性较大；中子能量较高的能区，^{239}Pu 的增殖性能最好；此外，在任何情况下，中子能量越高，增殖性能越好。

使用 ^{233}U 做燃料的热堆理论上能够增殖，但增殖比很小。其他热堆是不能增殖的，但仍能把一定数量的可转换材料转变成易裂变材料。使用 ^{235}U 做燃料的热堆，其转换比在 0.6（轻水堆）～0.8（重水堆）范围内。在轻水堆中，L 较大，因为氢核对中子的吸收率较大。

通常，最受欢迎的增殖系统是以 ^{238}U 和 ^{239}Pu 为基础的快堆，也可考虑使用 ^{232}Th 和 ^{233}U 的热增殖堆，但技术成熟度较低，实现难度也更大。以混合铀、钚氧化物（MOX）为燃料的大型快堆中，增殖比通常在 1.1～1.3 范围内，其值与具体的堆芯设计有关。

2）废物嬗变

分离-嬗变方法可以解决核能利用所产生的长寿命高放射性废物的安全处置问题。从广义上来说，所谓的"嬗变"就是指核素通过核反应转换成别的核素的过程。

核燃料在反应堆内辐照产出能量的同时，会产生两方面的后果：一方面会形成新的易裂变材料；另一方面由于产生的锕系核素和裂变产物会使乏燃料具有极强的放射性。这两方面的后果造成了对核扩散和废物安全处置问题的担心，使核燃料后端成为备受瞩目的核能发展的关键[3]。与其他类的废物不同，放射性废物的自身无害化只能通过放射性的衰变来实现。因此，对于反应堆中半衰期较长的放射性废物，不能指望其在短期内实现无害化。

反应堆长寿命废物主要包括次锕系核素（minor Actinides，简称"MA"，主要指 Np、Am、Cm 的同位素，锕系核素可统一用 An 表示）和长寿命裂变产物（long lived fission products，LLFP），其中半衰期长的甚至能够达到百万年之久（如 ^{237}Np 的半衰期为 214 万年）。如何处置核电站产生的大量高放射性废物，尤其是如何处置长寿命高放射性废物，已经成为许多国家继续发展核能的制约因素。核能今后要持续发展就必须解决好废物处置这一重大问题，特别是要寻求能从根本上解决废物危害的方法和技术[3]。

国际上在 20 世纪 60 年代提出了采用分离-嬗变的方法处置中、长寿命高放射性废物，即首先将长寿命锕系核素和长寿命裂变产物从高放射性废物中分离出来,然后再集中起来放到反应堆中进行嬗变,使其变为稳定或短寿命的核素,从而解决长寿命放射性核素长期衰变的问题[4]。图1-8分别给出在一次通过方式下,仅回收铀和钚、完全回收铀、钚和MA三种情况下的乏燃料放射毒性衰减到当量天然铀矿水平所需要的时间。回收并嬗变锕系核素可以有效地降低乏燃料的长期毒性。

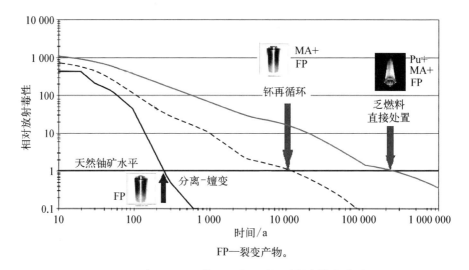

图1-8   在不同处理情况下的乏燃料放射毒性衰减时间

从闭式燃料循环的角度来看,如果能够在回收乏燃料中铀、钚的同时,进一步将其中的MA和LLFP也分离出来,便具备了嬗变处理废物的基础。考虑MA和LLFP的嬗变时,嬗变装置的选择是非常重要的。在目前技术条件下,钠冷快堆是最为现实有效的MA和LLFP的嬗变装置。MA核素的中子物理特性决定了快堆嬗变MA的优势。这些核素在热中子反应堆中吸收热中子后发生裂变的概率非常小,但是在快谱系统中,它们吸收快中子后会有一定的概率(比吸收热中子发生裂变的概率大很多,见图1-9)发生裂变反应,达到焚毁的效果。

对于LLFP的嬗变,尽管其吸收热中子发生核反应的概率比吸收快中子发生核反应的概率要大很多,但是快堆的特点是具有比热堆更高的中子注量率,在对LLFP嬗变区域的中子能谱进行适当软化后能够得到比热中子堆更好的效果。另外,LLFP嬗变是完全消耗中子的反应,一个嬗变系统必须能够提供较多的富余中子用于嬗变LLFP,而快堆中能够提供比热堆中更多的富余中子。

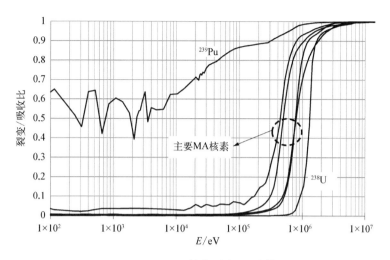

图 1 - 9　不同 MA 核素裂变/吸收截面比

以上这些特点决定了快堆在处理高放射性核废物方面独特的优势,通常认为,快堆除了可以增殖核燃料外还可以充当"垃圾焚烧炉"的角色。

1.5　设计特点

为了实现较硬的堆芯中子能谱,快堆中不设置慢化剂,并且希望尽可能少地使用具有慢化能力的轻材料;另外为了发挥增殖、嬗变的作用,在结构设计上快堆堆芯也不同于热堆堆芯。因此,在燃料、结构材料和冷却剂等材料的选择,栅元和组件的结构设计以及堆芯物理特性等方面,快堆均有自己的特点。

1.5.1　燃料和材料选择

燃料和结构材料选择是快堆堆芯设计中最为重要的工作,决定了中子能谱、燃料燃耗深度等多方面的特性。

1) 燃料

一般来说,对快堆燃料的一个根本要求是能达到高燃耗(约 100 MW·d/kg)和高线功率,使得燃料有良好的耐辐照特性。从燃料性质方面考虑,快堆中主要的备选燃料是铀、钚氧化物燃料,碳化物燃料,氮化物燃料和金属燃料[4]。

(1) 氧化物燃料:氧化物燃料是 20 世纪 60 年代时期采用的标准燃料,其应用已经积累了大量经验,并且其加工制造工业体系也已经建立。典型的氧化物燃料是 MOX 燃料,即 UO_2 和 PuO_2 的混合物。氧化物燃料之所以受欢迎的一大基本因素是其有较高的燃耗特性(超过 $100\ MW \cdot d/kg$)。氧化物燃料具有很高的熔点(约 $2\ 750\ ℃$),这个特性很好地弥补其导热性差的缺陷。由于氧有一定的慢化作用,因此,氧化物燃料堆芯的中子能谱比金属燃料堆芯的中子能谱要软,从而可以获得一个大的、负的多普勒(Doppler)系数。但是,由于氧化物燃料的中子能谱比较软,燃料中重金属原子的密度比较低,所以其增殖比较低,这是使用氧化物燃料的不利方面。

(2) 碳化物和氮化物燃料:碳化物(UC - PuC)和氮化物(UN - PuN)燃料有很高的热导率,可以作为氧化物燃料的替代物。其高的线功率密度导致了低的裂变材料比投料量。碳化物燃料中的每一个重金属原子仅有一个慢化剂原子,而不是两个氧原子,加上 UC 晶格结构比较紧密,因此有较高的金属密度,并形成较硬的中子能谱和较高的增殖比。碳化物燃料拥有较高的增殖增益和较低的裂变材料比投料量,因而其倍增时间较短。但是,碳化物燃料的辐照性能不理想,当碳化物燃料欠碳时会导致严重的肿胀问题,当碳过量时会导致包壳碳化问题。氮化物燃料的物理性质与碳化物燃料十分相似,不过氮化物与包壳的相容性相对较好,没有碳化物燃料包壳碳化的问题。另外氮化物燃料的循环性能优于碳化物燃料,与普雷克斯(PUREX)萃取法回收铀、钚工艺的前端相适应,即氮化物燃料溶解于硝酸溶液。氮化物乏燃料组件与水的相容性好,它可以保存在水中。但是,对氮化物燃料还缺乏更深的研究,很难对其优缺点做出全面评价。

(3) 金属燃料:美国和英国早期的试验快中子反应堆使用的是金属燃料,金属燃料的增殖比明显优于氧化物燃料和碳化物燃料。金属燃料的中子能谱很硬,因为不存在氧、碳和氮这样的慢化材料,从而使增殖比较高,并且与干法后处理技术结合可以实现较短的系统倍增时间。而且金属燃料的热导率也较高,这就允许其有较高的线功率。尽管它的熔点很低,但其热导率高弥补了这一缺陷。

金属燃料有一个严重的不利因素是燃料的肿胀。金属燃料发生裂变产生的裂变气体在燃料基体内的气泡中不断积累,气泡中的气体压力随燃耗增加而增高,气泡克服表面张力而长大,引起燃料基体变形,从而导致肿胀。在早期的试验快中子增殖堆中,金属燃料用得很多,但金属燃料辐照肿胀十分严重,每 1%(原子)燃耗(约 $9\ 610\ MW \cdot d/t$)对应的体积肿胀高达 10%,肿胀引起的燃料芯块与包壳之间的机械作用限制了元件寿命。人们认为,金属燃料要实现大于 3%(原子)的燃耗是非常困难的。通过改善肿胀提高燃耗主要有两种方案:① 预先构造大量的轴向气孔,但是这样又会降低金属燃料的主要优势,② 增加燃料和包壳之间的初始间隙。

为了解决上述问题,美国阿贡国家实验室(ANL)的专家在第二代实验增殖反应堆(EBR-Ⅱ)上反复进行了金属燃料的辐照试验,经过 20 年的设计改进及对 150 000 根燃料元件的辐照试验,它们设计了三种 U-Pu-Zr 燃料棒,分别是 U-10%Zr、U-8%Pu-10%Zr 和 U-19%Pu-10%Zr。在 EBR-Ⅱ堆上进行辐照,最高(原子百分)燃耗达到 18.4%,未发生燃料棒破坏,最后确定这种金属燃料的典型成分为 U-20%Pu-10%Zr。其结果表明金属燃料已显示了实用化的可能性,有关合金燃料(U-Pu-Zr)的辐照研究取得了很大进展。因此,金属燃料仍然是快堆燃料中的有力竞争者。

2) 结构材料

快中子增殖反应堆堆芯所用的结构材料主要的要求准则如下:

(1) 有足够好的抗快中子辐照性能。

(2) 与冷却剂钠有满意的化学相容性。

(3) 与燃料有可接受的相容性。

(4) 适应各种运行条件下要求的力学特性。

(5) 快中子吸收截面小。

(6) 可焊性好,制造成本低。

包壳是防止放射性物质泄漏的第一道屏障,它的功能是包覆燃料,保持燃料棒的密封性。选择包壳材料的重要原则是抗辐照性能好,并兼有良好的热蠕变性能和高温力学性能。包壳材料在辐照过程中通常会有一定的辐照蠕变产生应力松弛,可缓解包壳上的应力。还需要提及一点:燃料棒绕丝的特性应与包壳材料相同或相近,如果定位绕丝的肿胀大于包壳,绕丝就不会贴紧包壳而带来热扰动,如果绕丝肿胀小于包壳,就会引起包壳环绕丝扭转。

燃料组件外套管的主要功能如下:① 作为钠流动管道,保证进入管脚内的冷却剂全部流经燃料棒束;② 便于操作燃料棒束。与包壳一样,外套管的肿胀影响是负面的,因为它的肿胀变形可能会使外套管之间发生接触,外套管变形会增加对边距和弯曲等。因此外套管必须具有适当的力学特性,有足够的强度,经得起操作时的载荷。

最后还必须指出,快堆燃料组件的结构材料在堆内以及燃料循环的各个阶段,应具有良好的抗腐蚀性能,包括材料在堆内运行期和堆内储存期,都应具有良好的抗钠腐蚀性能,以及辐照后在水池中储存时的抗水腐蚀性能,而且为了满足后处理要求,包壳在硝酸溶液中不应受到腐蚀[4]。

不锈钢在高温下和高中子注量下,具有很高的强度和很好的抗腐蚀特性,吸收中子也很少。但是大多数不锈钢,在高中子注量的运行条件下,肿胀很显著,一直以来人们对不锈钢材料的研究,正是为了解决这个问题。过去的快堆中,20%冷加工的316不锈钢由于具有很好的高温特性和优良的抗肿胀特性,是用作包壳和组件外壳套管的最通用材料。为了改善材料的性能,延长堆芯的寿命,人们也开始研究一些改良的先进材料,主要包括以下三类重要合金。

第一类是先进奥氏体不锈钢,如在早期使用的奥氏体不锈钢中添加稳定化学元素(Ti、Nb等);改变主要的和次要的元素的化学成分比例;改善冶金工艺和严格控制制造技术条件(固溶退火温度、中间热处理工艺、冷加工量等),经过这些努力燃料棒包壳和外套管变形得到了显著的改善。这类材料主要型号有15-15Ti(1.4970)、PNC1520。

第二类材料是高镍(Ni)合金,人们对这种材料做了系统性的研究,结果表明它是抗肿胀性能相当好的材料,并对以下多种镍基合金进行了研究:法国的Inconel706、INC706;英国的PE16和美国的PE16、INC706以及其他成分的镍基合金。实验结果证实这类合金的抗辐照肿胀性能好,即使在高中子注量下肿胀也很小。但辐照后出现严重脆化,导致大量的燃料棒包壳破裂。这类材料主要型号为PE16。

最后一类材料是铁素体-马氏体钢,从研究结果看,人们认为它是用作外套管最好的材料,它具有极好的抗肿胀性能,辐照损伤注量可达200 dpa[①],但它的抗辐照蠕变性能和力学性能在550 ℃以上时急剧下降,这是这种材料最大的缺点。如果使用其做包壳材料,则需要降低冷却剂出口温度,以降低这种材料的运行温度。不过目前许多国家针对不同型号的铁素体钢正在进行实验研究工作,较多的抗蠕变试验正在进行,已经有结果表明或许将来其可成功用作包壳材料。这类材料主要型号有HT9、FMS、FV448(1.4914)、EM-10、ODS(氧化物弥散强化钢)。

当前大部分结构材料仍处在研制开发阶段,不同国家研发的快堆包壳和外套管的材料类型见表1-2,不同类型包壳材料的化学成分见表1-3。世界各国都在集中力量开发和改进包壳和外套管用的奥氏体不锈钢和铁素体不锈钢,提高它们的抗肿胀和高温力学性能。美国用HT-9做燃料棒包壳的先导组件,最高快中子注量已达3×10^{23} cm^{-2}(约150 dpa),但是铁素体-马氏体钢在高温下

---

① dpa是业内用来反映材料辐照损伤的单位,其定义为在给定注量下每个原子平均的离位次数。

(620 ℃)强度下降幅度较大,目前只适于作外套管材料,如俄罗斯的 BN‐600 燃料组件外套管采用的就是铁素体不锈钢。现在,正在开发的氧化物弥散强化(ODS)的铁素体‐马氏体钢已在法国的凤凰快堆(Phénix)上进行了辐照。当快中子注量达到 $1.9×10^{23}$ cm^{-2}(约为 95 dpa)时,辐照引起的脆化几乎难以接受,并且材料在制备上存在许多困难(钢材生产、加工变形等)。不过,鉴于进一步改进这种钢仍有巨大的潜力,美国、日本等国家都在开发这种材料。

表 1‐2　不同国家研发的快堆包壳和外套管的材料类型

国家	包壳	外套管
美国	HT9	HT9
欧洲国家	PE16 15‐15Ti	FV448 EM‐10
日本	PNC1520 FMS ODS	FMS

表 1‐3　快堆不同类型包壳材料的化学成分(铁为余额)

单位:%(质量分数)

元素或成分	PNC1520	15‐15Ti	PE16	HT9	FMS	EM‐10	FV448	ODS
Cr	15	15	17	12	11	9	11	13
Ni	20	15	44	0.5	0.8	—	0.7	—
Mo	2.5	1.2	3.3	1.0	0.5	1.0	0.65	1.5
Mn	1.7	1.5	0.1	0.5	0.5	0.5	1.0	—
Si	0.4	0.4	0.2	0.25	0.05	0.3	0.5	—
C	0.06	0.1	0.07	0.2	0.12	0.1	0.5	—
Ti	0.25	0.5	1.3	—	—	—	—	2.2
Nb+Ta	0.1	—	—	<0.05	0.07	—	0.3(Nb)	—
P	0.025	<0.015	0.001	<0.015	0.002	—	—	—
B	0.004	0.005	<0.05	—	0.0022	—	—	—

（续表）

元素或成分	PNC1520	15-15Ti	PE16	HT9	FMS	EM-10	FV448	ODS
S	0.001	—	—	<0.01	0.002	—	—	—
V	0.01	—	—	0.02	0.2	—	0.15	—
W	—	—	—	0.5	2.0	—	—	—
Y_2O_3	—	—	—	—	—	—	—	0.5
Al	—	—	1.3	—	—	0.16	—	—

1.5.2 冷却剂选择

快堆冷却剂的基本作用是把热量从高功率密度的堆芯中带出来,对冷却剂的主要要求如下:

(1) 对中子的慢化作用必须小。

(2) 热工特性必须好,能实现从高功率密度堆芯中高效率带出热量。

(3) 中子寄生俘获必须少。

上述第一条要求就排除了水和任何有机冷却剂,但可以考虑中等原子序数的气体或液态金属。

液态金属是快增殖堆冷却剂的主要选择对象,这是由于其具有优良的导热特性。关于液态金属,如钠、钠钾合金(NaK)、水银、铋和铅都已被研究过。钠钾合金在早期的设计中使用过,它的熔点很低,在室温下是液体。但钾是一种相当强的中子吸收体,因此,钠钾合金在中子物理特性上不如液态钠。对于重金属冷却剂,铅铋合金也在早期被研究过,但由于其对材料有腐蚀作用,以及铋经辐照后会生成[210]Po等问题,铅目前是重金属冷却剂的优先选择方向。

主要考虑用作快堆冷却剂的材料有金属钠、铅或铅铋合金、氦气等。几种冷却剂材料的物理特性参数对比列于表 1-4。

表 1-4 钠、铅、铅铋合金和氦气的物理特性参数对比[5]

参数	钠	铅	铅铋合金	氦气
熔点/℃	98	328	125	−272.15(26 atm)
沸点/℃	883	1 750	1 670	−268.85(1 atm)

（续表）

参数	钠	铅	铅铋合金	氦气
密度/(g/cm³)	0.847(700 K)	10.48(700 K)	10.15(700 K)	$0.178\,6\times10^{-3}$ (0 ℃、1 atm)
比热容/ [kJ/(kg·K)]	1.3(700 K)	0.15(700 K)	0.15(700 K)	5.25(400 K)
热导率/ [W/(m·K)]	70(700 K)	16(700 K)	13(700 K)	0.19(400 K)

1) 钠

钠成为目前世界快堆主流选择的冷却剂主要是因为液态钠有非常好的热物理性能，有较好的中子物理特性，有高的沸点（在一个大气压下约为 883 ℃）并且与所采用的一般包壳材料有相当好的相容性。钠的高沸点使得钠冷快堆可以在低压力下运行——这与压水堆需要在高压下运行形成鲜明的对照。钠的主要缺点是其化学性质比较活泼，因此需要中间冷却回路，以保护堆芯免受压力冲击，或避免因蒸汽发生器泄漏导致发生钠水反应生成氢进入堆芯，并由慢化带来正反应性效应。

2) 铅或铅铋合金

铅或铅铋合金的沸点比钠高，均超过 1 600 ℃，这使得这类重金属冷却剂发生沸腾的可能性极小，而且铅和铅铋合金是不活泼金属，不会与空气或水发生剧烈的化学反应。另外，铅或铅铋合金还具有中子物理特性比较好，引起的空泡系数小，其本身是 γ 射线较好的屏蔽体等优点。但是，这类重金属冷却剂比液态钠重很多，需要提升功率更大的循环主泵，对结构材料的腐蚀性也比较严重，与金属燃料不相容。另外，铅铋合金冷却剂在受中子辐照的情况下会活化产生 α 放射体^{210}Po，若其泄漏会对工作人员及环境造成较大危害。铅或铅铋合金冷却剂在反应堆运行过程中还会产生一些半衰期非常长的放射性核素，如^{210}Bi（激发态）、^{208}Bi 和 ^{205}Pb 等。重金属[6]冷却剂的熔点比钠高，尤其是在纯铅情况下，为维持冷却剂液态需要付出更多代价，这给反应堆的设计及运行带来复杂性。

3) 气体冷却剂

将氦气、氦氙混合气体以及二氧化碳等气体冷却剂作为快堆冷却剂的研究一直没有停止，主要是因为相对于钠冷却剂来说，气体冷却剂的优势很多，包括如下几点：

（1）与水没有剧烈反应，与结构材料之间的化学相容性好。

（2）活化反应很小。

（3）无色透明，方便在可视的条件下进行换料与检查工作。

（4）不会发生相变，可减少事故工况下的潜在反应性波动。

（5）慢化小，伴生俘获少，使得能谱变硬。

（6）气体冷却剂体积份额大，活性区泄漏率大，泄漏中子更多抵达增殖区从而提高增殖比。

（7）气体纯化处理相对简单。

（8）出口温度高[7]，在高温制氢和供热领域有很大发展前景。

上述优点与快堆既有的优点相结合，无疑会大大增加气体冷却剂快堆的竞争力。但是，气体冷却剂快堆也有着不少缺点，包括如下几点：

（1）由于气体冷却剂热导率小，为了达到堆芯热工需求，对主泵的功率需求变大。

（2）需要维持系统内的高压环境，氦气一般为 7 MPa，超临界二氧化碳为 15～25 MPa，最终运行压力的确定需要在工程实际、安全限值以及泵功率上权衡得到。

（3）气体冷却剂的性质要求包壳表面粗糙化，以维持包壳表面温度不超过限值，因而导致堆芯压力降低，对泵功率要求提升。此外，也造成快堆各分组件的功率密度各不相同。为维持合适的温度，每一个组件都需要配置可调流量分配装置，或者配置数目合适的包壳粗化区域。

（4）高流速可能会导致燃料棒的振动。

（5）失冷事故情况下，气体压力降低，从高功率密度堆芯中很难导出衰变热，因而需要响应速度快、可靠性高以及足够大的泵功率。这些问题主要是由气体冷却的方式决定的，加上快堆功率密度较大的特点，这些问题的严重程度更是扩大了。尤其在散热方面，气冷快堆难以通过自然对流的方式排出衰变热，因而安全性上存在弱点。

4）热管冷却

热管冷却反应堆是一种利用热管元件导出堆芯热量的固态反应堆：在固态堆芯基体中相间排布有燃料棒与热管，当反应堆运行时，燃料产生的热量通过堆芯基体传导到热管蒸发段；热管蒸发段的液态工质受热变为气态，沿着蒸汽腔流动到达热管冷凝段并将热量传递给能量转换系统；冷凝后的工质通过吸液芯的毛细作用回到蒸发段。

热管冷却反应堆使用的主要是高温热管[8]。高温热管是指工质工作温度大于 730 K 的热管,目前高温热管主要以各种碱金属作为工质,如钾、钠、锂,三者的工作温度区间分别为 $600\sim900$ K、$700\sim1\,100$ K、$1\,000\sim1\,600$ K[9]。

相比于传统反应堆,热管冷却反应堆具有以下优势。

(1) 系统简化:热管冷却反应堆系统省去了主管道、循环泵和辅助设备,大大简化了系统结构。

(2) 固有安全性高:热管以完全非能动的方式将热量从堆芯导出,具有较好的固有安全性;单根热管失效后,热量可以通过相邻热管导出,避免了单点失效的问题。

(3) 运行简单:热管冷却反应堆的热量传递和瞬态响应速度快,能适用于快速改变工况运行的情景;与钠冷或铅冷快堆相比,热管不需要提前熔化冷却工质,在反应堆发热升温后可实现工质的自动熔化与启动,有较好的启堆与停堆再启动特性。

但与传统设计相比,由于热管冷却反应堆靠导热实现热量传递,且堆芯的体积功率密度不可能做得很大,所以热管冷却反应堆一般都是小、微型反应堆。

1.5.3 栅元和组件

快堆不需要慢化剂,以便维持一个较硬的中子能谱;还应尽可能压缩冷却剂和结构材料的体积,设法增加燃料体积份额。因此,钠冷快堆堆芯布置宜采用紧密栅格布置,组件形状多为六角形,以此获得较为有利的燃料体积份额。与热堆类似,钠冷快堆堆内可移动的最小单元为组件,通常包括燃料组件、控制棒组件、转换区组件、屏蔽层组件。钠冷快堆堆内组件的外形多为六角形。燃料组件通常是把燃料棒集中装入一根六角形外套管里,进而组装成完整的堆芯,大部分反应堆功率在燃料组件里产生。控制棒组件通常是分散在有燃料的整个堆芯区内,主要是补偿反应性和启停反应堆,在快堆中最广泛应用的材料是碳化硼(B_4C)。而转换区组件围绕在堆芯周围,主要作用是能把贫化燃料通过中子俘获有效地转换成易裂变燃料。屏蔽层组件通常位于径向转换区的外面,主要功能是为反应堆容器内的重要部件提供中子和 γ 屏蔽。

以中国实验快堆(CEFR)为例,堆内组件共有燃料组件、控制棒组件、反射层组件、屏蔽层组件、中子源组件这 5 类组件。其他钠冷快堆堆内组件也基本上是这 5 类组件,但个别名称可能有差别;大型商用快堆中一般还布置有径向转换区组件以提高堆芯增殖比。

1.5.4　堆芯布置

不同的堆内组件按照一定的方案布置组合形成快堆堆芯。与压水堆不同的是,快堆的反应性控制包括正常运行调节和紧急控制,一般都是依靠控制棒来实现的,没有调硼等手段。此外,快堆堆芯组件的类型也远远多于压水堆,以 CEFR 为例,堆芯由内到外的组件布置依次为中子源组件、燃料组件、控制棒组件、反射层组件和硼屏蔽组件。由于 CEFR 堆芯较小,燃料没有进行分区。CEFR 首炉堆芯的装载布置如图 1-10 所示。

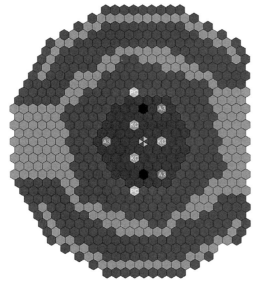

图例	说明	数量/个
✿	中子源组件	1
●	燃料组件	79
A3	安全棒组件	3
●	调节棒组件	2
KC	补偿棒组件	3
●	Ⅰ型钢反射层组件	2
●	Ⅱ型钢反射层组件	37
●	Ⅲ型钢反射层组件	132
●	Ⅳ型钢反射层组件	223
●	硼屏蔽组件	230

图 1-10　CEFR 首炉堆芯装载布置图(彩图见附录)

CEFR 是一座小型实验堆,主要用于验证快堆系统的可实现性,没有燃料增殖的目的。在大型高增殖快堆的设计中,为了增加反应堆的增殖能力,除了燃料区上下轴向位置外,在燃料组件外侧、反射层组件内侧通常布置有径向转换区组件。图 1-11 为 BN-800 堆芯装载布置图。此种布置为典型增殖快堆的堆芯布置方式,称为均匀布置堆芯。此种布置方案基本上由内到外依次布置燃料组件、控制棒组件、径向转换区组件、反射层组件、硼屏蔽组件等。径向转换区组件的布置可以将从堆芯泄漏出的中子加以利用,可有效增加反应堆的增殖比。同时,在大型快堆设计中为了有效地展平径向功率分布,燃料区通常又分为几种不同燃料富集度区域,BN-800 的堆芯分为 3 个燃料区,内区有211 个组件,中区有 156 个组件,外区有 198 个组件,如图 1-11 所示。

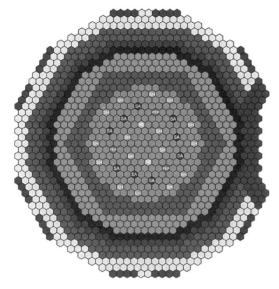

图例	说明	数量
	内堆芯燃料组件/个	211
	中间堆芯燃料组件/个	156
	外堆芯燃料组件/个	198
	径向转换区组件/个	90
	钢反射层组件/个	178
	硼屏蔽组件/个	182
	堆内储存阱/个	188
	补偿棒/根	16
SA	安全棒/根	9
	非能动控制棒/根	3
	调节棒/根	2

图 1 - 11　BN - 800 堆芯装载布置图(彩图见附录)

　　有意思的是,美国在克林奇河增殖反应堆电站(CRBRP)的设计过程中,研究了非均匀堆芯布置概念。它与典型均匀堆芯布置不同的地方在于径向转换区组件和燃料组件的布置方式。非均匀布置堆芯中,在燃料组件之间插花式分散布置转换区组件。这种设计能够增加增殖比并减小堆芯钠空泡反应性系数,但缺点是需要较高的易裂变燃料总投料量。图 1 - 12 是韩国设计的

图例	说明	数量/个
	燃料组件	54
	内部转换区组件	24
	径向转换区组件	48
	控制棒组件	6
	气体膨胀组件	6
	反射层组件	48
	硼屏蔽组件	54
	堆内储存阱	54
	外部屏蔽组件	72

图 1 - 12　非均匀布置堆芯示意(彩图见附录)

150 MW 规模的采用非均匀布置方案的 KALIMER - 150 堆芯[10]。

1.5.5 快堆堆芯物理特性

正由于使用的材料及堆芯结构布置不同,钠冷快堆堆芯的物理特性也不同于热中子反应堆,主要的特性对比如下。

1) 中子平均能量

大型 MOX 燃料钠冷快堆中中子平均能量约为 100 keV,比热堆高很多,引起燃料裂变的主要是快中子。快堆中子能谱下易裂变燃料的有效裂变中子数目较大,堆芯剩余中子较多,可实现燃料的增殖。

由于快堆中几乎不存在热中子,因此在热堆中十分关键的热中子吸收截面高的材料在快堆中显得并不那么重要。像^{135}Xe 和^{149}Sm 等热堆中的中子毒物,对快堆的中子物理设计和运行影响非常小。快堆中可以不考虑裂变产物中毒的问题。随着燃料燃耗的加大,快堆由于裂变产物的积累所引起的反应性下降也比热堆要慢得多。

一般情况下,快堆堆芯的温度效应、功率效应和燃耗反应性损失均比热堆小,反应堆运行时需要控制的剩余反应性也较小,这可以简化运行控制并降低运行控制风险。

另外,快堆中大多数俘获和裂变反应发生在很宽的能谱范围内,因此对于中子能谱主要涉及的 0.1 keV～10 MeV 能区需要做比热堆更为详尽的处理。

2) 空间效应

由于引起裂变的主要是快中子,钠冷快堆中中子的空间自屏效应相对较弱。且快中子的平均自由程要比热中子更长,所以快堆堆芯耦合得更紧密,空间效应更小,通常不会引起功率空间上的震荡和畸变。钠冷快堆中子学设计可以没有组件计算过程,组件均匀化可通过体积等效直接实现均匀。体积均匀化对于钢反射层组件和转换区组件,甚至是燃料组件等类型的组件的均匀化不会引入太大的计算误差。但对控制棒组件,因其中子吸收截面较大,体积均匀化会导致控制棒价值高估,需要进行计算修正,以提高控制棒价值计算的准确性。

3) 功率密度

快堆的堆芯设计更加紧凑,堆芯功率密度要比热堆大,如典型钠冷快堆堆芯的功率密度大约是典型轻水堆堆芯功率密度的 4 倍,且快堆燃料设计的燃耗深度通常比热堆要高。因此,同等功率规模的堆芯,钠冷快堆的堆芯要比热堆的小。但是较高的堆芯功率密度对冷却剂的选择提出了要求,即必须要能够从高功率密度系统中排出足够的热量。液态钠传热特性好,能够满足这些要求。

4) 瞬态物理特征

快堆的中子动力学方程在形式上与热堆相同,中子动力学行为与热堆很相似,但由于快堆堆芯尺寸、结构和组成成分与热堆差异很大,且起主要作用的中子能量范围完全不同,因而快堆与热堆的中子动力学行为仍有一些差别,这些差别主要表现在以下几个方面:① 以中子运动的平均自由程来度量,快堆中子动态行为的空间效应不明显,尤其是小型快堆,其尺寸比大型热堆的小得多,点堆动力学模型能很好地描述堆内中子注量率随时间的变化规律,这就使分析过程大为简化。② 快堆中子代时间(10^{-7} s 量级)比压水堆(10^{-5} s 量级)和重水堆(10^{-4} s 量级)的短很多。这一差异在引入反应性小于 1 \$(\$ 为反应性的单位)的大部分范围内不会导致中子动力学行为的差别。当反应性达到或超过 1 \$ 时,快堆中子注量率(或堆功率)上升的周期要比热堆短很多。因此,在瞬发超临界的瞬态过程中,由于功率的急剧增加,可能造成快堆的包壳破坏、钠沸腾、燃料熔化以致堆芯解体,酿成严重后果。以混合铀、钚氧化物(MOX)为燃料的快堆,由于有效缓发中子份额的减少,在引入相同的反应性时,动力学响应会更加迅速。③ 快堆的反应性反馈机制与热堆也不尽相同。堆芯燃料的密集对热堆并无正反应性输入,而对快堆则可能导致大的正反应性输入。总的来讲,燃料的轴向膨胀、堆芯的径向膨胀会产生负反应性效应,而燃料熔化等原因导致的燃料密集则会产生正反应性输入。对于大型快堆,钠空泡效应可能为正,钠沸腾是导致堆芯熔化的主要原因。对于中国实验快堆(CEFR)等小型快堆,无论是堆芯边缘还是堆芯中央,钠空泡效应均为负值,具有良好的固有安全性能。

1.6　快堆发展概况

国外快堆发展已超过半个世纪,共建成过大小不同功率的快堆 27 座(其中钠冷快堆 23 座,早期的汞冷实验堆和钠钾冷实验堆各 2 座),包括实验堆 17 座、原型堆 7 座、商用验证堆 3 座。积累的快堆运行经验超过 350 堆•年(一个反应堆运行一年称为一个堆•年),钠冷快堆技术已达到了基本成熟的阶段。

表 1-5 列出了国外已建快堆和设计的部分快堆。其中,俄罗斯的 600 MW 原型快堆 BN-600 成功连续运行 40 多年,平均负荷因子达到 74.4%。

表 1-5　国外快堆发展概况[11]

国家和快堆名称		(热功率/电功率)/MW	堆型	冷却剂	燃料	运行时间	类别			
							实验堆	原型堆	经济验证堆	商用堆
美国	Clementine	0.025/0	回路型	汞	钚	1946—1952	√			
	EBR-I	1.2/0.2	回路型	NaK	铀合金	1951—1963	√			
	LAMPRE	1.0/0	回路型	钠	熔钚	1961—1965	√			
	FERMI	200/66	回路型	钠	铀合金	1963—1975	√	(√)①		
	EBR-II	62.5/20	池型	钠	铀合金(U,Pu,Zr)	1963—1998	√			
	SEFOR	20/0	回路型	钠	UO_2	1969—1972	√			
	FFTF	400/0	回路型	钠	$(Pu,U)O_2$	1980—1996	√			
	CRBR	975/380	回路型	钠	$(Pu,U)O_2$	—		√		
	ALMR	n×840/303	池型	钠	(U,Pu,Zr)$(Pu,U)O_2$	—				√
	SAFR	n×873/350	池型	钠	(U,Pu,Zr)	—			√	
法国	Rapsodie	20～40/0	回路型	钠	$(Pu,U)O_2$	1967—1983	√			
	Phénix	653/254	池型	钠	$(Pu,U)O_2$	1973—2010		√		
	SPX-I	3 000/1 242	池型	钠	$(Pu,U)O_2$	1985—1998			√	
	EFR	3 600/1 500	池型	钠	$(Pu,U)O_2$	—				√
德国	KNK-II	60/21.4	回路型	钠	$(Pu,U)O_2$	1977—1991	√			
	SNR-300	770/327	回路型	钠	$(Pu,U)O_2$	(1994)②		√		
	SNR-2	3 420/1 497	回路型	钠	$(Pu,U)O_2$	—			√	
印度	FBTR	42/12.5～15	回路型	钠	$(Pu,U)C$	1985—	√			
	PFBR	1 250/500	池型	钠	$(Pu,U)O_2$	尚未临界		√		

（续表）

国家和快堆名称		（热功率/电功率）/MW	堆型	冷却剂	燃料	运行时间	类别			
							实验堆	原型堆	经济验证堆	商用堆
日本	JOYO	(100~140)/0	回路型	钠	$(Pu,U)O_2$	1977—	√			
	MONJU	714/318	回路型	钠	$(Pu,U)O_2$	1994—2016[③]		√		
	DFBR	1 600/660	双池	钠	$(Pu,U)O_2$	—			√	
	CFBR	3 250/1 300	池型	钠	$(Pu,U)O_2$	—				√
英国	DFR	60/15	回路型	钠	铀合金	1959—1977	√			
	PFR	600/270	池型	钠	$(Pu,U)O_2$	1974—1994		√		
	CDFR	3 800/1 500	池型	钠	$(Pu,U)O_2$	—			√	
意大利	PEC	123/0	回路型	钠	$(Pu,U)O_2$	—	√			
俄罗斯	BR - 2	0.1/0	回路型	汞	钚	1956—1957	√			
	BR - 5/10	(5~10)/0	回路型	钠	Pu,PuO_2	1958—2003	√			
	BOR - 60	60~12	回路型	钠	$(Pu,U)O_2$	1968—	√			
	BN - 350	700/130	回路型	钠	UO_2	1972—1999		√		
	BN - 600	1 470/600	池型	钠	UO_2	1980—		√		
	BN - 800	2 000~800	池型	钠	$(Pu,U)O_2$	2014—			√	
	BMN - 170	$n×425/170$	池型	钠	$(Pu,U)O_2$	—				√
	BN - 1200	2800/1200	池型	钠	氮化物/$(Pu,U)O_2$	—				√
	BN - 1800	4 500/1 800	池型	钠	$(Pu,U)O_2$	—				√
韩国	PGSFR	392/162	池型	钠	(U,Pu,Zr)	—		√		

① FERMI，原作原型堆设计。

② SNR - 300，建成，但因地方政府反核而未装料，现已拆除。

③ MONJU，1994 年二回路发生钠泄漏后停堆，恢复运行后发生福岛事故，2016 年 12 月，日本政府宣布 MONJU 快堆永久关闭。

　　我国快堆技术的发展已有 50 年,目前已建成 65 MW 热功率的中国实验快堆,600 MW 示范快堆 CFR600 正在建设中,计划于 2023 年建成投产。

参考文献

［1］　谢仲生,尹邦华,潘国品.核反应堆物理分析:上册[M].3 版.北京:原子能出版社,1994.

［2］　贾德 A M.快堆工程引论[M].北京:原子能出版社,1992.

［3］　胡赟.钠冷快堆嬗变研究[D].北京:清华大学,2009.

［4］　苏著亭,叶长源,阎风文,等.钠冷快增殖堆[M].北京:原子能出版社,1991.

［5］　Tuček K, Carlsson J, Wider H. Comparison of sodium and lead-cooled fast reactors regarding reactor physics aspects, severe safety and economical issues[J]. Nuclear Engineering and Design, 2006, 236(14/15/16): 1589 - 1598.

［6］　赵兆颐,施工,熊广平,等.固有安全快堆铅冷却剂及其物理特性[J].核动力工程,1994,15(2):146 - 151.

［7］　符晓铭,王捷.高温气冷堆在我国的发展综述[J].现代电力,2006,23(5):70 - 75.

［8］　余红星,马誉高,张卓华,等.热管冷却反应堆的兴起和发展[J].核动力工程,2019(4):1 - 8.

［9］　李桂云,屠进.高温热管工质的选择[J].节能技术,2001(1):42 - 44.

［10］　IAEA. Working material, "design descriptions of innovative small and medium sized reactors"[R]. Vienna: IAEA, 2005.

［11］　核能安全利用的中长期发展战略研究编写组.新形势下中国核能安全利用的中长期发展战略研究[M].北京:科学出版社,2019.

第2章

第四代核能系统与先进快堆

20世纪90年代后期开展的能源预测研究表明,21世纪将会发生铀资源短缺。上述研究促使美国能源部在2000年倡议成立第四代核能系统国际论坛(GIF),旨在协调相关研究和开发工作,以期在21世纪实现第四代核能系统的部署。由于快堆具有优异的中子物理特性,第四代核能系统中的多数堆型均是快堆。先进快堆不仅满足第四代核能系统在安全性、经济性、可持续性和防核扩散性方面的发展目标,更突出了快堆及其闭式燃料循环在核能可持续利用方面的先进设计特点。本章首先概要介绍第四代核能系统的6种优选堆型及发展目标,然后介绍本书范围内所讨论的先进快堆设计概念,最后简要描述国内外快堆发展计划以及我国核能三步走战略规划。

2.1 第四代核能系统

参与GIF的各成员国提出了上百种第四代核能系统的概念,GIF从中选取了6种堆型,认为这6种堆型在安全性、经济性、铀资源利用率、废物最小化以及防核扩散等方面最具潜力。这6种堆型分别是钠冷快堆(SFR)、超高温气冷堆(VHTR)、气冷快堆(GFR)、铅冷快堆(LFR)、熔盐堆(MSR)、超临界水堆(SCWR)。

第四代核能系统6种堆型的典型设计参数如表2-1所示。

从表2-1中可以看出,快中子谱系统可以将可转换材料转变为易裂变材料,能够实现易裂变材料的增殖,从而提高铀资源的利用率,GIF选出的6种第四代核能系统反应堆堆型中有5种都可以设计成快中子谱反应堆,本节主要对其中4种国际上研究得比较多、比较热门的快堆堆型进行简要描述,分别是钠冷快堆、铅冷快堆、气冷快堆和熔盐堆。

表 2-1 第四代核能系统 6 种堆型的典型设计参数[1]

系统	中子能谱	冷却剂	压力/MPa	温度/℃	燃料循环	功率规模/MW
SFR	快谱	钠	～0.1	550	闭式	50～1 500
VHTR	热谱	氦气	～5.5	900～1 000	一次通过式	250～300
GFR	快谱	氦气	～9	850	闭式	1 200
LFR	快谱	铅	～0.1	480～800	闭式	45～1 500
MSR	快谱或热谱	氟化盐或氯化盐	～0.1	700～800	闭式	1 000～1 500
SCWR	热谱或快谱	水	～25	510～625	一次通过式或闭式	10～1 000或以上

2.1.1 钠冷快堆

钠冷快堆有两种设计。一种是池式设计,整个一回路都置于一个主容器中,一回路主泵、中间热交换器等主要设备均浸没于主容器的一回路钠冷却剂中。池式快堆设计是目前钠冷快堆的主要设计,包括俄罗斯的 BN-600、BN-800,美国的 EBR-II 和 PRISM,法国的凤凰快堆(Phénix)和超凤凰快堆(Super Phénix),印度的原型钠冷快堆(PFBR),中国的中国实验快堆(CEFR)和正在建设的中国示范快堆 CFR600。另一种是回路式设计,反应堆布置类似于压水堆,反应堆堆容器内只装载堆芯,一回路钠冷却剂沿一回路管道从反应堆容器流向一回路主泵和中间热交换器等一回路主要设备。回路式钠冷快堆主要有美国的 CRBRP,FFTF,印度的 FBTR 与日本的常阳堆(JOYO)、文殊堆(MONJU)和 JSFR。图 2-1 为池式钠冷快堆与回路式钠冷快堆的对比示意图[2]。

钠冷快堆通常使用氧化物陶瓷燃料,相较于金属燃料而言,重金属原子密度较低并且对中子能谱有轻微的慢化作用,法国、俄罗斯、日本、印度和中国的已建或在建的钠冷快堆均采用二氧化铀(UO₂)或混合铀、钚氧化物(MOX)陶瓷燃料,MOX 燃料中钚的质量份额高达 15%～30%,比压水堆 MOX 燃料中钚的质量份额大得多。美国在钠冷快堆金属燃料的研发和使用方面具有丰富的运行经验反馈,金属燃料相较于氧化物陶瓷燃料密度高且对中子能谱无慢

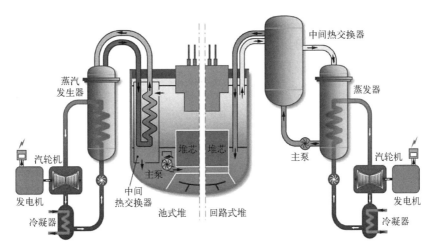

图 2-1　池式钠冷快堆与回路式钠冷快堆的对比示意图[2]（彩图见附录）

化作用,中子能谱比较硬,增殖性能更强。

反应堆堆型的成熟度主要取决于设计、运行经验反馈以及研发的程度。钠冷快堆相较于其他 3 种快中子谱的第四代核能系统反应堆堆型,在工程技术和发电运行上得到了较为充分的验证。全球建成并运行的钠冷快堆超过 20 座,积累了近 400 堆·年的运行历史,目前还在运行的钠冷快堆也有多座,包括俄罗斯的 BN-600、BN-800 和中国的 CEFR,俄罗斯的 BN-600 更是创造了连续运行时间长达 40 多年、平均负荷因子高达 75% 的优秀运行记录。钠冷快堆作为第四代核能系统的 6 种堆型之一,其设计和工业化部署将会得益于这些丰富的设计和运行技术的经验反馈,钠冷快堆将会是 21 世纪最有可能实现工业化部署和推广的第四代核能系统反应堆堆型。

2.1.2　气冷快堆

气冷快堆概念的优势在于具有更硬的中子能谱和更高的运行温度。气冷快堆概念的提出源于钠冷快堆技术和高温气冷堆技术,其目标是利用气体冷却剂具有的最小的中子俘获截面以期获得最大的增殖收益,同时也排除了钠冷快堆中钠冷却剂高化学活性的风险和对中间冷却回路的需求。

尽管世界范围内已开展了大量的理论研究,但还未建设气冷快堆原型堆。在众多气冷快堆概念研究中,20 世纪 60—80 年代的两个项目可以看作气冷快堆概念的先行者,分别是美国通用原子能公司(General Atomics)设计的气冷快堆(The Gas Cooled Fast Reactor, GCFR)和欧洲气体增殖反应堆联盟设计的 GBR-1 至 GBR-4。

　　美国通用原子能公司设计的 300 MW 电功率的 GCFR 反应堆采用包含铀和钚的燃料,包壳为奥氏体不锈钢。反应堆堆芯入口氦气温度为 385 ℃,出口氦气温度为 550 ℃。氦气冷却剂压力为 8.5 MPa,一回路置于一个钢筋混凝土壳体中。GCFR 的堆芯设计非常接近钠冷快堆的堆芯设计,相较于钠冷快堆,增加了向燃料组件提供氦气分配的设备,采用了脊型包壳以加强氦气传热。图 2-2 为 GCFR 反应堆剖面图[3]。

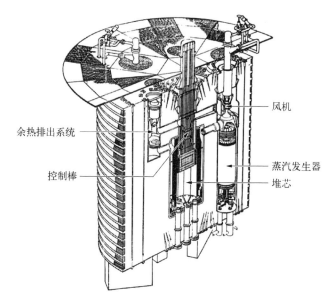

图 2-2　GCFR 反应堆剖面图[3]

　　在欧洲,气体增殖反应堆联盟在 1970 年至 1981 年提出了 4 个气体增殖反应堆概念：GBR-1 至 GBR-4。图 2-3 为 GBR-4 的反应堆剖面示意图[3]。GBR 系列反应堆的燃料采用混合铀、钚氧化物燃料,这些反应堆的设计概念与通用原子能公司的反应堆设计概念相似,GBR-4 的额定设计热功率为 3 540 MW。与通用原子能公司的 GCFR 一样,GBR 项目的开发工作于 20 世纪 80 年代早期终止。

　　由于 GIF 的推动,气冷快堆在 21 世纪初期复苏,这主要归功于将碳化硅和 ITER 项目中研发的金属合金等难熔材料用作燃料包壳的可行性。由此,气冷快堆运行温度的设计目标可以设置得接近于高温气冷堆,例如,堆芯出口温度可以超过 700 ℃。

　　法国替代能源和原子能委员会(CEA)是气冷快堆技术的主要推动者,其

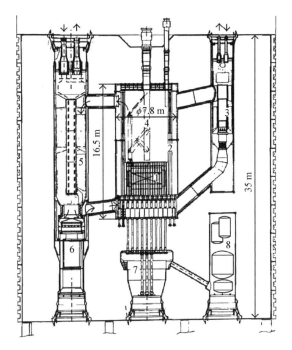

1—堆芯;2—中子屏蔽;3—应急冷却系统;4—燃料操作臂;
5—蒸汽发生器;6—主风机;7—控制棒导管;8—氦气净化系统。

图 2‑3　GBR‑4 反应堆剖面示意图[3]

开展了实验堆(ALLEGRO)项目和工业级气冷快堆(GFR 2400)概念研究。ALLEGRO 项目于 2010 年启动,用于测试具有难熔包壳的燃料组件和验证氦气一回路系统中使用的风机、热交换器、净化系统等方面的技术。

2.1.3　铅冷快堆

　　以液态重金属铅作为冷却剂的快中子反应堆称为铅冷快堆。由于铅铋共晶合金相比于铅具有较低的熔点,而沸点差别不大,采用铅铋共晶合金作为冷却剂将会大大降低热工方面的技术难度。铅铋反应堆的建造和运行经验均来自俄罗斯的潜艇核动力装置。20 世纪 50 年代,苏联为开发潜艇核动力装置,提出铅铋合金冷却反应堆方案。从 20 世纪 60 年代 Alfa 级核潜艇的首艇开始建造,到 1981 年建造了两批共 7 艘装载有铅铋反应堆的核潜艇,积累了约 80 堆·年的运行经验。然而,截至目前,世界范围内还未建造出民用的铅冷快堆(包含铅铋反应堆)。

　　之后,俄罗斯在铅冷快堆领域保持着持续的开发兴趣,开发了两种原型堆,一种是延续了潜艇铅铋反应堆技术的铅铋快堆 SVBR‑100,电功率为

100 MW;另一种是铅冷快堆 BREST-OD-300,电功率为 300 MW,采用氮化物燃料,已被第四代核能系统论坛选作中型铅冷快堆的参考堆型。

欧盟于 2012 年正式启动欧洲可持续核工业行动计划(The European Sustainable Nuclear Industrial Initiative, ESNII),将铅冷快堆和气冷快堆作为钠冷快堆技术的备选技术。2006 年,欧盟启动了欧洲铅系统(European Lead System, ELSY)项目,确定了主要设计参数:热功率为 1 500 MW,电功率为 600 MW。2010 年启动了铅冷欧洲先进示范堆 LEADER(Lead-cooled European Advance Demonstration Reactor)计划,设计了工业级的欧洲铅冷快堆 ELFR(European Lead Fast Reactor)和电功率为 100 MW 的欧洲先进铅冷示范快堆(The Advanced Lead Fast Reactor European Demonstrator, ALFRED),其中 ELFR 被选为第四代核能系统大型铅冷快堆的参考堆型。欧盟还进行了加速器驱动次临界系统(ADS)的设计,其中反应堆采用次临界铅铋冷反应堆方案 MYRRHA。美国进行了小型铅冷快堆 SSTAR 的设计,该反应堆被选作第四代核能系统小型铅冷快堆的参考堆型。

与钠冷快堆相同,铅冷快堆也存在池式和回路式两种堆型。由于铅与水不会发生剧烈反应,因此中间冷却回路不是设计所必需的。一些池式铅冷快堆如 ELFR,设计上未设置中间冷却回路,蒸汽发生器直接浸没于主容器之中,图 2-4 为 ELFR 的示意图[4]。回路式铅冷快堆则可以避免将蒸汽发生器置于主容器之中。

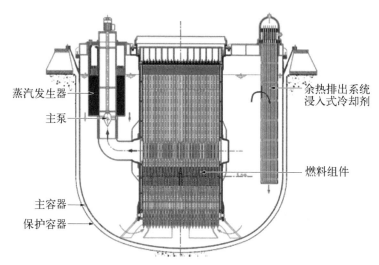

图 2-4 欧洲铅冷快堆 ELFR 示意图[4](彩图见附录)

2.1.4　熔盐堆

熔盐堆的早期概念为液态燃料熔盐堆(MSR‐LF),始于 20 世纪 40 年代末,主要设计目的是美国空军为轰炸机寻求航空核动力。美国橡树岭国家实验室(ORNL)于 1954 年建成第一个熔盐堆实验装置(Aircraft Reactor Experiment,ARE),成功运行 1 000 h。后来,战略弹道导弹的迅速发展使核动力轰炸机的研发失去了军事应用价值,20 世纪 60 年代起,熔盐堆研发转向民用。ORNL 于 1965 年建成热功率为 8 MW 的液态燃料熔盐实验堆(Molten Salt Reactor Experiment,MSRE),成功运行将近 5 年,通过大量实验研究证实:熔盐堆可使用包括 ^{235}U、^{233}U 和 ^{239}Pu 的不同燃料,具有优异的中子经济性和固有安全性;燃料盐 7LiF‐BeF$_2$‐ThF$_4$‐UF$_4$ 可成功用于熔盐增殖堆,具有辐射稳定性;石墨作为慢化体与熔盐相容;哈氏合金 N 可成功应用于反应堆容器、回路管道、熔盐泵、换热器等部位,腐蚀可控制在低水平等。20 世纪 70 年代,ORNL 完成了 2 250 MW 增殖熔盐堆(Molten Salt Breeder Reactor,MSBR)的设计。然而,在 20 世纪 70 年代核能研究规模整体收缩的背景下,美国政府选择了适合生产武器用钚、具有军民两用前景的钠冷快堆,放弃了熔盐堆。

由于 GIF 的推动,国际上复苏了对熔盐堆的研究,堆型概念扩展为液态燃料熔盐堆和固态燃料熔盐堆两类。

液态燃料熔盐堆以氟化熔盐及溶解在其中的钍或铀氟化物组成的熔合物为燃料,无须制作燃料元件。该燃料盐的负反应性温度系数和空泡系数大,具有较好的固有安全性;燃料盐具有良好的热导性和低的蒸汽压,可在高温、低压状态下运行;燃料盐中产生的裂变产物可以进行在线处理,避免了放射性废物长期储存在堆内;可以灵活地采用一次通过、多次循环、次锕系核素嬗变等各种燃料循环模式;燃料盐常温时为固态,可避免因泄漏而导致的对环境的大量放射性释放。最初,液态燃料熔盐堆主要考虑热中子谱石墨慢化的反应堆。从 2005 年起,液态燃料熔盐堆开始重点研究快中子谱熔盐堆概念,该概念结合了快中子反应堆的基本特征(提高了资源的利用率,废物最小化)和既作为液态燃料又作为冷却剂的氟化熔盐的优点(低压、高沸点以及冷却剂光学透明)。然而,液态燃料熔盐堆开发仍然面临着大量的技术挑战,如:燃料盐的化学和热力学特性,冷却剂中气体提取技术的开发,先进的中子学与热工水力耦合模型的开发,严重事故情况下燃料盐与空气或水的相互作用,事故分析以及燃料盐的后处理技术等。液态燃料熔盐堆主要包括堆本体、回路系统、换热器、燃料盐处理系统、发电系统及其他辅助设备等。图 2-5 为第四代核能系统技术路线图中正在考虑的一种液态燃料熔盐堆概念示意图[4]。

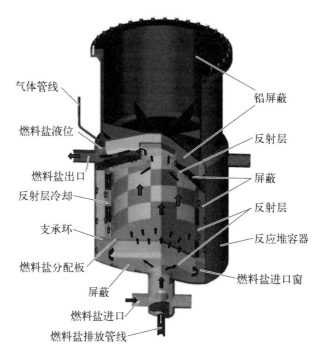

气体管线
铅屏蔽
燃料盐液位
反射层
燃料盐出口
屏蔽
反射层冷却
反射层
支承环
反应堆容器
燃料盐分配板
燃料盐进口窗
屏蔽
燃料盐进口
燃料盐排放管线

图 2-5　液态燃料熔盐堆概念示意图[4]（彩图见附录）

固态燃料熔盐堆（MSR-SF）是在原有液态燃料堆概念的基础上，经过几十年的发展扩展出来的设计概念，其核心特点是使用氟盐冷却技术和类似于超高温气冷堆中使用的包覆颗粒燃料技术，它继承和发展了来自其他类型的反应堆的技术，如非能动池式冷却技术、自然循环衰变热去除技术和布雷顿循环技术等，相较于液态燃料熔盐堆类技术成熟度较高。为了区分概念，固态燃料熔盐堆通常也称为氟盐冷却高温堆（FHR）。

2.2　第四代核能系统发展目标

作为第四代核能系统反应堆技术路线开发活动的一部分，第四代核能系统国际论坛为未来核能系统制订了总体目标，在安全性与可靠性、经济性、可持续性、防止核扩散与实物保护四大领域定义了第四代反应堆的发展目标。

首先,这些目标是开发第四代反应堆评估准则的基础;其次,这些发展目标用于促进包括反应堆和燃料循环装置在内的革新型核能系统的探索,非常具有挑战性;最后,随着第四代核能系统国际论坛合作的进行,这些目标可用于激励和指导第四代核能系统的研发。

需要指出的是,第四代核能系统的目标明确定义为"用于促进对包括反应堆和燃料循环装置在内的革新型核能系统的探索,并且随着合作的进行,这些目标将用于激励和指导第四代核能系统的研发"。因此,第四代核能系统的发展目标不应视为强制性的。

2.2.1　安全性与可靠性目标

第四代核能系统反应堆设计的安全性和可靠性目标主要包括以下三点[4]:

(1) 第四代核能系统在运行安全性与可靠性方面表现突出。这个目标重点关注核燃料循环中的所有设施在正常运行工况下的安全性和可靠性。因此,主要处理较为可能发生的运行事件,如设定强制停机率,确定员工安全,以及可能导致日常放射性物质释放的事件,这些事件可能会影响到员工或公众。

(2) 第四代核能系统发生反应堆堆芯损伤的概率和程度均非常低。这个目标要求第四代反应堆的设计特性能够保证发生堆芯损伤事故的可能性非常小,并解决如何使始发事件的发生频率最小化,以及规定设计特征应确保能够成功地控制电厂且能够减轻任何可能发生的始发事件的后果而不造成堆芯损伤。

(3) 第四代核能系统将从设计上消除对厂外应急响应的需要。第四代系统有望高可信度地证明,反应堆的安全体系设计具有管理和缓解电厂严重工况的能力,任何潜在的放射性释放都会很小,对公众造成的健康影响是微不足道的。

这些目标延续了过去的发展趋势,并寻求安全的、能进一步降低严重事故工况发生的可能性以及减小严重事故后果的简化设计。这些宏大目标的实现不能仅仅依赖技术上的提升改进,还需要系统地考虑人员的行为,人的因素对于电厂的可用性、可靠性、可检查性和可维护性具有重要的影响和贡献。

第四代核能系统技术的多样性需要新的思维和新的方法,可以使用经过验证的分段式方法。第四代核能系统风险与安全工作组(RSWG)相信通过先进的技术和与之紧密结合的安全理念的早期应用,进一步改进早已是非常安全可靠的清洁能源的工作是值得的,并且是可以实现的。尽管重大的安全改进可以通过几种不同的方式实现,RSWG 仍然认为最重要的基本方法是秉持"安全是固有的而不是外加的"这一安全概念。因此,第四代核能系统的设计开发观念最早来源于概率安全方法和其他安全评估方法的指导,即设计结果应具有鲁棒性,不受主动引入缺陷的影响。为了达到理想的安全水平,没有影响安全的"附加物"是必要的。

就像现有的第二代和第三代核电站一样,第四代核能系统有必要进一步开发和应用分析方法。这种方法允许设计人员预见电站中可能出现的各种运行挑战,并设计一系列事件,这些事件的识别依赖于规范基本安全风险功能。定义临界事故不再是未来反应堆的推荐做法[如压水堆的大破口冷却剂丧失事故(LOCA)]。与此相反,规范一些不同的设计基准情景可能应是首选的方法。

2.2.2　经济目标

第四代核能系统技术路线图中提出了以下两个经济目标[4-5]。

(1)与其他能源项目相比具有生命周期成本优势(即具有较低的平准化单位能源成本)。

(2)与其他能源项目相比具有相当的财务风险水平(即在商业运营时具有类似的总投资成本)。

根据以上两个经济目标,GIF 经济建模工作组开发了经济评价模型,包含四部分内容:建设/生产、燃料循环、生产能力、模块化,为第四代核能系统的经济性评估提供了一种方法学。2007 年经济建模工作组发布了成本估算指导原则以及用于对第四代核能系统进行经济评价的软件 G4ECONS v2.0,可用于计算核能系统的平准化单位能源成本(LUEC),并包含一个可用于计算非电力(如制氢)平准化单位产品成本(LUPC)的模块。

随着能源市场的不断发展和变化,第四代反应堆的部署不断面临着经济性方面的新挑战。GIF 经济建模工作组研究发现,在优惠政策的推动下,电网中可再生能源的份额不断增加,给核电带来不利的条件,需要核电在负荷跟踪模式下运行。目前在欧洲,由于核发电能力过剩(如法国)或者可再生能源能力过剩(如德国),已有一些核电站在负荷跟踪模式下运行;然而,负荷跟踪模式这种灵活运行机制导致核电站维护成本过高以及总体发电利用率较低,从而使经济性下降,有可能造成反应堆提前退役。欧洲和北美根据爬坡率、深度和频率响应,已经研究了新型核反应堆在灵活运行机制下的效用要求。据此认识到,要达到效用要求,第四代核能系统需要设计成灵活运行模式。

基于第四代核能系统的经济性目标及其面临的能源市场问题,GIF 经济建模工作组经研究提出以下要求。系统开发人员考虑第四代核能系统的灵活运行要求时,应在研发阶段即考虑灵活运行要求带来的研究需求,包括但不限于:优化燃料,以达到长时间低功率运行;控制反应性,以达到所需爬坡率;开发能耐受热循环和疲劳的材料;快速散热等。为了有利于第四代核能系统的部署,GIF 经济建模工作组提出了混合系统概念,以便让电力生产和热电联产的盈利能力达到最佳,同时提供可调度的电力,以满足来自电网的弹性需求。

2.2.3 可持续性目标

可持续性发展是当代的世界性课题,人类社会文明和经济发展与自然环境、能源和资源可持续性开发和利用之间的协调是实现可持续性发展的关键所在。可持续性发展反映在能源方面具有三个特点:能源开发具有可再生性或具有某种程度储量充足的特点;碳排放接近零;对自然环境无污染或低污染,不对自然环境和人类社会造成额外的负担。可持续性能源主要包括各种非化石能源,如核能、太阳能、风能、水能、生物质能以及海洋能等。

核能是一种清洁能源,不排放二氧化硫、烟尘、氮氧化物和二氧化碳,对减少大气污染物排放,降低环境危害,减缓地球温室效应具有重要意义。核能发电利用方面,当前选择的主体堆型是压水堆核电站,采用富集的 ^{235}U 作为燃料,具有铀资源储量充足、近零碳排放和放射性废物可控的特点。然而压水堆按照一次通过的燃料循环方式,铀资源利用率只有 0.5% 左右,铀资源利用率不高;压水堆核电站卸出的乏燃料处理和处置也不容忽视,尤其是其中含有的长寿命核素,需要衰变几十万年才能达到与天然铀相当的放射性水平,常规的储存方式将会带来核废物长期管理的负担和对环境的潜在危害。因此,第四代核能系统从提高铀资源利用率和减少放射性废物两个方面提出了可持续性目标[4-5]:

(1) 提高资源的利用率,生产可持续性的能源,提升核燃料的长期可用性。

(2) 减少核废物,减小废物管理和废物处置对环境的影响,降低长期管理的压力。

闭式核燃料循环是实现可持续性目标的重要环节,其基础是在可能的最优策略下对乏燃料进行后处理和分离以及对每种核素成分进行管理。例如,裂变材料可以从乏燃料中再生并用于制造新燃料。目前,轻水堆乏燃料中大约95%可以重新用于制造再生氧化铀和MOX燃料。采用快堆及其闭式燃料循环,可以使可转换材料转变为易裂变材料,实现易裂变材料的增殖,可以显著地减少需要进行深层地质掩埋的最终废物处置规模。第四代核能系统研究先进的分离技术,可以避免敏感材料的分离,有利于提高防核扩散性能。

2.2.4　防止核扩散与实物保护目标

防止核扩散是相对于核扩散而言的,属于防扩散在核能系统自身的一种体现,包括技术措施和管理体系。通常,核扩散是指核武器、核武器用核材料以及相关核技术的扩散。自核能技术应用以来,扩散与防扩散一直伴随着核能与核技术的发展,现在仍然是国际社会关注的热点问题。对核能系统防扩散问题的研究是从20世纪70年代开始的。当时,国际原子能机构(IAEA)开展了"国际核燃料循环评价"(International Nuclear Fuel Cycle Evaluation)项目,开始关注防核扩散问题,同期美国能源部也开展了"不扩散备选系统评估项目"(Non-Proliferation Alternative System Assessment Program)。这两个项目着眼于确定核燃料循环发展的正确方向以使扩散风险最小化,但并没有开发评估这类风险的完整方法。随着研究工作的深入,防核扩散能力趋向于决策分析或者风险分析方面发展。

核材料与核设施的实物保护是核能安全发展的另一个重要内容。基于核材料的放射性,尤其是核武器的巨大威力,核材料丢失、被盗或者非法转用无不在增加核武器扩散的风险。此外,针对核设施的破坏,有可能造成严重的放射性灾难事故并引发社会恐慌,也可能成为一些极端势力宣示其主张的潜在风险。因此,核材料与核设施的实物保护一直受到世界各国的关注,各国结合各自的法律法规和技术能力采取各种措施来防范或阻止核材料在使用、储存和运输中被盗以及防止针对核设施的破坏活动。不同于防核扩散,实物保护并非核工业独有的。无论这个设施是核能系统还是石化基础设施、水处理工厂或者军事场所,保护一个设施不被破坏或被盗的基本原理是相同的。因此,研究实物保护方法的发展早于核工业本身。

传统上防止核扩散和实物保护是作为两个方面独立研究的。第四代核能系统在技术路线图中明确了防止核扩散和实物保护的发展目标,发布了防止核扩散和实物保护评估方法学报告,通过系统性的工作使评价方法得到改进。第四代核能系统的防止核扩散与实物保护目标要求如下[4-5]:第四代核能系统将增强保证,确保核材料在被转用或盗窃用作武器方面极不具有吸引力并只有最少的可获取途径,且能够提供增强的实物保护能力。防止核扩散是核能系统的一种特征,能够阻止当事国通过核材料的转用、未申报生产或技术的不正当使用而获取核武器或其他核爆炸装置。实物保护是核能系统的另外一种特征,坚固的实物保护系统能够阻止盗窃可用于核爆炸装置或者放射性散布装置的材料,以及破坏相关设施或运输过程。

2.3　先进快堆

先进快堆着眼于解决核能的大规模可持续性发展,通过先进快堆及与之匹配的闭式核燃料循环系统的创新型或改良型设计,能够实现核燃料的高增殖,确保核能在价格方面具有优势,实现对铀资源的充分利用;能够实现长寿命放射性废物的嬗变,大大减少放射性废物,从而降低废物管理和废物处置的压力,获得良好的环境效益。先进快堆同时可以解决核能在安全性和防核扩散性等方面所面临的公众、决策者和国际社会等各方面的质疑,真正实现核能的大规模可持续性发展。所以,从技术特点上讲,先进快堆着眼于能够同时提高铀资源利用率和嬗变长寿命放射性废物,且考虑了与其闭式燃料循环系统匹配的可持续性发展的核能系统,具备安全性、经济性、可持续性和防核扩散性等基本特征,满足第四代核能系统的技术目标。

近年来,相比于传统快堆,先进快堆在基本理论和系统解决方案方面都有了长足发展,其中的主要创新型设计概念包括行波堆、一体化快堆、俄罗斯的BN-1200、欧盟的 ASTRID、日本的 JSFR 等概念或设计。

本书中先进快堆的概念更强调通过与燃料循环系统的匹配发展,提升核能系统的可持续性能指标。因此,在先进快堆的设计概念和技术选择上,第一层次要考虑的设计目标和设计方向是提高铀资源利用率和减少长寿命放射性废物的地质处置。主要的设计概念和技术选择包括具有高中子辐照特性和高燃耗的革新性燃料、材料技术,致密度更高、中子能谱更硬从而增殖性能更好的金属燃料、氮化物燃料等先进燃料技术,直接在堆内实现易裂变材料增殖和焚烧的革新性堆芯设计,流程更少、耗时更短的后处理工艺,与快堆配套的后处理及燃料制造同厂址建设从而缩短易裂变材料倍增时间的概念方案。由此,形成了两种不同设计理念的先进快堆设计概念,一种是直接在堆内完成易裂变材料增殖和焚烧的行波堆概念,另一种是同厂址建设的先进快堆及配套的燃料再生设施的一体化快堆核能系统概念。

先进快堆的第二层次设计目标是安全性和经济性。安全性和经济性是核能可持续发展的保障和助力,进一步提升安全性和经济性是先进快堆面向能源市场竞争的需要。如前所述,安全性提升最重要的基本方向是提升先进快堆设计的固有安全性,即在进行材料、燃料、冷却剂、堆芯以及系统的技术革新和概念设计时同步考虑技术和设计本身的内在安全性,而不是通过不断附加安全设施来保证安全。先进快堆的设计还应具有鲁棒性,即可以很好地应对系统本身的波动和外部扰动。另外,应以固有安全性设计和鲁棒性设计为基本准则,而不应过多地增加额外的安全设施,同时也要从根本上降低先进快堆的成本、提升先进快堆的经济性。总之,先进快堆的设计方案和技术选择应同时考虑安全性和经济性目标,尽量做到通过革新的技术(如先进的燃料、材料技术,先进的监测手段,先进的高效率的能量转换系统等)、创新的设计概念和设计方案(固有安全性设计、鲁棒性设计、简化设计等)等方法同步提升先进快堆的安全性和经济性,尽量避免安全性和经济性互相代偿的设计方案。

先进快堆第三层次的设计目标是防核扩散性和实物保护。

下面将简要介绍行波堆和一体化快堆概念,之后将会对国外正在研发的先进快堆概念或设计做简要介绍。

2.3.1　行波堆

行波堆是一种特殊设计的池式钠冷金属燃料快中子反应堆,其基本理念是通过采用具有高中子辐照特性和高燃耗的革新性燃料材料技术和革新性堆芯设计,实现燃料组件直接在堆内完成易裂变材料的增殖和焚烧过程,取消了燃料组件在堆内增殖后卸出堆芯进行后处理、重新制造成新燃料组件入堆的循环过程,将整个闭式燃料循环在同一个堆内实现,简化核燃料循环过程,提高一次通过式核燃料循环的燃料利用率。行波堆可以规模化直接利用贫铀,显著提高铀资源利用率,同时可以降低核扩散的风险,促进核能可持续发展,防止核扩散。

行波堆的增殖焚烧过程通常有增殖行波和焚烧行波的物理图像,其具体的实现方式相应可以分为行波堆和驻波堆两种,这两种均泛称为"行波堆"。

行波堆概念的堆芯一般由点火区和转换区组成,点火区在反应堆运行初期提供剩余反应性,并提供额外的中子来增殖转换区的可转换材料。转换区经过充分增殖后,易裂变材料的浓度不断上升,堆芯的焚烧区域将不断向转换区移动,转换生成的易裂变材料直接在堆芯内进行"原位"焚烧利用,实现核燃料一次通过并且深度焚烧。这样采用一次通过式的燃料循环方式,就可以实现对于天然铀资源的有效利用。图 2-6 给出了典型行波堆概念的物理图像。

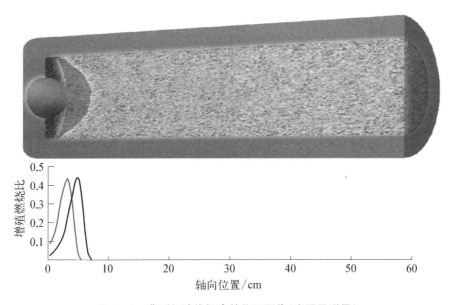

图 2-6　典型行波堆概念的物理图像(彩图见附录)

驻波堆设计是行波堆概念的一个拓展,通过运行过程中燃料组件位置的调换可以使堆芯焚烧波和增殖波在反应堆内的分布相对固定。倒料方案的优化可以有效降低行波堆概念的峰值燃耗限制,降低对于燃料和包壳材料的性能要求指标,并且可以最大化沿用传统快堆的系统设计来实现核燃料的原位增殖焚烧,大大降低了工程实践的技术难度。图 2-7 给出了典型驻波堆概念的物理图像。

关于行波堆的驱动燃料,美国泰拉

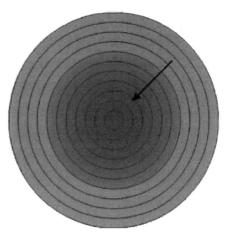

图 2-7　典型驻波堆概念的物理图像
(彩图见附录)

能源公司采用中富集度浓缩铀(^{235}U 富集度低于 20%)方案,转换组件可使用贫铀或天然铀,堆芯一次装入大量驱动燃料组件和转换组件,通过堆内调换的方式实现长期运行,在较长时间内(如 10 年)无须进行新燃料组件及转换组件的更换。行波堆具有以下明显的优点。

(1) 不同于在堆外进行乏燃料后处理和新燃料制造的闭式燃料循环模式,行波堆可以在堆内实现燃料循环。行波堆在初装适量驱动燃料(工业钚或浓缩铀)的基础上,采用低丰度的铀(贫铀或天然铀)的转换组件作为燃料,通过深度燃烧,在反应堆内实现原位增殖和焚烧,即^{238}U 的增殖和^{239}Pu 的焚烧在堆内一次完成。

(2) 行波堆有长期的燃料供应。除初装点火区外,后续可采用贫铀或天然铀作为燃料,来源广泛。在不进行后处理的情况下,行波堆可利用已储存的贫铀或天然铀,并大大提高铀资源利用率[在不进行后处理的情况下将铀资源利用率提高到压水堆的 7~8 倍(与具体设计有关)]。

(3) 行波堆能够改善燃料循环的经济性。仅在点火阶段需要添加中富集度浓缩铀,降低了对浓缩铀的需求;燃料在一次通过情况下,可深度进行焚烧,减少废物产出,有效降低乏燃料处置总量,提高核能系统整体经济性。

(4) 行波堆技术具有固有防核扩散特性,可以在国际市场上大力推广,满足核能后发国家的需求。

由于理想行波堆概念的技术指标超高(燃料峰值燃耗的原子百分含量要求为 50%,对应结构材料辐照损伤高达 800 dpa),现有技术水平离目标状态差距巨大且在短期内无法攻克,技术研发难度极大,目前国际上普遍选择技术难度大大降低的较为现实的驻波堆概念。

在驻波堆概念的行波堆(以下泛称行波堆)中,点火阶段使用中等富集铀(富集度低于 20%),后续加料使用贫铀或天然铀组件,通过堆内定期倒料的工程措施来实现核材料在堆内的增殖"驻波"和焚烧"驻波",从而达到对^{238}U 在堆内原位增殖、焚烧的目标。对该行波堆概念的初步研究表明,如果反应堆的功率规模较小,中子的泄漏率将不能满足堆芯自增殖的要求,导致无法得到只将天然铀或贫化铀作为唯一燃料的平衡堆芯,不可避免地仍然需要在堆外进行乏燃料后处理和新燃料制造,不能实现堆内的核燃料循环。因此,典型的商业行波堆规模预计至少应达到百万千瓦规模。初步研究表明,商用行波堆的堆芯需要达到两项基本要求,才能够实现稳定的驻波工作模式:① 燃料燃耗峰值需达到 30% 左右的原子百分含量,以达到 ^{238}U 燃料的原位增殖、焚烧目的;② 伴随着峰值燃耗达到 30% 的原子百分含量,燃料元件包壳耐受的最大辐照损伤应达到 500 dpa 左右。

商业行波堆最低峰值燃耗 30% 的原子百分含量显著高于当前的快堆燃料。快堆氧化物燃料的运行数据表明其最高燃耗为 15% 的原子百分含量,金属燃料可用的数据库有限,使用 HT9 包壳的测试燃料棒达到的最高燃耗为 20% 的原子百分含量。因此,高燃耗快堆燃料及其包壳材料的创新型设计与研发是决定商业行波堆概念是否能够实现的关键核心技术,其他行波堆特有的工程技术也需要重点解决,如燃料管理和堆内倒料技术的验证、钠和覆盖气体净化技术有效性的验证以及流量分配技术等。

2.3.2　一体化快堆

一体化快堆是指一体化闭式循环快堆核能系统,由反应堆及配套的燃料再生设施组成,采用同一厂址或区域建设。

反应堆采用金属燃料快堆,同时实现发电、增殖和嬗变三个功能。

燃料再生设施集干法后处理和燃料制造工艺为一体,用于燃料的后处理和再生。整个干法后处理工艺流程很短,设备紧凑,设施规模较小,建造成本和运行成本均较水法设施有大幅度降低。

反应堆和燃料再生设施同址设计,实现闭式燃料循环工艺流程一体化。同址(或同区域)设计能够最大限度地减少新、乏组件的堆外储存量,减少乏燃料处理量,减少高放废物产生量,避免长途运输,能够实现铀、钚、次锕系核素的同步处理和进堆焚烧。

出于经济性等方面的考虑,宜采用 6~8 个反应堆配套 1 个燃料再生设施的设计。图 2-8 为一体化快堆应用场景示意图。

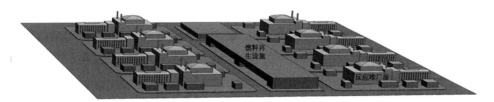

图 2-8　一体化快堆应用场景示意图

1 座百万千瓦级一体化快堆与压水堆的特性对比如表 2-2 所示。

表 2-2　百万千瓦级一体化快堆与压水堆的特性对比

参数	一体化快堆	压水堆一次通过
资源需求	每年 1.5 t 贫铀	每年 170 t 天然铀及 95 t 分离功
燃料再生能力	每年 20 t	无
需数万年监管的危险废物量	~0	每年 27 kg(MA)
乏燃料储存量	~0	每年 25 t
安全性	固有安全 不需厂外应急	需厂外应急
经济性	反应堆比投资为 17 000 元/千瓦 燃料再生设施全寿期费用少于同比燃料费	反应堆比投资为 12 000~18 000 元/千瓦 需外购燃料

一体化快堆的技术优势具体体现在以下五个方面：

（1）天然铀近零消耗。在首炉循环后，一体化快堆的燃料系统即进入自持状态，主要消耗贫铀，每年只需要向系统中加入约 1.5 t 贫铀即可满足燃料需求，无须与压水堆竞争天然铀，同时还可以增殖核燃料供压水堆使用。

（2）长寿命高放废物近零产生。本系统不产生和不累积乏燃料，可实现燃料和全锕系核素的循环利用，即对快堆乏燃料进行后处理回收超铀元素，再做成快堆燃料在快堆中循环。废物只需要管理数百年即可达到天然铀放射性毒性水平。

（3）快速增殖优质核燃料。一体化快堆采用金属燃料，由于能谱硬，具有更高的增殖比，增殖比最高可达 1.5，即每消耗 1 kg 核燃料，可以同时生成 1.5 kg 核燃料。新生成的核燃料除了自身使用之外，还可以给压水堆使用，或建设新的一体化快堆电站。

（4）次锕系核素高效焚烧。一座百万千瓦压水堆每年产生的 MA 约为 27 kg。一座百万千瓦金属燃料快堆，每年能焚烧掉约 108 kg MA，嬗变支持比为 4。

（5）可耦合匹配压水堆发展。压水堆的乏燃料可以作为资源在快堆中利用，同时一体化快堆增殖的核燃料也可以为压水堆提供燃料。

2.4　国外快堆发展计划

进入 21 世纪以来,国际社会对可持续发展非常关注,各方面研究表明,为了保证 21 世纪可持续发展所需的能源供应,必须大规模发展核能,这样可以规避化石能源的温室气体释放以及其他可再生能源电力输出的不稳定性和占地限制等问题。快堆和核燃料循环技术是核裂变能可持续发展的必然选择,国际上发展快堆技术的国家普遍制订了快堆发展计划,下面各节简要叙述俄罗斯、欧盟、日本、美国和印度等掌握快堆技术的国家以及其他国际组织的快堆发展计划。

2.4.1　俄罗斯的突破项目

2011 年俄罗斯国家原子能集团公司(Rosatom)编制了核能领域的"突破"项目计划,该项目以俄罗斯联邦专项计划《2010—2015 年及 2020 年远景的新一代核能技术》为指导,旨在建立以快堆闭式燃料循环为基础的新一代核能技术。

"突破"项目以建设燃料闭式循环示范中心为重要目标,综合研发新型铅冷快堆 BREST - OD - 300、120 万千瓦大功率钠冷快堆核电站 BN - 1200、乏燃料后处理和燃料生产线,并以此为依托开展氮化物燃料研制、快堆设计改进、新一代软件开发等研究工作。通过开展"突破"项目,俄罗斯将在国际上首次建立核电厂厂区内的先进核电示范综合体,完成快堆核电站、核燃料生产设施和后处理设施等的集成建设。

2.4.1.1　BREST - OD - 300 铅冷快堆

BREST - OD - 300 是 BREST 系列反应堆的首堆,设计目标是立足于现有成熟技术,贯彻反应堆自然安全原则,全面满足对现代核能的各项要求,同时进行技术积累,便于以后其他型号的反应堆大规模商用。BREST 系列反应堆最大的特点是固有安全,BREST - OD - 300 的主要设计参数如表 2 - 3 所示。

表 2 - 3　BREST - OD - 300 的主要设计参数

参数	数值或质量指标
热功率/MW	700
电功率/MW	300

(续表)

参数	数值或质量指标
堆芯燃料组件数/个	185
堆芯直径/mm	2 300
堆芯高度/mm	1 100
燃料元件间距/mm	13.6
燃料元件直径/mm	9.1∶9.6∶10.4
堆芯燃料	UN+PuN
堆芯燃料装量/t	16
装载量[钚/(^{239}Pu+^{241}Pu)]/t	2.1/1.5
堆芯寿命/a	5
换料周期/a	1
铅进出口温度/℃	420/540
水进口温度/℃	340
蒸汽出口温度/℃	520
包壳最高温度/℃	650
铅最大流速/(m/s)	1.8
铅流率/(t/s)	40
热效率/%	43
堆芯增殖比	~1
寿期/a	60

BREST‐OD‐300 采用池式设计,堆芯、反射层和控制棒、蒸汽发生器和主泵、换料和燃料管理设备、安全和辅助系统都位于池内。反应堆设备置于一个带有钢衬里的混凝土绝热室内。堆芯燃料栅格的间距较大,从而提供了比较大的铅流通面积,降低了流程压力损失,有利于建立一回路的衰变热自然循环。堆芯设计中省略了堆芯活性区的反射层,采用具有适当反射率的铅反射

层替代,优化了堆芯功率分布,提供了负的空泡和密度反应性反馈系数,消除了武器级钚生产的可能性。堆芯的衰变热排出系统采用非能动设计,一回路的热量通过自然循环在空冷器中把热量传递给冷空气,被加热的空气直接排入大气中。BREST‑OD‑300 选择液态铅作为反应堆一回路冷却剂,混合铀、钚氮化物燃料作为堆芯燃料芯块材料,以铁素体‑马氏体钢作为燃料元件包壳及一回路设备的主要结构材料。

BREST‑OD‑300 电站设计中一回路采用常压系统,没有中间回路,不需要复杂的能动安全冷却及检测系统,电厂系统设备得到了大幅简化。

2.4.1.2　BN‑1200 商用钠冷快堆

BN‑1200 快堆是俄罗斯 BN 快堆和 VVER 热堆二元式匹配发展核能系统的关键部分。BN‑1200 的主要设计参数与 BN‑600 和 BN‑800 的对比如表 2‑4 所示,从对比中可以看出,BN‑1200 的额定运行主参数比 BN‑800 和 BN‑600 的有所提升,发电效率更高。

表 2‑4　BN‑1200 与 BN‑600 和 BN‑800 的主要设计参数对比

主要设计参数		BN‑600	BN‑800	BN‑1200
额定热功率/MW		1 470	2 100	2 800
电功率(毛输出)/MW		600	880	1 220
环路数/个		3	3	4
一回路冷却剂温度/℃ (IHX 入口/出口)		535/368	547/354	550/410
二回路冷却剂温度/℃ (SG 入口/出口)		505/318	505/309	527/355
三回路参数	主蒸汽温度/℃	505	490	510
	主蒸汽压力/MPa	14	14	17
	给水温度/℃	240	210	275
	电厂效率(毛/净)/%	42.5/40	41.9/38.8	43.5/40.7

俄罗斯依据建造和投运 BN‑800 反应堆、运行 BN‑600 反应堆过程中获得的经验和能力以及 BN‑1200 新的设计原则要求(见表 2‑5)和技术参数

(见表2-6),对BN-1200钠冷快堆的一回路系统进行了改进:取消了容器内屏蔽和挤钠箱,对堆芯、主循环泵、提升机、启动电离室等采用了新的方案,增加了堆内乏燃料储存阱、直拉式燃料提升机,反应堆容器内部主要设备实现了完全一体化,将冷阱集成到一回路容器内,避免了含放射性一次钠的管道布置在反应堆容器外,降低了放射性钠释放风险,布置了堆内启动电离室。同时参考BN-800方案,对控制棒驱动机构、旋塞、反应堆容器、堆芯熔化收集器、中间热交换器等设备进行了尺寸放大,以适应功率要求。

表2-5 BN-1200的主要设计原则要求

安全性	可靠性	经济性	其他要求
任何事故下不需要应急撤离; 堆芯严重损伤的概率不大于 1×10^{-6}(堆·年)$^{-1}$; 严重事故下堆芯损伤的元件包容在反应堆容器内	设备和系统设计中提供工程参考解决方案; 确保主设备运行时间不少于60年; 确保主要可更换设备在电厂寿期内的更换次数不大于3次	负荷因子不低于0.9; 核电厂金属用量不大于 6 t/MW; 反应堆建筑体积不大于 550 m³/MW; 首堆建造周期不大于60个月	有效应用固有安全特性和非能动安全系统; 可靠消除放射性钠泄漏,确保满足第四代反应堆要求

表2-6 BN-1200主要工艺或参数的选择历程

主要工艺或参数	选型或确定参数	年份
功率	1 200 MW	2007
反应堆主回路选型	主回路钠系统和设备池式集成	2007
燃料	氮化物铀、钚燃料,MOX 备选	2012
非能动停堆组件方案	基于易熔材料的超温自动停堆设备	2013
反应堆布置选择	4 环路布置,应急热排除系统(EHRS)与反应堆直接连接	2008
二回路布置	缓冲罐和二回路主泵集成布置	2012
蒸汽发生器选型	壳式双模块蒸汽发生器	2009
乏燃料操作方式	放弃乏燃料桶的选择,选择在容器内储存衰变	2007
二回路管道热膨胀补偿方式	波纹管膨胀节	2008

俄罗斯于近几年更新了 BN‐1200 的经济性指标,要求反应堆装置的金属消耗量不大于 5.7 t/MW,主厂房的建筑体积不大于 318 m³/MW,建造 BN‐1200 机组的基建费用低于 84.6 千卢布/千瓦·时,平准化电力成本(LCOE)低于 2.35 卢布/千瓦·时,核燃料成本在 0.19～0.31 卢布/千瓦·时范围内(对应平均燃耗为 8%～12%)。为此,设计团队提出了改进型号 BN‐1200M 的设计,于 2017 年 7 月 18 日通过了审查,目前正在全面论证改进方案的功能与指标,并进一步优化经济性。

2.4.1.3　MNUP 燃料制造

MNUP 燃料即混合氮化物燃料,俄罗斯快堆使用的 MNUP 燃料需要达到以下要求:碳、氧含量均低于 0.05%,燃料初始孔隙率为 15%～20%,以补偿高燃耗下的裂变气体释放,具有较大中子截面的氮同位素含量尽可能低。

俄罗斯正在为 BREST‐OD‐300 铅冷快堆以及其他快堆研发 MNUP 燃料,已成功研发利用氧化物粉末制造 MNUP 燃料的技术,并在实验室规模测试了利用回收铀钚氧化物制造 MNUP 燃料的技术。

从 2015 年 4 月开始,俄罗斯利用别洛雅尔斯克核电厂 3 号机组(BN‐600 钠冷快堆)对 MNUP 燃料进行辐照测试。西伯利亚化学联合体于 2016 年 12 月宣布已成功完成对 MNUP 燃料的辐照后检测,确认 MNUP 燃料对 BREST 铅冷快堆的适用性。俄罗斯原子能公司于 2020 年 6 月宣布,反应堆辐照测试已经证实 MNUP 燃料的安全性;辐照测试进展顺利,已有 1 000 多根燃料棒接受辐照,没有出现压力下降情况,证明燃料元件包壳的完整性得到保持。MNUP 燃料研发和制造是旨在实现闭式核燃料循环的"突破"项目的重要组成部分。

根据"突破"项目,俄罗斯原子能公司正在建设一个中间示范电力综合体(PDEC),包括一个 MNUP 燃料制造/再加工模块、一座 BREST 铅冷快堆和一个乏燃料后处理模块,其中燃料制造/再加工模块于 2014 年 8 月启动建设。

在"突破"项目中,俄罗斯还计划将从乏燃料中提取的次锕系核素纳入燃料基体。俄罗斯博奇瓦无机材料研究所于 2019 年 8 月宣布已成功研发一种实验性高压电脉冲压缩装置,可用于制造含有次锕系核素的 MNUP 燃料芯块。这一装置可大幅简化芯块制造过程,其主要优点是能够同时高速进行压制和烧结操作,在脉冲性放电和压力的作用下,能够获得给定密度和几何尺寸的燃料芯块。这项技术可以大幅减小生产空间,降低能耗,并简化远程操作。

截至 2018 年 9 月,俄罗斯制造了 18 个含 MNUP 燃料棒的试验燃料组件。其中 10 个燃料组件在 BN‐600 中完成了辐照测试,所有的燃料棒均无破损。按其燃料棒适用堆型,辐照测试结果分为三组,如表 2-7 所示。BREST-OD-300 型 MNUP 燃料棒也在 BOR-60 中进行了辐照测试,2018 年 5 月得到的结果表明在 5% 的最大燃耗以及 74.8 dpa 的辐射损伤下,燃料包壳无破损。依据已有测试结果,俄罗斯延长了在 BN-600 中进行辐照测试的 ETVS-11 组件(适用于 BREST-OD-300)的辐照时间,该组件在最大燃耗、辐射损伤分别达到 6%、70 dpa 的情况下,燃料棒未发生破损。

表 2-7 BN-600 中 MNUP 燃料棒辐照测试结果

燃料棒 适用堆型	最大燃 耗/at%①	辐射损 伤/dpa	燃料包壳		
			直径/mm	厚度/mm	材料
BN-800	7.5	74	6.9	0.4	ChS-68-ID c. d
BREST-OD-300	4.5	53	9.7	0.5	EP 823-Sh
BN-1200	6	73.6	9.3	0.5	Ek-164-ID c. d

① at% 表示原子百分数。

2.4.1.4 PDEC 的混合氮化物乏燃料后处理

在 PDEC 中,BREST-OD-300 快堆的 MNUP 乏燃料采用熔融氯化盐电化学工艺进行后处理,其用电解法去除大部分裂变产物,采用有机萃取剂技术,在固态阴极上最终得到铀、钚以及次锕系核素的金属混合物,所生成的金属混合物可用于燃料组件的再加工。该工艺方案满足"突破"项目对 PDEC 后处理厂的各项要求:可裂变材料回收率高于 99.9%;乏燃料堆外冷却时间低于 1 年;铀、钚在后处理中不分离;钚与铯、铬、锆、钼以及稀土元素的分离系数分别为 10^6、10^3、10^3、10^3 以及 10^4。

基于快堆、MNUP 燃料生产以及乏燃料后处理技术,俄罗斯期望在 PDEC 示范的同厂址闭式燃料循环的具体流程如下:燃料组件在堆内辐照 5～7 年;将辐照后的乏燃料组件冷却 1 年;将冷却后的乏燃料组件运输至同厂址核燃料循环大楼进行切割,分离钢制构件提取乏燃料,并对乏燃料进行后处理;将后处理中提取出的物质进行燃料成分调整,制造氮化物燃料芯块;制造燃料棒和燃料组件并临时储存;将燃料组件运输至反应堆;对上述过程中产生的放射性废物进行处理与中间储存,并定期转交给国家放射性废物管理机构进行处置。

2.4.2　欧盟先进核能发展规划

欧盟委员会认为先进核能系统及核燃料循环技术是构成未来清洁、安全、高效能源系统的关键,需要对其进行持续的研发。2007 年,欧盟在战略能源技术计划(SET‐Plan)中提出了"支持核能系统的安全、高效运行,开发先进核能系统、研究裂变材料及放射性废料管理的可持续解决方案"的整体路线。确立了于 2030 年建成至少一座第四代示范快堆及其核燃料循环设施的战略目标。在欧盟委员会支持下成立的欧洲可持续核能技术平台(SNETP),对欧盟先进核能的发展进行了具体路线规划,如表 2‐8 所示。

表 2‐8　欧盟先进核能发展规划

项目名称	2015—2025 年	2025—2035 年	2035—2045 年
钠冷快堆 ASTRID	原型的基础设计、审批并开始建设	调试与运行,总结经验	首个钠冷快堆的基础设计、审批,并开始建设
铅铋冷快堆 MYRRHA	原型的基础设计、审批并开始建设	调试与运行,总结经验	
铅冷快堆 ALFRED	概念设计、原型基础设计和审批	完成原型设计、建设与调试	首个铅冷快堆的基础设计、审批,并开始建设
气冷快堆 ALLEGRO	确认气冷堆概念的可行性	概念及原型的基础设计和审批	开始建设与调试
快堆 MOX 燃料循环装置	快堆 MOX 燃料制造厂的基础设计、审批及开工建设	乏燃料回收和循环装置的概念设计与审批	开始建设先进乏燃料循环装置
			增大快堆 MOX 燃料的制造量
嬗变	制造含镅的燃料组件片段	富镅(或次锕系核素)燃料制造试验工厂的概念及基础设计	镅或次锕系核素燃料制造试验工厂的建设和调试

法国从 20 世纪 60 年代至今共设计并建设了三座快中子反应堆,分别为实验快堆狂想曲(Rapsodie)、原型快堆凤凰堆(Phénix)及大型商用快堆超凤凰

堆(Super-Phénix)。法国建立了完整的快堆发展路径,在大型快堆的设计、研发及运行方面均有着国际先进水平。表2-9中列出了法国各快堆的主要技术参数。

表 2-9　法国各快堆主要技术参数

参数	Rapsodie	Phénix	Super-Phénix
热功率/MW	40	563	2 990
电功率/MW	0	250	1 242
发电效率/%	—	45.3	40
一回路布置	回路式	池式	池式
燃料	MOX	MOX	MOX
堆芯入口温度/℃	400	395	395
堆芯出口温度/℃	515	560	545
出口蒸汽温度/℃	—	512	490
蒸汽压力/MPa	—	16.3	18.4

继狂想曲、凤凰堆和超凤凰堆之后,法国发展快堆的主要目的已由增殖转向嬗变,主要为了分离及转化长寿命放射性产物,建立闭式燃料循环系统。法国曾利用凤凰堆进行回收钚的多次循环实验,工程验证了快堆对钚循环利用的可行性。此外,法国已建立了商业化的压水堆乏燃料处理体系,在燃料后处理方面居于世界先进水平,建立闭式燃料循环系统已具备较好的研发和工程基础。

2006年,法国政府提出重新开始发展钠冷快堆技术,并立即启动了第四代先进钠冷原型快堆 ASTRID 的预先研究及初步设计工作。ASTRID 的研发、设计及建造的一个重要目的就是对钠冷快堆在燃料循环方面的作用进行示范验证,为闭式燃料循环系统的建立打下基础。法国围绕 ASTRID 原型堆设计开展的项目包括概念设计研究、燃料制造试验、闭式燃料循环技术研发、全尺寸设备测试、严重事故试验等方面。

作为第四代先进反应堆,ASTRID 将满足更高的安全设计标准,比以往的快堆在安全性能方面有显著提高,具体体现在以下方面:改进堆芯设计,以达到更小的钠空泡效应(目标是实现全堆钠空泡反应性小于 0;)采用气体(如氮气)作为发电介质或改进蒸汽发生器设计,以降低发生钠水反应的风险;改进钠泄漏探测系统的设计,降低发生钠火事故的风险;采用堆芯熔化收集器,以增强反应堆应对堆芯熔化事故的能力;采用成熟的余热排出系统技术或堆容器辅助冷却系统,以增强反应堆余热导出的能力等。

2019 年,法国政府明确了核燃料循环的后处理战略持续至 21 世纪 40 年代。同时,由于认识到在法国进行快堆的商业部署前景还较远,法国政府决定终止 ASTRID 项目的研究和建造。然而,快堆的闭式核燃料循环仍然作为一个长期目标予以保持,以便保持技术能力、攻克技术障碍并进一步开发核心技术。

2.4.3 日本"FaCT"计划

日本从 20 世纪 60 年代开始发展快堆技术,截至目前共建成两座快堆,分别是实验快堆常阳(JOYO)和原型快堆文殊(MONJU)。

"常阳"堆位于日本茨城县大洗町,于 1977 年首次达到临界,是日本利用本国技术自行设计、建造的。"常阳"堆作为实验快堆,在钠冷快堆基本性能确认、运行维护经验积累和新技术验证等方面发挥了作用,而且作为快中子辐照堆,实施了各种辐照试验,对以"文殊"堆为主的后续堆型的开发做出了贡献。

由表 2-10 日本快堆的主要技术参数可以看出,日本快堆技术选择较为明确,燃料均采用混合氧化物,一回路布置为回路式。由于日本是个地震多发的国家,基于抗震设计的考虑,日本选用回路式作为其大型快堆的一回路布置方式,而俄罗斯、法国、中国等国家的大型快堆均采用池式一回路布置。

表 2-10 日本快堆的主要设计参数

参数	JOYO	MONJU
热功率/MW	140	714
电功率/MW	—	280
一回路布置	回路式	回路式
燃料	MOX	MOX

参数	JOYO	MONJU
堆芯入口温度/℃	350	397
堆芯出口温度/℃	500	529
出口蒸汽温度/℃	—	487
蒸汽压力/MPa	—	12.5

2006 年，基于商用快堆循环系统可行性研究项目的结论，日本原子能机构联合日本的电力公司发布了 FaCT 计划，该计划将包括钠冷快堆、先进水法后处理系统和简化的微粒燃料制造的联合系统作为主要设计概念，制订了日本快堆发展商业化的路线。

福岛核事故发生后，日本政府重新调整了核能政策，快堆发展战略也做了相应调整。日本核能发展的重点方向包括增强反应堆安全性能、提高乏燃料储存及后处理的能力，以及继续推进核燃料循环政策。在快堆技术发展方面，日本重视进一步提高快堆的安全性，以满足第四代堆安全设计要求，在第四代核能系统国际论坛（GIF）的框架下持续推动第四代堆安全设计准则的制定工作；提出了旨在研究严重事故下钠冷快堆余热排出系统冷却能力的 AtheNa 试验计划；此外，日本重视安全分析工具的维护和升级，以及安全相关的数值分析软件的验证。2016 年宣布"文殊"堆退役后，日本快堆开发计划暂停，但仍然开展相关快堆技术研究和国际合作，包括与法国在 ASTRID 项目上的合作研究，以及与美国泰拉能源在钠冷快堆技术上的合作研究。

2.4.4 美国 IFNEC 计划

2006 年 2 月 6 日，美国能源部发布了"全球核能伙伴（Global Nuclear Energy Partnership，GNEP）计划"。美国能源部声称，这是美国采取的一项新举措，旨在减小核扩散威胁的同时，扩大全球范围内对安全、洁净和经济的核能的利用。2010 年 6 月，为适应核能发展新形势，鼓励处于不同技术与经济发展阶段的国家参与，对"全球核能伙伴（GNEP）计划"进行了改革，之后诞生了一个新兴的民用核能合作框架——国际核能合作框架（International Framework for Nuclear Energy Cooperation，IFNEC）。

2010 年 6 月 16 日至 17 日，"全球核能伙伴计划"的伙伴国家在加纳阿克拉正式同意将该计划转变为"国际核能合作框架"，并通过一项新的使命声明，这是受邀国家成为国际核能合作组织参与者的唯一行动。伙伴国家商定的从 GNEP 到 IFNEC 的转变，是为了在更广泛的范围内促进更广泛的参与，探讨互利的办法，以确保为和平目的扩大核能的应用以有效、安全、有保障的方式进行，并支持不扩散和保障措施。截至 2021 年 12 月，"国际核能合作框架"由 34 个参与国、31 个观察员国家和 4 个国际观察员组织组成。

美国当初倡导成立 GNEP 主要是基于以下几个方面的考虑：首先，解决美国长期能源安全问题；其次，实施核燃料循环策略，实现放射性废物最小化；最后，防止核扩散。

在基础设施开发方面，改革后的 IFNEC 仍然以人力资源开发为重点关注领域。另外，其重点活动领域逐步扩展，不仅进行核电项目评估，还开展了核能融资方案研究等工作。

在核燃料循环领域，IFNEC 关注得越来越全面和具体。GNEP 组织成立初期，重点关注乏燃料后处理和燃料循环后段标准研究。在改革后，IFNEC 伙伴国逐渐关注整个燃料循环阶段，尤其是燃料循环后段服务，提出了"全程燃料服务"（也称"全程燃料管理"）概念，即供应商将提供包括燃料供应、乏燃料管理和最终处置在内的全面可靠的商业化服务。

在燃料循环后段，IFNEC 认为，所有国家都有责任管理本国的乏燃料和放射性废物，尤其是放射性废物的最终处置。同时，对于小规模发展核电或没有足够空间进行乏燃料和高放废物处置的国家，要探讨区域性解决方案。

IFNEC 始终高度重视国际可靠核燃料供应与服务，其成立了可靠核燃料服务专家工作组，目的在于建立国际核燃料供应体系，面向世界核燃料市场，加强可靠核燃料服务与供应，同时制订可行的燃料循环技术替代方案，降低核扩散风险。

美国从 20 世纪 40 年代起便开始了对快堆技术的研究，是最早开始研究快堆技术的国家。从第一座快堆 Clementine 开始，先后建成并运行 7 座快堆。美国快堆技术经历超过半个世纪的发展，掌握了池式与回路式两种堆型布置方式，同时也尝试过包括水银、钠钾合金及钠在内的多种冷却剂，采用过金属燃料及 MOX 燃料。美国在金属燃料设计及制造、先进包壳材料技术、燃料后处理及回收利用、一体化的快堆设计等方面进行了大量理论及实验研究，在快堆技术领域积累了大量宝贵经验。美国快堆的主要情况参见第 1 章的表 1-5。

目前,美国能源部、各科研机构正在开发各种钠冷快堆概念。美国先进钠冷快堆的关键设计目标是采用高燃耗燃料、先进的包层和结构材料以及成本低廉的反应堆系统部件(例如体积更小的电力转换系统)来显著提高反应堆性能。表 2-11 比较了到 21 世纪 30 年代初美国可部署的钠冷快堆的设计参数。美国能源部估计,到 21 世纪 30 年代初,美国钠冷快堆技术可达到商业示范标准,包括技术开发、反应堆设计、许可证审批和反应堆建造等技术。预计到2050 年,可实现钠冷快堆商业化。

表 2-11   美国到 2030 年可部署的钠冷快堆

设计参数	PRISM (A 或 B)	ARC-100	TWR-P	ABR-1000
(热功率/电功率)/MW	471/165 840/311	250/100	1 475/600	1 000/380
主系统类型	池式	池式	池式	池式
燃料形式	金属	金属	金属	金属
燃料组成	U-TRU-Zr	U-Zr	U-Zr	U-TRU-Zr
冷却剂出口温度/℃	～500	550	510	510
能量转换系统	蒸汽	蒸汽或超临界 CO_2 布雷顿循环	蒸汽	蒸汽
平均燃耗/(GW·d/t)	66	TBD	150	100
包壳材料	HT-9	HT-9	HT-9	HT-9
主钠泵	电磁泵	机械泵	机械泵	机械泵

除此之外,美国还十分重视铅冷快堆的发展。2000 年,美国能源部重新启动铅冷快堆研究计划,分别设立了针对核废料嬗变处理的"铅铋快堆 ABR 项目"和针对先进核能系统开发的小型模块化铅冷快堆 SSTAR 项目。在铅铋快堆 ABR 项目和 SSTAR 项目中,美国均选择了自然循环冷却的技术路线,并开展了较为深入的研究。美国西屋电气公司近年来在实验快堆的研究基础上,提出热功率为 500 MW(电功率为 210 MW)的示范铅冷快堆(DLFR)概念,目前仍处于初步概念设计阶段并计划在 2030 年前启动运行。目前,美国在小型自然循环铅冷快堆的研发方面处于国际领先地位。

2.4.5　印度快堆计划

印度现有 22 台在运核电机组,总装机容量为 678 万千瓦,核发电量约占总发电量的 3%。印度致力于发展核电,拥有 7 台在建机组,其中 4 台是本土设计的加压重水堆,位于格格拉帕尔和拉贾斯坦各 2 台;2 台俄罗斯设计的 VVER-1000 机组,位于库丹库拉姆;1 台本土设计的原型快堆机组,位于卡尔帕卡姆。印度的能源及资源状况较为特殊,其水力资源与煤资源相对丰富,铀资源贫乏,而钍资源的储量十分丰富。在这种独特的资源状况下,印度制订了有别于其他国家的快堆技术发展战略,即发展钍铀循环,可称为印度的"快堆发展三步走战略"。具体的三步走战略如图 2-9 所示。

图 2-9　印度的快堆发展三步走战略

为了实现对钍资源的利用,印度从 20 世纪 60 年代开始其第一座实验快堆 FBTR 的设计,并于 1974 年开始建造,1984 年完成。1985 年 10 月,FBTR 达到临界。此后反应堆进行了一系列升级措施,最终于 1997 年实现并网发电。

FBTR 的热功率为 40 MW,电功率为 13.2 MW,一回路布置方式为回路式。其设计及建造过程吸收了很多法国 Rapsodie 实验堆的经验,关键设备如反应堆容器、旋塞、控制棒驱动机构、钠泵、蒸汽发生器等均是在法国技术的指导下由印度本土厂商制造完成的。FBTR 采用高钚含量的铀钚混合碳化物燃料,该燃料由印度巴巴原子能研究中心自主开发并生产,创立了世界上第一次成功使用混合碳化物燃料作为驱动燃料的记录。

20 世纪 80 年代,印度开始了原型快堆 PFBR 的设计,并于 2004 年开始建设。PFBR 的设计热功率为 1 250 MW,电功率为 500 MW,一回路布置方式为池式,燃料拟采用铀钚混合氧化物燃料。

FBTR 及 PFBR 的主要设计参数如表 2-12 所示。印度计划在对 PFBR

设计改进的基础上,再建设 6 个快堆机组 CFBR(电功率为 500 MW,燃料为 MOX)。PFBR 最初预计 2010 年首次临界、2011 年商运,由于各种原因,其投运计划不断推迟。最初,推迟原因与燃料制造拖期有关,据印度公开资料,2015 年 10 月 PFBR 的堆芯燃料棒制造只完成了 90%,与最初计划相比至少延期 5 年。后来,在 PFBR 调试过程中,又出现大量技术挑战和设计缺陷,需要进一步的设计整改和审查,尤其是一回路、二次钠泵相关的技术问题。该堆的造价估计值已达 684 亿卢布,接近最初估计值(349 亿卢布)的两倍。

表 2-12　印度快堆的主要设计参数

参数	FBTR	PFBR
热功率/MW	40	1 250
电功率/MW	13.2	500
一回路布置	回路式	池式
燃料	(U-Pu)C	MOX
堆芯入口温度/℃	380	397
堆芯出口温度/℃	515	547
出口蒸汽温度/℃	480	493
蒸汽压力/MPa	12.6	17.2

2.5　中国核能三步走战略规划

1983 年 6 月,国务院科技领导小组主持召开专家论证会,提出并确立了中国核能发展"三步走"(热堆—快堆—聚变堆)的战略规划[6-7],并且明确了"坚持核燃料闭式循环"的战略方针。中国核能三步走战略规划主要是从核燃料利用的技术路线角度提出的,根据技术成熟度和资源可利用的情况,首先发展利用易裂变核素 ^{235}U、技术上更成熟的热中子反应堆。然后,随着燃料技术、后处理技术以及快中子实验堆技术的发展和验证,为提高铀资源的利用率和减少放射性废物,逐步发展利用可裂变核素 ^{238}U 的快中子反应堆及其闭式燃料循环,以实现核能的可持续发展。最后发展利用氘、氚作为燃料的聚变反应堆,希望解决人类发展所需无尽能源的问题。

从技术和产业能力方面来讲,目前中国的热堆发展已经进入大规模应用阶段,现有在运、在建以及规划建设的热堆核电站可满足当前和今后一段时期核电发展的基本需要。我国快堆发展按照中国实验快堆(CEFR)、中国示范快堆(CFR600)、一体化商用快堆的"三步走"发展规划实施,目前快堆处于技术储备和前期工业示范阶段,正在统筹考虑压水堆、快堆及乏燃料后处理工程的匹配发展,大幅度提高铀资源的利用率,大规模实施核废物的处理和处置,达到废物最小化的目标,保障核能的绿色环保、可持续发展,以实现核能发展"三步走"的第二步战略,确保我国核能大规模可持续发展。下面简要介绍快堆发展"三步走"的各阶段实施和计划情况。

1) 中国实验快堆

中国实验快堆(CEFR)是我国快堆工程发展的第一步,其目的如下:积累快堆电站的设计、建造和运行经验;运行后作为快中子辐照装置,辐照考验燃料和材料,也作为钠冷快堆全参数实验平台考验钠设备和仪表,为快堆工程的进一步发展服务。

CEFR 的主要设计参数如表 2-13 所示。

表 2-13　CEFR 的主要设计参数

项目		单位	参数
热功率		MW	65
电功率		MW	20
反应堆堆芯	高度	cm	45
	当量直径	cm	60
	燃料(首炉)	—	UO_2
	^{235}U 富集度	—	64.4%
	最大线功率	W/cm	430
	最大中子注量率	$cm^{-2} \cdot s^{-1}$	3.2×10^{15}
	最大燃耗	MW·d/kg	60
	堆芯入/出口温度	℃	360/530

（续表）

项目		单位	参数
主容器外径		mm	8 010
一回路	钠量	t	260
	一回路钠泵	台	2
	总流量	t/h	1 328.4
	中间热交换器	台	4
二回路	环路数	个	2
	总钠量	t	48.2
	总流量	t/h	986.4
三回路	蒸汽压力	MPa	14
	蒸汽流量	t/h	96.2
设计寿命		年	30

1995 年，中国实验快堆工程立项。在完成前期设计和实验验证的基础上，2000 年 5 月浇灌第一罐混凝土，中国实验快堆开始建造。2002 年 8 月实现核岛主厂房封顶，2005 年 8 月堆容器首批部件吊入厂房开始堆本体安装，2006 年 2 月开始核级钠进场灌装。2010 年 7 月中国实验快堆实现首次临界，2011 年 7 月实现首次 40% 功率并网发电，2014 年 12 月实现满功率运行，达到设计指标。

2) 中国示范快堆

中国示范快堆（CFR600）是一座设计额定发电功率为 600 MW 的池式钠冷快堆，根据示范快堆电站在安全性、可持续性等主要目标方面应达到第四代核能系统的要求，结合 CEFR 工程实践经验，并借鉴其他国家快堆的设计方案，确定了 CFR600 的总体技术方案。CFR600 的主系统原理如图 2 - 10 所示，主要参数如表 2 - 14 所示。

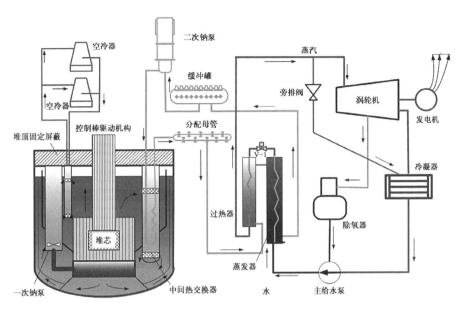

图 2 - 10　示范快堆 CFR600 的主系统原理图

表 2 - 14　示范快堆 CFR600 的主要参数

	参数名称	单位	数值或质量指标
总体参数	电功率	MW	642
	热功率	MW	1 500
	热效率	%	42.8
	设计最大比燃耗限值	MW·d/t	100 000
	回路数	个	3(钠-钠-水)
反应堆堆芯	堆芯高度	mm	1 000
	燃料棒最大线功率设计限值	kW/m	43
	控制体吸收材料	—	B_4C
一回路参数	入口钠温	℃	358
	出口钠温	℃	530

（续表）

参数名称		单位	数值或质量指标
一回路参数	钠流量	kg/s	7 144
	反应堆气腔压力	MPa	0.15
	环路数	个	2
二回路参数	蒸汽发生器入口钠温	℃	505
	蒸汽发生器出口钠温	℃	308
	钠流量	kg/s	5 962
	环路数	个	2
三回路参数	蒸汽发生器入口给水温度	℃	210
	蒸汽发生器出口蒸汽温度	℃	485
	过热蒸汽产量	t/h	2 280
	蒸汽发生器出口蒸汽压力	MPa	14
非能动余热排出系统	布置位置	—	主容器内
	通道数量×换热功率	MW	4×9
	设计功率（总）	MW	$36(2.4\%P_n)$[①]
	堆芯熔化概率	—	$<1.09×10^{-7}$
	发生严重事故时大量放射性物质释放至环境的频率	—	$5.68×10^{-9}$
	电厂寿期	年	40

① P_n表示额定功率。

CFR600 于 2017 年 12 月开始土建先期施工，2020 年 1 月完成核岛主厂房封顶，将于 2023 年建成。

3）一体化商用快堆

作为裂变核能的高级发展阶段，一体化快堆可以为核能成为主力能源提供解决方案，发展基于先进闭式燃料循环的压水堆-先进快堆二元体系，能够确保我国长期能源安全。计划通过 10～15 年时间,开发出新一代先进快堆核能系统,作为我国中长期裂变核能大规模发展的主打产品,主要发展计划分为三个阶段。

第一阶段:2021—2025 年,全面掌握一体化先进快堆核能系统的关键技术,完成标准初步设计,完成技术经济可行性论证。

第二阶段:2026—2030 年,完成一体化先进快堆核能系统全工艺流程和设备的工程验证试验。

第三阶段:2031—2035 年,建成百万千瓦级一体化快堆示范工程。

参考文献

［1］ Ammirabile L. Safety of GEN-IV reactors［C］//Gen-IV International Forum,GIF Webinar Series 26,19 February,2019.

［2］ Monti S. Status, gaps and challenges for candidate fast reactor concepts［C］// FJOH2016,Aix en Provence, France. August 24—September 2,2016.

［3］ Mcfarlane H. Generation-IV nuclear energy systems［C］//10 th Annual Meeting of the Northwest Section of APS. Oregon, Portland: American Physical Society, 2008.

［4］ U. S. DOE. Technology roadmap update for generation IV nuclear energy systems ［R］. The Generation IV International Forum,January,2014.

［5］ U. S. DOE. A technology roadmap for generation IV nuclear energy systems［R］. Nuclear Energy Research Advisory Committee and the Generation IV International Forum,December,2002.

［6］ 中国工程院"我国核能发展的再研究"项目组. 我国核能发展的再研究［M］. 北京:清华大学出版社,2015.

［7］ 核能安全利用的中长期发展战略研究编写组. 新形势下中国核能安全利用的中长期发展战略研究［M］. 北京:科学出版社,2019.

第 3 章

先进快堆的安全性

在第 2 章中已简要说明、综合比较目前国际上各种类型的快堆,钠冷快堆具有较为成熟的工程经验,是 21 世纪最有可能实现工业化部署和推广的先进快堆堆型。为叙述简便,本章将主要以钠冷快堆为例讨论先进快堆的安全性。

3.1 核反应堆安全性的基本概念

本节简要叙述与核反应堆安全性相关的一些基本概念。

3.1.1 基本安全功能及纵深防御

核反应堆设计要求反应堆在所有运行状态下实现三项基本安全功能:控制反应性、排出堆芯余热和包容放射性物质。

1)控制反应性

在核反应堆运行过程中,核燃料的不断消耗和裂变产物的不断积累使得反应堆内的反应性不断减少,反应堆功率变化也会导致反应性变化。因此,在核反应堆运行过程中为了补偿上述效应引起的反应性损失,初始燃料装量必须比维持临界所需要的量多,即堆芯寿命初期应具有足够的剩余反应性。

为补偿核反应堆的剩余反应性,堆芯内必须引入适量的可按需调节的负反应性。此种受控的反应性既可用于补偿堆芯长期运行所需要的剩余反应性,也可用于调节核反应堆的功率水平,还可以作为停堆的手段。

2)排出堆芯余热

核燃料发生裂变反应释放能量的同时,生成放射性裂变产物。核反应堆停堆后,中子链式裂变反应中止,但是堆内大量的裂变产物仍然继续发射 β 和 γ 射线,这些射线与周围物质作用释放的能量称为衰变热。由于裂变产物的半衰期比较长,一座反应堆在停堆后相当长的时间内,仍然需要不断提供冷却手段排出堆芯余热,否则就会发生燃料过热乃至熔化,导致放射性物质释放。

因此,核反应堆安全设计必须保证在任何情况下都能够对堆芯进行冷却并导出热量,即核反应堆停堆状态下也要保证能够排出堆芯余热,避免由于过热而引起燃料元件损坏。

3) 包容放射性物质

核反应堆内存在着大量的放射性裂变产物,如果释放,会在很大范围内对居民健康产生影响,也会造成长期的环境污染。因此,核反应堆安全设计必须确保任何情况下都能够将放射性物质包容在堆内,建立并保持对放射性危害的有效防御,以保护人员、社会和环境免受危害。

可以说,核反应堆的基本安全功能是核反应堆安全设计的基本出发点和基本技术目标,在核反应堆设计中必须用全面的、系统的方法来确定在核电厂所有状态下完成基本安全功能所需要的安全重要物项和固有特性。

纵深防御是核反应堆预防事故发生和缓解事故后果的核安全基本概念。纵深防御概念于20世纪70年代早期被提出,最初提出的是三层纵深防御。在三哩岛事故和切尔诺贝利事故发生后,纵深防御概念又增加了两个层级,五个层次的纵深防御概念于1996年在IAEA的INSAG-10文件中正式确立。

纵深防御概念的应用主要是通过一系列连续和独立的防御层次的结合,防止事故对人员和环境造成危害。如果某一层次的防护失效,则由后一层次提供保护。每一层次防御的独立性和有效性都是纵深防御的必要组成部分。

纵深防御的简要表述如表3-1所示。

表3-1　纵深防御的五个层次

层　　级	目　　标	基　本　手　段
第一层次	预防异常运行和故障	保守设计,高质量地建造和运行
第二层次	异常运行的控制和故障的检测	控制、限制和保护系统以及其他监督措施
第三层次	在设计基准内控制事故	专设安全设施和事故规程

（续表）

层　级	目　标	基本手段
第四层次	严重事故工况的控制,包括事故预防和严重事故后果缓解	附加措施和事故管理
第五层次	大规模放射性物质释放的辐射后果的缓解	场外应急响应

第一层次是指通过高质量的设计、施工及运行,使核电厂偏离正常运行状态的情况极少发生。第一层次防御的目的是防止偏离正常运行以及防止安全重要物项发生故障。这一层次要求按照恰当的质量水平和经验证的工程实践,正确并保守地选址、设计、建造、运行和维修核电厂。

第二层次是指通过设置停堆保护系统和相应的支持系统,防止运行中出现的偏差发展成为事故。第二层次防御的目的是检测和纠正偏离正常运行的情况,以防止预期运行事件升级为事故工况。尽管注意预防,核电厂在其寿期内仍然可能发生某些假设始发事件。这一层次要求在设计中设置特定的系统和设施,通过安全分析确认其有效性,并制订运行规程以防止这些始发事件的发生,或尽量减小其造成的后果,使核电厂回到安全状态。

第三层次是指通过设置专设安全设施,限制设计基准事故的后果,防止发生堆芯熔化的严重事故。第三层次防御的目的是基于以下假定:尽管极不可能,某些预期运行事件或假设始发事件的升级仍有可能未被前一层次防御所制止,从而演变成事故。这一层次要求必须通过固有安全特性和(或)专设安全设施、安全系统和事故规程,防止造成反应堆堆芯损伤或需要采取场外干预措施的放射性释放,并能使核电厂回到安全状态。

第四层次是指利用专门设计的设施进行事故处置。第四层次防御的目的是减轻第三层次纵深防御失效所导致的事故后果,通过控制事故进展和减轻严重事故后果来实现第四层次的防御。这一层次的安全目标是在严重事故下仅需要在区域和时间上采取有限的防护行动,并且能够避免发生场外放射性污染或将其减至最小。这一层次要求将可能导致早期放射性释放或者大量放射性释放的事件序列在设计上实际消除。

第五层次是指通过场外应急,减少对公众与环境的影响。第五层次防御的目的是减轻可能由事故工况引起的潜在放射性物质释放造成的放射性后果。这一层次要求配备恰当的应急设施,制订用于场内、场外应急响应的应急计划和应急程序[1]。

3.1.2 安全性与风险

上一节针对核反应堆这一特定对象,介绍了核反应堆的基本安全功能及其特有的纵深防御概念,这是技术层面的认知角度,可以帮助我们更好地从技术特点上认识和理解核反应堆区别于其他一般工业设施或活动的独特性。然而,如果将核反应堆与其他工业设施或活动类比,站在更高一层维度来看待"安全"这一概念,就"安全"概念本身而言,某种意义上,核反应堆与其他工业设施或活动也没什么不同。

根据 ISO/IEC 指南 51,"安全"的定义是"免于承受难以忍受的风险"。换言之,可通过将风险降低到能够忍受的水平来实现安全。国际民航组织对"安全"的定义如下:安全是一种状态,即通过持续的危险识别和风险管理过程,将人员伤害或财产损失的风险降低并保持在可接受的水平或其以下。

从以上这两个对"安全"定义的描述来看,"安全"概念可以理解为"可接受的风险"。实际上,没有什么活动是绝对没有风险的,安全问题其实是一个风险的接受尺度问题。

再回到核反应堆。1979 年美国发生三哩岛事故之后,美国核管会发现一个问题:技术性的尺度解决不了核安全的根本问题,解决不了人类对核安全的认识问题,所以一定要建立一个共同可接受的尺度。这个尺度就是风险尺度或风险指标,一般称为安全目标。美国核管会对此进行了大量研究,提出了对核电风险的一些基本认识,总结如下。

第一,生活中处处有危险。每个人在生活中都可能遇到多种危险,比如地震、洪水、火灾、爆炸、交通事故、医疗事故、溺水、谋杀、触电、食物中毒、房屋倒塌等,人可能遇到的危险是非常多的,从这个角度来说,不可能也不能够对核电要求零风险。

第二,核电是一种电力提供方式,从公平的角度来说,也不能要求核电的风险比其他电力风险更低。

第三,核安全问题有特殊性。人类有心理特点,我们单纯从风险角度来说,人们面临的交通安全中,事故风险可能性很大,尤其是汽车事故,但是大部分人不关注。而我们对航空事故关注度特别高,这是人类的普遍心理特征,对某种造成重大灾害的事情,虽然从科学角度讲风险低但是关注度更高。基于这一现象,在 20 世纪 60 年代,英国核安全专家法墨首先倡导用风险概率来管理核安全。他认为,从风险角度讲,只要发生概率极低,可以允许引起的后果很严重。但是考虑到人们的普遍心理,对重大灾害造成的损害还是应该有所限制,不能让灾害无穷大[2]。

1986 年美国核管会在 51FR30028 中确定了如下核安全目标:对于核电厂周围的公众来说,核电厂的运行不应导致风险的显著增加,给出了两个量化目标,即两个千分之一目标。

(1) 对紧邻核电厂的正常个体成员来说,由于反应堆事故所导致的立即死亡风险不应该超过美国社会成员所面对的其他事故所导致的立即死亡风险总和的千分之一。

(2) 对核电厂邻近区域的公众来说,由于核电厂运行所导致的癌症死亡风险不应该超过其他原因所导致癌症死亡风险总和的千分之一[3]。

3.1.3　安全性评估方法

核反应堆的安全性评估方法包括确定论安全分析方法、概率论安全分析方法以及确定论与概率论相结合的一体化安全评估方法。

3.1.3.1　确定论安全分析方法

确定论安全分析方法是指基于核反应堆确定的假设始发事件清单和明确的验收准则及限值要求给出确定的安全性评估结论。

确定论安全分析方法通常包括如下几种:

(1) 从基本安全功能出发确定核电厂的所有安全重要物项,制订和确认所有安全重要物项的设计基准。

(2) 梳理和筛选能够表征核电厂设计和厂址特点的假设始发事件。

(3) 采用经过验证的程序或方法对假设始发事件导致的事件序列进行分析和评价。

(4) 将假设始发事件的分析结果与验收准则、设计限值、剂量限值以及可接受限值进行比较,以满足辐射防护要求。

(5) 论证通过固有安全特性、非能动安全特性、安全系统的自动响应、操纵员的动作以及附加的安全设施等,能够管理并控制预期运行事件、设计基准事故以及设计扩展工况等。

总体上,确定论安全分析方法的基础是一套确定的假设始发事件清单,这套假设始发事件清单表征了待评估核电厂的设计特点和厂址特点,是核电厂的设计基准,对于所有假设始发事件引发的事件序列的分析和评估表征了对于该核电厂的安全性评估,认为核电厂的设计若能防范这一套假设始发事件,则必定能防范其他各种事故。确定论安全分析方法的假设始发事件清单通常是根据以往的运行经验、工程判断和社会可接受程度来确定的,习惯性做法是人为地将事故分为"可信"与"不可信"两类。例如,对压水堆核电厂来说,将一回路主冷却剂管道双端断裂作为最大可信事故,以此为设计基准设置专设安全设施并确定专设安全设施的主要技术参数,事故分析时遵循包括单一故障准则在内的确定论方法的规定要求。确定论安全分析方法的评价标准是验收准则,其中表征了对于核电厂可能造成的放射性后果的可接受限值,通常是辐射剂量限值,后果小于验收准则的即认为符合安全要求。

确定论安全分析方法是核电厂发展史上长期使用的方法,是迄今被广泛使用的一种成熟的评价方法,也是深得各国核安全当局批准的传统的安全评价方法,这种方法简单直接。在确定论安全分析中,利用机理性程序研究和分析核电厂在各种假设始发事件下的物理过程,使得对于特定假设下的物理图像有一个比较明确的认识,可以直接地指导设计和事故规程的制定。然而,确定论安全分析方法往往以工程经验和保守假设为基础,而许多假设又不太符合客观实际,一方面得到的结果往往过于保守,另一方面由于缺乏对那些后果较轻的多重故障的分析和认知,有可能造成核电厂操纵员判断错误而引发严重的后果。

3.1.3.2 概率安全分析方法

概率安全分析方法(PSA)是20世纪70年代以后发展起来的一种系统工程方法。概率安全分析方法采用可靠性评价技术和概率风险分析方法对复杂系统的各种可能事故的发生和发展过程进行全面分析,从它们的发生概率及造成的后果出发综合进行考虑。概率安全分析方法认为核电厂事故是个随机事件,事故并不存在"可信"与"不可信"的截然界限,仅仅是事故发生的概率有大小之别,引起核电厂事故的潜在因素很多,一座核电厂可能有成千上万种潜在事故,核电厂的安全性应由所有潜在事故后果的数学期望值来表示,这个数学期望值就是风险。概率安全分析方法引入了"风险"的概念,按简单定义,风险就是后果与造成这种后果的事故发生频率的乘积。风险具有定量的意义,这样,概率安全分析方法就可以把核电厂引起的社会风险与其他工业活动或自然灾害引起的社会风险进行比较。

核电厂概率安全分析实际上就是对核电厂的一次全面审查、全面认识的过程,是从不同的角度对核电厂复杂工艺系统的安全性进行全面、综合的分析。在分析过程中,还能够对系统相关性、人员相互作用、结果不确定性、重要度等各方面进行全面、完整的分析。核电厂概率安全分析已经形成三个级别[4]。

一级概率安全分析:指系统分析。对核电厂运行系统和安全系统进行可靠性分析,确定造成堆芯损坏的事故序列,并进行定量化分析,得出各事故序列的发生频率,给出核电厂每运行年发生堆芯损伤的频率。一级概率安全分析可以帮助分析设计中的弱点和给出防止堆芯损伤的途径。

二级概率安全分析:指一级概率安全分析结果加上对安全壳响应的评价。分析堆芯熔化物理过程和安全壳响应特性,包括分析安全壳在堆芯损坏事故下所受的载荷、安全壳失效模式、熔融堆芯与混凝土的相互作用以及放射性物质在安全壳内的释放和迁移。结合一级概率安全分析结果确定放射性从安全壳释放的频率。二级概率安全分析可以对各种堆芯损坏事故序列造成放射性释放的严重性进行分析,找出设计上的弱点,并对减缓堆芯损伤后事故后果的途径和事故管理提出具体意见。

三级概率安全分析:指二级概率安全分析结果加上对厂外后果的评价。分析放射性物质在环境中的迁移,求出核电厂外不同距离处放射性物质浓度随时间的变化。结合二级概率安全分析的结果按公众风险的概念确定放射性事故造成的厂外后果。三级概率安全分析能够对后果减缓措施的相对重要性做出分析,也能对应急响应计划的制订提供支持。

3.1.3.3　一体化安全评估方法

第四代核能系统国际论坛认识到世界上大多数国家的绝大多数在运行核电站的安全水平已经很好,第三代反应堆的安全目标(如 AP1000 和 EPR)实现也非常有效,而且通过验证可知风险水平已得到降低从而确保了很高的防护水平。此外,核工业和监管机构的研究也已经证明整合几十年的核电厂的运行经验是非常有效的,从近年来在运行核电站中持续下降的与安全有关的事件数目中可以观察到这种组织学习的有效性。尽管几十年商业反应堆的设计与运行有助于确保第四代核能系统技术的安全,但是这些经验大部分都是专门的、非排他的适用于轻水反应堆的技术。第四代核能系统的多样性和创新性需要新的思维和新的方法,应采用一种经过证明的分段式的方法,将先进的分析技术与安全理念的早期应用紧密地结合起来。第四代核能系统最重要的安全理念或基本原则是认为安全是固有的而不是外加的,即认为安全性必须设计到第四代核能系统技术中去,而不是通过将附加工程安全措施添加到一个基础的、成熟的设计中来试图减少设计的安全漏洞,安全漏洞应该在早期设计中就被识别并消除。

第四代核能系统国际论坛基于纵深防御原则、PSA 驱动的风险指引方法以及模拟仿真设计理念,开发了一体化安全评估方法(ISAM)[5-6]。ISAM 提供了一种定性和定量衡量安全水平的工具,可以在第四代核能系统开发的全寿期内进行安全评估,在整个设计过程中支持设计者开展设计,具备一种有效的安全评估方法所应具备的三种属性:

(1) 通用性。ISAM 方法适用于所有四代核能系统。

(2) 可对给定第四代核能系统进行安全评估。

(3) 可将不同的第四代核能系统的风险水平进行比较。

ISAM 包含五种不同的评估工具:定性安全特性评估(QSR)、现象识别与分级表(PIRT)、安全目标规定树(OPT)、确定性与现象分析(DPA)、概率安全分析(PSA)。从预概念设计、概念设计,到最终设计、取证和运行,从纯定性分析到定量化分析,ISAM 的每个评估工具解决特定设计阶段中的特定风险安全评估问题,ISAM 评估的任务流程如图 3-1 所示。

1) 定性安全特性评估(QSR)

QSR 是一种新工具,用于系统地确保第四代核能系统的概念设计中包含了安全相关的特性。QSR 用结构化模板来指导概念设计人员,促使他们考虑所负责设计的系统如何将纵深防御、高安全可靠性、人为失误敏感性最小化等重要安全特性良好地"内嵌"到系统中。QSR 应用于预概念设计阶段和概念设计阶段。

2) 现象识别与分级表(PIRT)

PIRT 由美国国家科学研究委员会在 1989 年开发,是一种广泛应用于核能以及非核能领域的技术,在反应堆系统评估中已经成功应用并得到认可。在第四代核能系统开发中,作为一个早期筛选工具,PIRT 用于确定哪些现象和情景可能对安全性有重大影响,并对这些现象和情景进行分级,以及明确事故序列过程等。

PIRT 最开始应用于系统开发中的预概念设计阶段,在概念设计开发过程中迭代应用。

3) 安全目标规定树(OPT)

OPT 是一种新工具,由国际原子能机构开发,目前越来越多地得到应用。

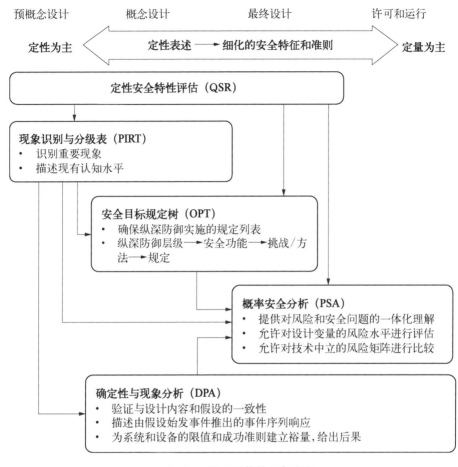

图 3 - 1 ISAM 评估的任务流程

OPT 用于评估纵深防御各个防护层次的设计规定是否充分,能否确保成功地预防、控制或减轻可能会损坏核能系统的现象及其后果。OPT 应用于预概念设计阶段,在概念设计阶段迭代应用。

4) 确定性与现象分析(DPA)

DPA 是一种传统评估工具,包括热工水力分析、计算流体力学分析、反应堆物理分析、事故模拟、材料行为模拟、结构分析建模等,主要是用常见的确定论分析软件进行确定论安全分析。DPA 应用于预概念设计阶段的晚期直至核电厂取证和运行阶段。

5) 概率安全分析(PSA)

PSA 是构成 ISAM 的主要评估工具,只有在设计已经足够成熟和详细的情况下执行 PSA 才有意义。在概念设计末期开始执行 PSA,不断迭代更新,直至最终设计。活态概率安全分析(Living-PSA)的理念正被国内外核能业界越来越多地接受,即应经常更新 PSA,以反映核电厂设计、系统状态和运行规程等方面的最新变化。第四代核能系统的开发采用了 Living-PSA 的理念,建议在核电厂设计阶段执行 PSA,并持续至核电厂整个运行寿期,将 PSA 作为一个关键的决策工具。PSA 应用于概念设计阶段的末期至电厂取证和运行阶段。

ISAM 的核心是考虑了内部事件和外部事件的全范围 PSA。ISAM 的其他评估工具既是一种独立的分析方法,也更是为执行 PSA 做准备。

ISAM 具有多样性,构成 ISAM 的要素各有不同: 定性的或定量的;确定性的或概率的;归纳的或演绎的;更集中于高层次的问题,如对某些事件的系统响应,或者更侧重于更加细节的问题。这种多样性有助于对安全风险相关问题有一个更为丰富、完整的理解。

ISAM 应在整个设计过程中使用,利用 ISAM 的安全风险洞察力,可促进设计发展,增强系统安全性,缩短技术开发周期,优化设计,降低最终成本,具有为第四代核能系统技术开发节约成本的巨大潜力[6]。

3.2　先进快堆的安全目标及安全特征

相比于第二代压水堆和第三代压水堆,尤其是在日本福岛核事故发生后,先进快堆在安全设计理念、安全设计目标以及安全设计方法等方面都有了新的变化。另外,由于各类先进快堆在冷却剂选择、设计概念等方面的不同,使得各类先进快堆表现出一些不同的安全特征。

3.2.1　先进快堆的安全目标

先进快堆的安全目标应至少满足第四代核能系统在安全性方面的目标,即:

(1) 在运行安全性与可靠性方面表现突出。

(2) 发生反应堆堆芯损伤的概率和程度都非常低。

(3) 将从设计上消除对厂外应急响应的需要。

纵深防御概念在世界范围内被公认为确保核电站和其他核设施安全的有效方法。在日本福岛核事故发生后,国际上进行了深刻的总结和反思,得到的明确结论是必须继续坚持纵深防御概念在核电厂安全设计中的核心地位。先进快堆在应用纵深防御概念时,为确保纵深防御概念的正确执行和纵深防御的有效性,还必须注意纵深防御概念的应用具有以下基本特征和额外要求。

（1）全面彻底的防御（exhaustive）：针对基本安全功能的风险识别应该是全面的和彻底的。

（2）分层渐进的防御（progressive）：事故情景意味着纵深防御的每个层级相继失效,而不是一个“非常短”的事故序列导致直接从纵深防御第一层级威胁到第四层级。

（3）容纳扰动的防御（tolerant）：在物理参数只是小范围偏离预期参数范围的情况下,不应导致严重的后果（即不允许“悬崖边际效应”）。

（4）允许干预的防御（forgiving）：在发生事故的情况下,确保操纵员有足够的时间进行手动干预和维修。

（5）设计均衡的防御（balanced）：一个特定的事故序列不应对电厂损伤状态的整体发生频率造成过大的和不平衡的影响。

纵深防御概念的良好实施应该使先进快堆能够成功应对各种运行挑战,甚至包括一些在设计时并未充分预期的运行事件。鲁棒性设计应该作为先进快堆的安全设计目标,即应设计出能够在应对各种运行挑战或偏离正常运行的能力方面表现出极大鲁棒性的方案。

3.2.2　先进快堆的安全设计方向

一般而言,核反应堆设计主要从能动安全系统、非能动安全系统和固有安全性设计三个方面来考虑降低事故的发生频率和缓解事故的后果,先进快堆的安全设计更强调在概念设计之初就加强固有安全设计特征和非能动安全设计特征。

能动安全系统是指需要依赖触发信号和系统响应来执行安全功能的系统,信号的响应和系统动作都具有一定的失效概率,例如反应堆停堆系统。

非能动安全系统则不需要依赖触发信号,但是仍然需要系统响应,而系统响应必然也存在一定的失效概率,例如磁悬浮控制棒驱动机构。

固有安全设计的特征是安全响应既不依赖触发信号也不需要具有一定失效概率的系统响应,其主要依靠燃料、材料或设计本身固有的安全特性,例如燃料多普勒反应性反馈。

在福岛核事故发生后,人们认识到纵深防御概念在确保核反应堆安全上

发挥着重要作用,先进钠冷快堆在纵深防御方面更加强调以下几点:

(1) 设置多重冗余的安全系统,用以降低事故的发生概率,包括两套独立的紧急停堆系统、多个冷却剂泵及附加的余热排出系统。

(2) 设置防止放射性物质释放的多重屏障,从内到外依次为燃料包壳、一回路钠冷却剂、一回路冷却剂系统边界、安全壳厂房。

(3) 考虑降低严重事故发生概率和减小严重事故后果的固有安全特性,如负的功率和温度反应性反馈。

(4) 认为只有机理性的(如物理上现实的)事故工况才与安全相关。

其中,先进钠冷快堆设计非常重视固有安全响应,要求在设计中内嵌固有安全设计特征,主要的考虑如下:

(1) 固有安全响应不需要能动的系统功能响应,主要应用一些基本的物理现象,如热膨胀、浮升力驱动和多普勒效应等,在发生无保护失流(ULOF)、无保护失热阱(ULOHS)以及无保护瞬时超功率(UTOP)等事故的情况下,当其他保护系统失效时,固有安全响应可以作为保护反应堆的附加安全概念。

(2) 固有安全性响应主要使用有利的反应性反馈、足够的自然循环冷却以及燃料棒失效不引起严重后果这三项基本特性,重点解决对反应堆安全运行至关重要的三类工况,即避免发生堆芯功率大幅度不可控增长、避免反应堆堆芯冷却不足、避免发生燃料再聚集从而引发剧烈的能量释放。

(3) 已有充分研究表明开发固有安全性响应可以显著提高安全性,相关固有安全性概念已开发并通过试验验证,通过合理的设计,可以确保 ULOF、ULOHS 和 UTOP 事故不会引发严重的事故后果。其中,美国倾向于选择金属燃料,可以防止发生能量激增的再临界,可以保持堆芯的可冷却性和一回路冷却剂系统的完整性,需要考虑更为严苛的事故初因才会导致燃料棒破损,且没有大规模放射性物质释放。

总而言之,先进快堆的设计将继续坚持和加强纵深防御概念,采用多重冗余的安全系统和包容屏障,以降低事故发生概率和减轻事故后果;设计中更为强调尽量采用固有安全特征来降低无保护事故引发严重后果的可能性;如果安全仅考虑机理性的、物理上现实的事故工况,先进钠冷快堆在设计上有可能实际消除大规模放射性释放。

3.2.3　先进快堆的安全特征

本节简要说明先进钠冷快堆的安全特征。

1）钠作为冷却剂的特点

钠冷快堆采用钠作为冷却剂，与压水堆中的水冷却剂相比，钠具有以下优点。

（1）相比于水，钠对中子的慢化作用要小得多，因此每次裂变产生的中子在钠冷却剂中的利用率更高，钠非常适合于快中子谱反应堆。

（2）钠冷却剂的沸点非常高，常压下约为 883 ℃，使用钠冷却剂不需要对一回路加压即可达到较高的堆芯出口温度，因此通过使用钠冷却剂可将核电厂设计成为一个低压系统。

（3）钠冷却剂的传热性能好，钠冷却剂可以非常有效地将堆芯产生的热量排出，允许设计者采用一个紧凑的、高性能的一回路冷却剂系统。

（4）钠与包壳材料具有良好的相容性。快堆包壳材料是不锈钢，在任何温度下，钠与包壳材料都具有良好的相容性，两者之间不会发生化学反应产生氢气等可能导致次级危害的产物。

钠由于其本身的化学性质和物理性质，其应用于反应堆也存在一些缺点，这些缺点需要通过设计进行解决。

（1）由于钠具有高的化学活性，钠容易与空气和水发生化学反应，由此，钠与空气氛围的隔绝、钠与水的隔离、钠泄漏的预防和探测等将会是钠冷快堆设计中非常重要的一项任务。

（2）钠在常温下为固态，其熔点为 98 ℃，钠需要加热到液态才能够作为反应堆的冷却剂，因此，钠冷快堆中钠的预热和保温是设计中需要考虑的重要内容。

（3）钠经中子辐照后，会形成 ^{24}Na 和 ^{22}Na 等放射性同位素。在系统设计时需要考虑相应的屏蔽设计。

表 3-2 所示为钠冷快堆与压水堆的主要区别。

表 3-2　钠冷快堆与压水堆的主要区别

比较项目	压水堆	钠冷快堆
堆芯和燃料	热中子谱；低富集度燃料；燃耗低	快中子谱；中富集度燃料；燃耗高
冷却剂及其特点	水：低热导率；低沸点（常压下 100 ℃，16 MPa 下 345 ℃）；化学性质稳定、透明	钠：高热导率；高沸点（常压下 883 ℃）；高化学活性、不透明

（续表）

比较项目	压水堆	钠冷快堆
系统压力	高(7~16 MPa)	接近常压
环境条件	中温(30~350 ℃)； 热中子； 水	高温(300~600 ℃)； 快中子； 钠
中间回路	不需要	需要(发生钠水反应时不会影响堆芯)
裂变产物屏障	反应堆冷却剂压力边界	反应堆冷却剂边界和反应堆覆盖气体边界
余热排出	大多通过能动的辅助冷却系统排放到水体(包括海洋、湖泊、河水等)	通过自然循环的独立钠回路排放到大气
冷却剂泄漏	通过应急堆芯冷却系统注入水	通过在主容器外设置保护容器来保持液位，保证发生极端事故情况下堆芯的淹没状态

2）钠冷快堆的优势和挑战

由于采用液态金属钠作为冷却剂，钠冷快堆具有以下安全优势：

（1）采用低压冷却剂系统，依靠保护容器维持一回路钠冷却剂装量，不需要高压安注系统，没有冷却剂丧失和控制棒弹出的风险。

（2）具有负反应性反馈的固有安全特征。

（3）距离冷却剂沸点有很大的裕度(约400 ℃)，可以防止冷却剂沸腾和堆芯损伤。

（4）将余热排出到最终热阱的系统较为简化，由于液态金属冷却剂具有高的热导率和良好的自然循环性能，可以通过非能动自然循环系统排出余热。

（5）在堆芯损伤状态下，液态钠冷却剂具有容纳非挥发性裂变产物和某些挥发性裂变产物的能力。

（6）运行和事故管理模式简单，在设计上给操纵员纠正动作留有充裕的时间。

同时，钠冷快堆设计也面临着以下挑战：

（1）钠冷快堆属于高温系统，堆芯出口温度大于500 ℃，堆芯功率密度高。

（2）液态钠冷却剂与空气、水和混凝土易发生化学反应，为避免重要安全系统、设备或结构的化学反应效应,需设计针对性的预防和缓解措施。

（3）钠冷快堆堆芯未按最大反应性布置,对于大型堆芯,堆芯中部的钠空泡反应性可能为正值,在堆芯损伤情况下堆芯材料的聚集将会导致引入正反应性。

（4）钠冷却剂不透明,给钠冷快堆核电厂的在役检查和维修带来挑战。

钠冷快堆具有的安全优势和潜在的安全问题决定了钠冷快堆安全设计的重点主要集中于以下几个方面。

（1）充分利用钠冷却剂的自然循环能力,开发利用自然循环驱动的非能动余热排出系统。

（2）由于堆芯未按最大反应性布置,应重点关注可能会引起熔融堆芯再临界从而导致能量释放剧烈的严重事故的预防和缓解,包括反应性控制手段的多样性、防止再临界的堆芯设计以及熔融物堆内滞留等。

（3）由于钠本身的物理和化学特性,钠系统的安全设计应始终将钠与空气及水的隔离、钠泄漏的探测和防护、液态钠系统的运行和监测等作为设计重点内嵌于钠冷快堆设计中。一般采用的主要设计措施如下：为防止活泼的钠与空气发生反应,涉钠系统或设备均采用氩气或氮气氛围；为防止钠泄漏到空气中,一回路主容器和管道均采用双层容器和管道；所有钠系统和管道均设置钠泄漏探测器以监测和限制漏钠量；为防止蒸汽发生器中的水泄漏与一回路放射性的钠发生钠水反应,在一回路钠冷却剂系统与蒸汽/水系统之间设置一个中间回路钠系统,这样即使发生钠水反应,也不会对堆芯造成冲击。

3.3　先进快堆的安全设计

针对钠冷快堆的设计特点和安全特征,将先进钠冷快堆在设计时应重点关注的安全设计方向简要列于表 3-3 中。下面各小节主要从反应性控制、余热排出、放射性包容以及与钠冷却剂相关的安全设计等方面说明钠冷快堆的安全设计重点。

表 3-3　钠冷快堆安全设计重点

系　　统	安全特征	安全设计重点
反应堆堆芯系统	保持堆芯燃料完整性	通过燃料设计解决高温、高压和高辐射的问题
		通过堆芯设计保持堆芯可冷却性

（续表）

系　统	安全特征	安全设计重点
反应堆堆芯系统	反应性控制	能动停堆系统
		使用固有反应性反馈和非能动停堆系统
		预防大规模放射性释放的堆芯损伤事故，采用裂变产物堆内滞留措施
冷却剂系统	保持设备的完整性	能够承受高温、低压工况的设备设计
	一回路冷却剂系统	覆盖气体及其边界
		保持反应堆液位的措施
	应对钠的化学反应的措施	应对钠泄漏的措施
		应对钠水反应的措施
	余热排出	钠自然循环的应用
		可靠性（多样性和冗余性）
安全壳系统	设计概念和载荷	安全壳的组成以及安全壳的载荷
	安全壳边界	二次冷却剂系统的安全壳功能

3.3.1　应对反应性事故的设计

前面介绍了核反应堆的基本安全功能之一是反应性控制，对于先进快堆而言，反应性控制不仅包括在核电厂各种运行状态下控制反应性使功率和中子通量保持在规定限值内、提供运行状态和事故工况下安全停堆的手段并维持停堆状态，还包括当发生保护系统失效的严重事故工况时，能够提供多样的反应性控制手段以及防止堆芯再临界的设计措施。下面各节将从先进快堆燃料选择、堆芯设计、非能动停堆系统设计以及防止再临界的堆芯设计等方面，阐述先进快堆在应对反应性事故方面的设计理念。

3.3.1.1　燃料选择

钠冷快堆的燃料选择取决于多方面的考虑，如燃料的辐照性能、增殖性能、制造工艺、安全性、经济性以及与后处理技术的匹配性等。在钠冷快堆发展早期,美国重点研发金属燃料,20 世纪 60 年代在 EBR - Ⅱ 开展的辐照实验表明金属燃料即使在中等燃耗下也无法保证辐照性能,因此在商业压水堆和潜艇核动力装置上成功应用的氧化物陶瓷燃料成为美国钠冷快堆 FFTF 和 CRBRP 的燃料选择,此外,法国、俄罗斯、日本等国家的快堆发展技术路线也选择了氧化物燃料。然而,后续美国在 20 世纪 70—80 年代持续开展的金属燃料试验表明通过改变金属燃料元件棒的设计可以实现金属燃料的深燃耗。时至今日,氧化物燃料和金属燃料这两种类型燃料都得到了持续的开发,获取了大量的辐照实验数据和运行经验,从加工制造、辐照性能、稳定运行等方面来看均可作为未来先进快堆的燃料选择。

先进快堆的安全设计不仅需要考虑正常运行和事故工况下的反应堆安全性能,更要求考虑严重事故工况下的安全性能,要求从设计上消除对场外应急响应的需求,因此,下面着重分析两种类型燃料在钠冷快堆严重事故工况下的性能。

表 3 - 4 所示为氧化物燃料和金属燃料的基本热物理特性[7]。

表 3 - 4　氧化物燃料和金属燃料的基本热物理特性

热物理特性	氧化物燃料 $UO_2 - 20PuO_2$	金属燃料 $U - 20Pu - 10Zr$
理论密度/(g/cm³)	10.9(400 ℃) 10.1(2 100 ℃)	15.5(400 ℃) 15.1(800 ℃)
熔点/℃	2 727	1 077
热导率/[W/(cm・℃)]	0.043(400 ℃) 0.021(2 100 ℃)	0.18(400 ℃) 0.28(800 ℃)
线功率 40 kW/m 时芯块中心峰值温度/℃	2 087	787
燃料包壳(HT9)固相线温度/℃	1 402	727①
热膨胀系数/℃⁻¹	$(0.9\sim1.8)\times10^{-5}$ (400~2 100 ℃)	$(1.7\sim2.0)\times10^{-5}$ (400~800 ℃)
热容/[J/(g・℃)]	0.29~0.46 (400~2 100 ℃)	0.17~0.21 (400~800 ℃)

① 对于金属燃料,燃料与包壳之间会发生化学反应,从而将包壳的固相线温度从名义值 1 402 ℃降低为燃料/包壳共熔合金的固相线温度 727 ℃。

从表 3-4 可以看出,氧化物燃料和金属燃料的基本热物理特性有很大不同,主要表现在如下几方面:

(1) 氧化物燃料的热导率较低,导致其具有更高的稳态运行温度,同时氧化物燃料的热容较高,导致氧化物燃料堆芯可容纳更多的热能。

(2) 氧化物燃料具有很高的熔点,金属燃料的熔点比较低。在燃料与包壳的相互作用方面,金属燃料会与包壳发生化学反应形成熔点更低的共熔合金,使得包壳的熔点从正常的 1 402 ℃降低到燃料/包壳共熔合金的 727 ℃。而对于氧化物燃料而言,燃料与包壳的相互作用主要表现为燃料肿胀压迫包壳的机械作用。

(3) 由于氧化物燃料为芯块肿胀预留了间隙,为降低芯块和包壳之间的间隙热阻,可在燃料元件棒中充满惰性气体(一般为氦气),为燃料和包壳提供热传导介质。金属燃料与液态钠化学相容,而且液态钠的热导率比惰性气体更高,因此在金属燃料元件棒中充钠,提供燃料和包壳之间的热结合。在相同的线功率下,相比于氧化物燃料,金属燃料能够有效降低运行温度。

正因为氧化物燃料和金属燃料具有以上不同的特性,使得两种燃料在严重事故工况下的安全性能具有非常大的本质差别,下面分别叙述两种燃料在严重事故工况下的现象和特点。

氧化物燃料在严重事故工况下的性能主要表现为以下两点。

(1) 严重事故工况下会发生燃料熔化,氧化物燃料熔化通常出现在堆芯中平面,燃料熔化以及冷却剂沸腾时的工况决定了事故发展的严重程度,需要重点考虑熔点以及燃料与钠的相容性。可能的事故情景如下:包壳发生熔化随钠蒸气进入堆芯上部冷却剂区域,燃料可能同时发生熔化,与熔化的包壳随钠蒸气一起进入上部区域;燃料发生破裂,固态燃料碎片与熔化的包壳随钠蒸气一起进入堆芯上部冷却剂区域。

(2) 当堆芯熔融材料进入堆芯组件上部或下部比较冷的区域时,会迅速凝固并导致流道堵塞。事故进程主要包括堆芯损伤的传播和能量释放事件。可能的事故进程如下:燃料和包壳会在堆芯上部区域快速凝固,并堵塞组件,阻止任何材料向上移出堆芯。一旦上部堵流发生,熔融材料会向下移动,同样会在下部区域发生凝固,最终阻止燃料从上部或下部方向流出组件。若此时功率仍然较高,熔融燃料会熔化组件壁以及相邻的组件壁,扩大到相邻的组件;熔融区域不断增大,熔融燃料聚集可能导致引入正反应性,发生再临界,造成功率急剧上升,从而发生急剧的能量释放事件,导致堆芯解体,事故终止。

上述再临界和能量释放过程具有很大的不确定性,可能会对反应堆容器和/或安全壳构成威胁。

金属燃料在严重事故工况下的性能主要表现为以下两点。

(1) 对于金属燃料,当所发生的事故情景导致足够高的温度使得燃料或包壳发生熔化时,不会造成燃料组件堵塞。这是因为金属燃料具有相对较低的熔点,通过与包壳发生化学反应形成熔点更低的共熔合金,金属燃料的熔化一般发生在燃料组件的上部。

(2) 堆芯上部区域的温度水平高于或接近重新分布的燃料与不锈钢共熔合金的熔点,实验证明金属燃料中燃料和不锈钢的共熔合金被迁移至堆芯上部结构并未造成堵塞,从而使得超功率和失热阱引发的严重事故可以得到早期终止。目前,虽还未针对严重的失流事故工况开展相关实验,但是使用现象学模型的模拟预测了相似的早期终止。

总的来说,如果只考虑机理性的、物理上现实的事故工况,则钠冷快堆不管是使用氧化物燃料还是金属燃料,均可以实际消除大规模放射性释放。如果考虑假想的极端严重的事故工况,从以上氧化物燃料和金属燃料在严重事故下的安全性能的分析来看,在严重事故工况下,相比氧化物燃料,金属燃料具有更为良好的燃料分散特性,可以防止伴随剧烈能量释放的堆芯再临界的发生,从而能够保持堆芯的可冷却性和一回路冷却剂系统的完整性。

3.3.1.2　应对严重事故的堆芯及组件设计

为应对严重事故,减轻事故后果,先进快堆在堆芯或组件方案上尝试采用创新设计。

1) 日本先进钠冷快堆 JSFR 的 FAIDUS 组件

快堆在正常运行及设计基准事故下具有非常优越的固有安全性和非能动安全性,国际上一直以来对快堆安全性的担心主要是由于快堆堆芯不是按最大反应性布置的,当发生无保护事故导致堆芯熔化的严重事故时,假想熔融堆芯会收缩,从而导致反应性增加,发生再临界。

如 3.3.1.1 节所述,对于采用金属燃料的钠冷快堆,当发生严重的堆芯燃料组件熔化时不会造成燃料组件堵塞,从物理机制上看不可能发生熔融堆芯聚集带来的再临界。而对于氧化物燃料,由于熔融燃料可能导致堆芯上部和下部发生堵塞,造成熔融燃料不能及时扩散,熔融的区域不断增大有可能发生再临界。

　　为了设防氧化物燃料堆芯可能的再临界的发生,日本研究了熔融燃料早期排出的行为,即 EAGLE 项目,在 IGR 反应堆上开展了堆内试验,如图 3-2 所示,对燃料的早期排出性能进行了验证。试验模拟了初始状态、燃料熔化、燃料组件排出通道管壁的失效以及燃料排出,物理图像如图 3-3 所示,试验得到以下结果。

图 3-2　EAGLE 项目在 IGR 反应堆上开展堆内试验

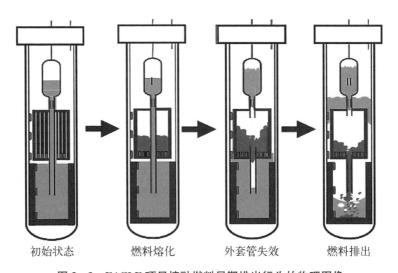

初始状态　　　　燃料熔化　　　　外套管失效　　　　燃料排出

图 3-3　EAGLE 项目熔融燃料早期排出行为的物理图像

从熔融堆芯燃料向内部排出通道管壁的热流密度很高,大于 8 MW/m^2。预计内部排出通道管壁比组件外套管更早发生破裂。在很小的压力变化情况下(0.1 MPa)燃料排出很快。在实际反应堆工况中,压力变化要高得多(约为 1 MPa),预计燃料排出速度也要快得多。

基于 EAGLE 项目中关于熔融燃料早期排出性能的研究成果,日本先进快堆 JSFR 的设计中考虑在燃料组件内部专门设置熔融燃料排出通道,有利于燃料发生熔化后能尽早将其从堆芯区域排出到堆芯区域之外,而不至于在堆芯较冷区域发生凝固导致冷却剂通道堵塞,这种特殊的带有熔融燃料排出通道的燃料组件称为 FAIDUS。日本设计了两种结构形式的 FAIDUS 组件,具体如图 3-4 所示。

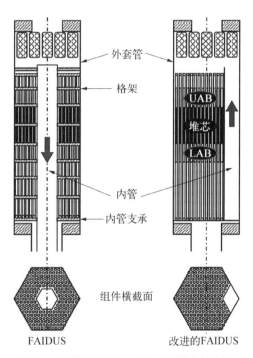

UAB—上部轴向转换区;LAB—下部轴向转换区。

图 3-4　FAIDUS 组件设计概念示意图

2) 法国先进钠冷原型堆 ASTRID 的 CFV 堆芯的设计

为了缓解严重事故,法国的 ASTRID 反应堆在其 CFV 堆芯中加入了缓解组件,在内堆芯中增加了 21 根导管,其中 18 根为控制棒导管,3 根为穿过大栅板联箱和堆内支承直接通到堆芯捕集器的导管。这样,当发生严重的堆芯熔化事故时,熔融堆芯材料可以通过这些导管及早排出堆芯区域,并且可以直接导流至堆芯捕集器托盘上。图3-5为增加了21根导管的ASTRID反应堆的纵剖面图和CFV堆芯横截面图。

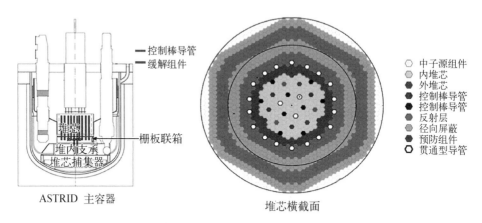

ASTRID 主容器

控制棒导管
缓解组件

堆芯

栅板联箱

堆内支承
堆芯捕集器

○ 中子源组件
◐ 内堆芯
● 外堆芯
● 控制棒导管
● 控制棒导管
◐ 反射层
◐ 径向屏蔽
◑ 预防组件
⬡ 贯通型导管

堆芯横截面

图3-5 增加了21根导管的ASTRID纵剖面图和CFV堆芯横截面图(彩图见附录)

3.3.1.3 非能动停堆系统设计

先进钠冷快堆要求在设计扩展工况下,提供具有固有安全特性的附加停堆手段或是非能动停堆措施,以防止发生严重的堆芯损伤事故。国际上新一代钠冷快堆普遍考虑了非能动停堆装置的设计,主要的设计原则如下:在事故工况下,即使保护系统PPS不投入工作,也能在非能动停堆装置的作用下使反应堆停闭,并且冷却剂的最高温度不超过允许值。所以,非能动停堆系统具有以下几个特点:① 以单一的、直接的物理参数为依据;② 大的负反应性引入,而且必须是可强迫引入;③ 所引入的反应性变化只能是单向的;④ 反应要迅速;⑤ 不能妨害堆芯的其他控制系统;⑥ 不能影响反应堆的整体设计;⑦ 不需要额外的操作和动作;⑧ 采用可以长期不用维护保养的设备。下面简要介绍国际上几种非能动停堆装置的设计概念。

1) 磁性材料控制的自驱动停堆系统

日本先进钠冷快堆JSFR设计中采用了磁性材料控制的自驱动停堆系统(SASS)。SASS装置的主要工作原理是利用磁性材料的居里温度,当冷却剂温度超过磁性材料的居里温度后,磁性吸力下降到小于控制棒在钠中的重量,受到磁性材料吸附的控制棒将释放,使反应堆停堆,SASS的设计原理如图3-6所示,磁性材料吸力随其温度变化的关系如图3-7所示。

日本设计的SASS装置由6根碳化硼棒组成,同时采用了传统的电磁铁

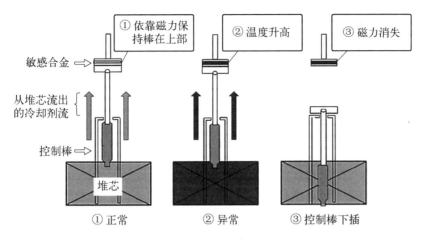

图 3 - 6　SASS 设计原理图

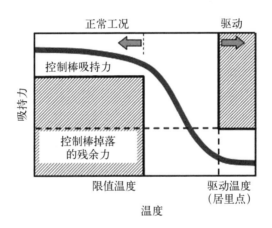

图 3 - 7　磁性材料吸力随温度的变化

和居里温度磁性材料,后者设计成一种带叶片的结构,以保证对温度的变化做出迅速反应。SASS 设计有一个导向管,为了使从 SASS 周围 6 个燃料组件出口流出的钠能够顺利到达温度敏感合金处,对导向管的流道孔做了优化设计,以缩短钠流动的时间延迟。图 3 - 8 给出了 SASS 装置的概念示意图。

　　2）液体悬浮式非能动停堆系统

　　液体悬浮式非能动停堆装置的主要工作原理如下：在反应堆提升功率之前,用驱动机构将停堆棒提升到高工作位置,如图 3 - 9 所示,然后提高冷却剂流速,使冷却剂流动阻力大于停堆棒所受重力,驱动机构的抓手松开停堆棒,

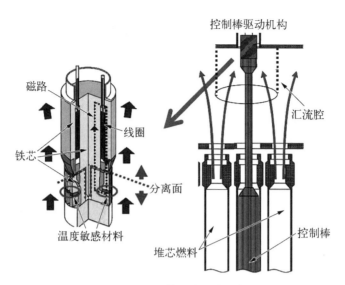

图 3-8 SASS 装置的设计概念图

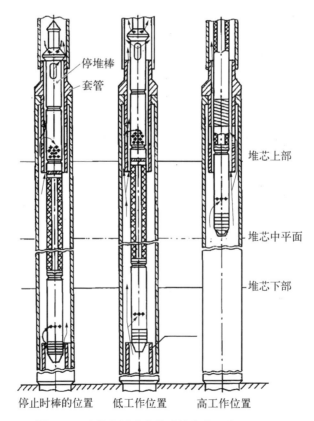

图 3-9 液体悬浮式非能动停堆装置的工作原理

停堆棒在冷却剂流动阻力的作用下,保持在最高工作位置;停堆信号发出后,停堆棒由驱动机构自动推到低工作位置,当冷却剂流量的降低使得冷却剂流动阻力小于停堆棒重量时,停堆棒从低工作位置(在停止点上方 80 mm)进入减速区(在停止点上方 40 mm);随着冷却剂流量的进一步降低,停堆棒缓慢地达到停止点。如果驱动机构发生故障,在冷却剂流量降低到流动阻力小于停堆棒所受重力时,停堆棒在重力的作用下下落,首先停在减速区,然后缓慢地停在停止点位置。

3.3.2 余热排出设计

通过自然循环排出热量的特性已经在实际的钠冷快堆中得到实验验证,如 JOYO、Rapsodie、Phénix、SPX‐Ⅰ、FFTF、EBR‐Ⅱ、PFR、KNK‐Ⅱ、BN‐600 等反应堆。

福岛核事故后先进反应堆的设计更加重视非能动余热排出能力,在设计方法上重点研究依靠固有安全性和非能动安全措施来降低严重事故的发生频率,使严重事故发生频率降低到残余风险之外。重点是严重事故的预防,而不是缓解。

对于钠冷快堆,余热排出系统的设计方案根据余热排出热交换器的布置区域和位置分为多种类型,主要的设计概念包括 6 种,图 3‐10 为这 6 种余热排出系统的设计概念示意图。

图 3‐10 中的几个名称解释如下。

(1) 反应堆直接辅助冷却系统(direct reactor auxiliary cooling system,DRACS):指余热排出热交换器直接设置于钠冷快堆的热池/热腔室或冷池/冷腔室中,能够直接通过钠池传热排出反应堆的余热。

(2) 反应堆辅助冷却系统(reactor auxiliary cooling system,RACS):指利用中间热交换器作为余热排出热交换器排出反应堆余热。

(3) 反应堆一回路辅助冷却系统(primary reactor auxiliary cooling system,PRACS):指将余热排出热交换器布置于一回路管道上,利用一回路管道作为余热排出系统的一部分。

(4) 反应堆中间辅助冷却系统(intermediate reactor auxiliary cooling system,IRACS):指利用中间热交换器和中间回路作为余热排出系统的热交换器和管道的余热排出系统。

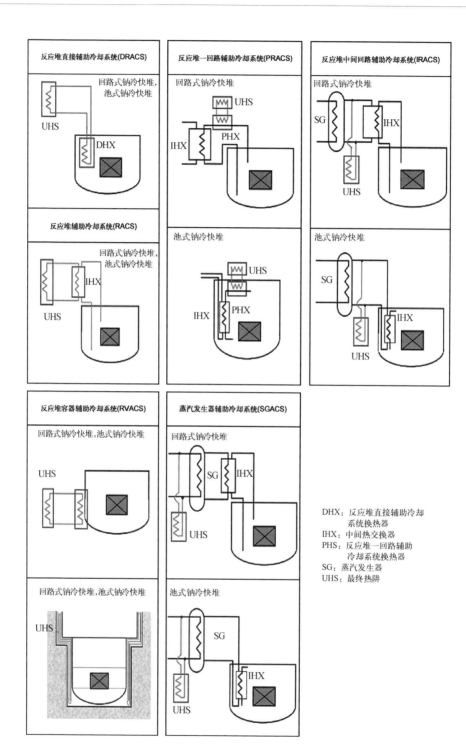

图 3 - 10 钠冷快堆余热排出系统设计概念示意图

（5）反应堆容器辅助冷却系统（reactor vessel auxiliary cooling system，RVACS）：指利用反应堆容器排出余热的余热排出系统设计方案。

（6）蒸汽发生器辅助冷却系统（steam generator auxiliary cooling system，SGACS）：指在钠冷快堆的蒸汽/水侧的管路上设置余热排出系统。

以下简要介绍国际上几座钠冷快堆的余热排出系统设计概念。

1）法国 ASTRID 的余热排出系统

法国 ASTRID 是一座池式钠冷快堆，余热排出系统包括三种，两种为反应堆堆内直接余热排出系统，其中一种是余热排出热交换器置于热池中的非能动余热排出系统，共包含 3 列；另外一种是余热排出热交换器置于冷池中的能动余热排出系统，共包含 2 列。这两种堆内直接余热排出系统都采用钠冷却剂、最终热阱为大气。第三种余热排出系统是反应堆容器余热排出系统，换热器置于保护容器与堆坑之间，采用油作为冷却剂、最终热阱为水，主要用于在严重事故工况下排出反应堆余热。ASTRID 的三种余热排出系统如图 3 - 11 所示。

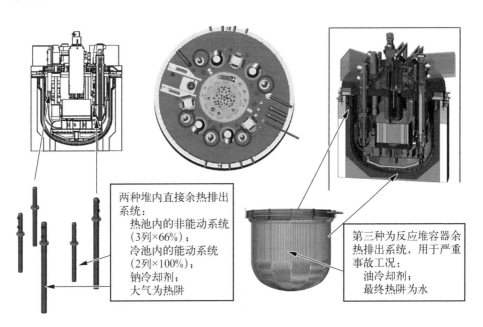

图 3 - 11　ASTRID 的三种余热排出系统示意图

2）日本 JSFR 的余热排出系统

日本 JSFR 是一座回路式钠冷快堆，也设计了三种余热排出系统，分别是反应堆一回路辅助冷却系统、反应堆直接辅助冷却系统和辅助堆芯冷却系统。其中,辅助堆芯冷却系统是独立于主回路的余热排出系统,设置有独立的管路、置于堆容器外的热交换器以及空冷器。反应堆一回路辅助冷却系统设置在反应堆一回路上,借用一回路的管路和中间热交换器,主要用于事故管理,空冷器的控制采用手动操作以及备用电源。反应堆直接辅助冷却系统的热交换器置于热池内,主要用于当发生一回路主管道双端断裂、主容器钠液位降低时排出反应堆余热。JSFR 的三种余热排出系统的概念如图 3 - 12 所示。

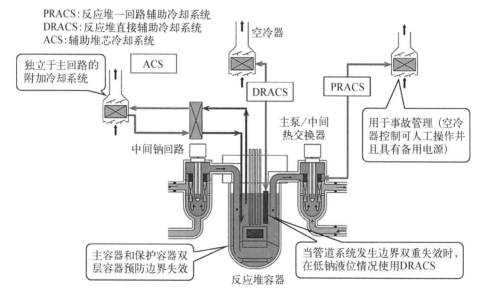

图 3 - 12　JSFR 的三种余热排出系统概念示意图

3）韩国 PGSFR 的余热排出系统

韩国的 PGSFR 设计了两种余热排出系统,均为反应堆直接冷却的余热排出系统,其中一种是非能动的,另一种是能动的,如图 3 - 13 所示。

4）中国 CFR600 的余热排出系统

中国示范快堆 CFR600 设计了两种余热排出系统,均为反应堆直接冷却的余热排出系统,其中一种是热交换器置于热池中的方案,共有 2 列;另一种是热交换器置于冷池中的方案,也包括 2 列。图 3 - 14 给出了 CFR600 的余热排出系统概念示意图。

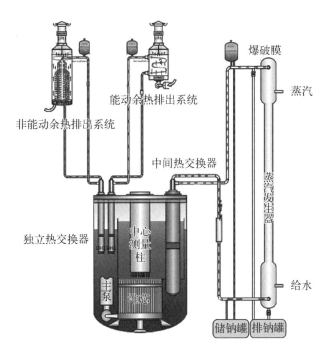

图 3 - 13　韩国 PGSFR 的余热排出系统概念示意图

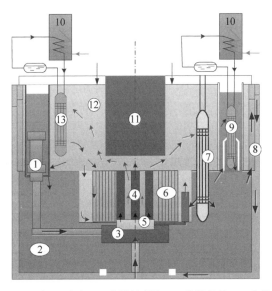

　　1—泵;2—冷池;3—大栅板联箱;4—燃料组件;5—小栅板联箱;6—盒间流;7—中间热交换器;8—堆容器冷却;9—冷池独立热交换器;10—空气冷却器;11—中心测量柱;12—热池;13—热池独立热交换器。

图 3 - 14　中国 CFR600 的余热排出系统概念示意图(彩图见附录)

3.3.3 放射性包容设计

如前所述,国际上一直以来对于钠冷快堆安全性的最主要的担心来自严重的堆芯熔化可能导致的再临界事故,前面各节已经对燃料选择、堆芯设计、非能动停堆系统的设计、熔融燃料及早排出方案以及多样化的余热排出系统设计方案等各个方面的设计措施进行论述,终极目标是要保证放射性物质被包容在反应堆内。

钠冷快堆的放射性包容屏障主要包括燃料元件包壳、钠冷却剂、反应堆一次边界以及安全壳。当发生严重的堆芯熔化事故时,第一道包容屏障燃料元件包壳已经破坏,熔融燃料及燃料元件气腔中大量的放射性物质进入钠冷却剂。气体裂变产物进入钠冷却剂后绝大部分被迁移到反应堆气腔中,挥发性和固体裂变产物进入钠冷却剂后,一部分迁移至反应堆气腔中,剩下部分溶解在钠中。采用逸出因子(FS)来描述裂变产物进入钠冷却剂后向反应堆气腔的迁移,根据 20 世纪 70 年代至 90 年代意大利、法国等国家关于钠冷快堆氧化物燃料熔化事故源项的研究,气体裂变产物的逸出因子通常取为 1.0,占放射性积存量占比较大的 ^{131}I 等卤族元素裂变产物的逸出因子约为 10^{-9},其他挥发性裂变产物、非挥发性固体裂变产物以及燃料的逸出因子在 $10^{-5} \sim 10^{-3}$ 范围内。这些逸出因子的取值说明,钠冷快堆燃料熔化后,除气体裂变产物外大部分裂变产物均包容在钠冷却剂中,只有极少部分逸出至反应堆气腔中。而且,由于钠冷却剂沸点很高且一回路钠装量很大,几乎不可能发生一回路钠的整体沸腾气化,因此溶解在一回路钠中的裂变产物随着钠蒸气进入反应堆气腔的量非常少。所以,钠冷快堆中一回路钠冷却剂对于放射性包容起了非常重要的作用,可以看作放射性包容的第二道屏障。反应堆主容器及保护容器的双层容器结构是钠冷快堆放射性包容的第三道屏障。安全壳构成放射性包容的第四道屏障。

3.3.3.1 堆芯捕集器

如前所述,当发生严重的堆芯燃料组件熔化事故时,为了避免熔融材料在堆芯区域发生再临界,设计上尤其要注意设置使熔融材料及早排出的结构,以使熔融材料从堆芯下部或上部排出堆芯区域。当熔融材料从堆芯下部排出堆芯区域后,可能会被冷却并堆积于反应堆下部结构区域,也有可能会进一步熔穿反应堆下部钢结构,这涉及熔融堆芯材料在堆内的收集以及长期稳定的冷却和滞留的问题。因此,钠冷快堆通常考虑在反应堆下腔室设置堆芯捕集器收集堆芯碎片,如图 3-15 所示。堆芯捕集器的设计应能够使堆积于其上的堆芯碎片展平,不会发生再临界,同时能够使堆芯碎片得到长期稳定的冷却和滞留,不会发生堆芯碎片过热熔化从而进一步熔穿主容器的现象。

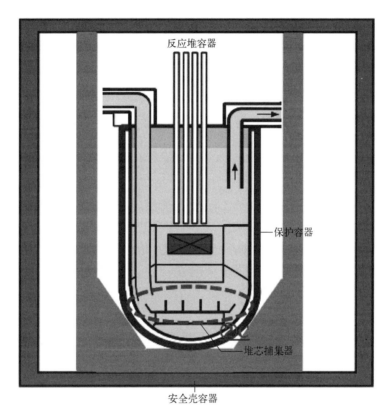

图 3-15　钠冷快堆堆芯捕集器布置示意图

　　图 3-16 为日本 JSFR 堆芯捕集器的设计概念示意图,可以看出日本 JSFR 的堆芯捕集器布置于主容器内反应堆下腔室,是一个多层托盘结构。当上一层托盘上堆积的堆芯碎片厚度超过可冷却厚度时,堆芯碎片会向下一层托盘迁移。堆芯捕集器托盘上的堆芯碎片床通过下腔室钠冷却剂的自然循环得到冷却,堆芯碎片床的冷却能力如图 3-17 所示。

　　图 3-18 为俄罗斯 BN-800 的堆芯捕集器示意图。BN-800 的堆芯捕集器由托盘、覆面层和钢结构组成。托盘是一个焊接金属构件,圆盘形结构,安装在栅板联箱下方的堆内支承底部,防止严重事故工况下熔化的燃料和包壳落入钠池底部熔穿堆容器。托盘中设置有多个圆筒形通道,通道上的通孔用

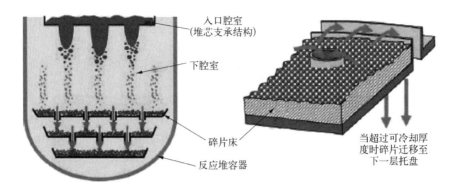

图 3 - 16   日本 JSFR 堆芯捕集器设计概念示意图

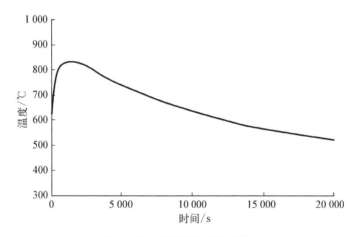

图 3 - 17   堆芯碎片床冷却能力

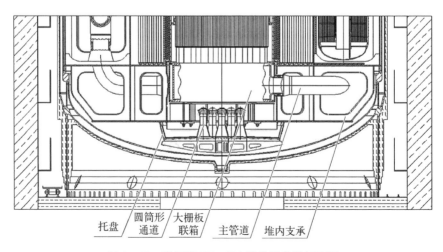

图 3 - 18   俄罗斯 BN - 800 堆芯捕集器示意图

来保证钠的自然循环。通道上部有一斜坡形顶盖,用来防止熔化燃料落入通道。托盘上凡是可能与堆芯碎片有接触的表面都铺设有耐高温的钼合金覆面层,覆面层用钼合金螺栓固定在托盘上。钢结构由垂直圆筒组合件、水平平台、径向肋条、支承环和支承平台组成。在钢结构上开孔,以确保钠冷却剂的自然循环流动。

法国商用示范快堆 ASTRID 在预概念设计阶段,研究了三种堆芯捕集器候选方案,如图 3-19 所示,分别是堆容器内堆芯捕集器、堆容器外堆芯捕集器 1(强迫冷却)和堆容器外堆芯捕集器 2(钠自然对流冷却)。

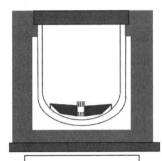 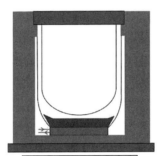 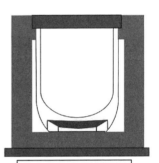

堆容器内堆芯捕集器　　堆容器外堆芯捕集器1　　堆容器外堆芯捕集器2
　　　　　　　　　　　　(强迫冷却类型)　　　　(钠自然对流冷却类型)

图 3-19　ASTRID 的三种堆芯捕集器候选方案

对于堆容器内放置的方案,捕集器放置在容器底部堆芯支撑结构下方。捕集托盘有 ZrO_2 覆面防止熔融物冲击。该方案的优点在于能够保护主容器的结构完整性,适用于池式快堆,此外还可以使用堆芯余热排出系统。但是由于捕集器放置在主容器底部,因此在整个反应堆寿期内都难以更换,这就为设备的维护及材料选择带来了困难。

对于主容器外放置强迫冷却方案,捕集器放置在主容器和保护容器之间,在保护容器底部有专门的冷却系统,这样可以使熔融物进入捕集器后即可得到冷却。

对于容器外放置钠自然对流冷却方案,捕集器放置在主容器和保护容器之间,它可以利用保护容器内的钠自然循环和保护容器外的空冷系统进行冷却,该方案的优点在于可以设计为较大的托盘,放置更多的牺牲型材料,同时检修也更容易。其缺点是需要增加内部容积,主容器和保护容器检修难度增加。

3.3.3.2　安全壳

安全壳是钠冷快堆放射性包容的最后一道屏障。钠冷快堆的反应堆容器和钠冷却剂管道通常采用双层壁面结构,即在反应堆主容器外设置有反应堆保护容器,这样,当反应堆主容器发生破损导致钠冷却剂泄漏时,泄漏的钠可以被保护容器容纳,不仅能够阻止一回路放射性钠直接泄漏至安全壳内,而且设计上可以确保钠冷却剂仍然能够淹没堆芯使堆芯得到冷却;安全壳内的钠冷却剂管道通常采用双层管设计,当内管发生泄漏时,钠冷却剂仍然能够被外层管容纳,既能够阻止钠直接泄漏至环境中发生钠火灾害,又能够确保冷却回路中钠的流动。由此看出,保护容器和保护管道在反应堆一次边界破坏后部分充当了一层放射性包容屏障的角色。

由于钠冷快堆采用了双层壁面结构,可以有效阻止钠冷却剂直接泄漏至安全壳内,不可能发生像压水堆那样的失水事故。同时,由于先进快堆在设计上充分考虑严重事故的预防安全措施,如非能动停堆系统、非能动余热排出系统、防止熔融堆芯再临界的设计措施、堆芯捕集器等,消除了堆芯损伤导致的熔融物再临界并释放大量机械能的严重事故发生的可能性,这会明显降低安全壳容器的设计载荷,使得安全壳的设计变得紧凑,更加经济。因此,钠冷快堆的安全壳的设计压力要低于轻水反应堆的安全壳的设计压力,并且通常采用长方体而不是圆柱体的安全壳结构设计,可以更加充分利用安全壳内的空间并缩短建造周期,使反应堆更加经济。

3.3.4　钠冷却剂相关的安全设计

由于钠具有活泼的化学性质,容易与空气发生化学反应,继而发生钠火火灾。因此,钠系统的防泄漏设计、钠泄漏探测设计、钠火抑制设计以及防钠火蔓延设计等安全设计概念始终内嵌于钠冷快堆的设计方案中。

1) 钠系统的防泄漏设计

为了降低钠系统发生泄漏事故的概率,一般情况下,安全壳内的钠系统、钠设备或钠管道均采用双层壁面设计。对于从反应堆主容器引出的一回路钠净化系统管道,在钠入口位置处设置非能动的虹吸破坏装置,当发生钠管道泄漏时,能够提前终止钠的持续泄漏,使钠泄漏得到缓解,使放射性钠的泄漏量减少到最低水平。

2) 钠泄漏探测设计

在钠系统、钠设备或钠管道所在的工艺间设置专门的钠火探测系统,综合采用多种钠泄漏或钠火探测手段,做到探测系统的多样性,以便相互补充和验证,主要探测手段包括钠泄漏探测器、房间取样探测、光电感烟探测、差定温温感探测、热电偶以及通风系统上的熔断器等。放射性钠工艺间一般同时设置辐射探测装置,安全重要系统或设备处应设置工业电视监控装置,以便运行人员实时监控系统、设备的运行状态,有利于对事故现场的直观监控与处理。

3)钠火抑制设计

钠火抑制主要通过限制其与空气的接触来实现,所采用的方法通常包括在工艺间里充以惰性气体、使用接钠盘、用灭火剂覆盖等。对于涉及包含放射性钠的工艺间,可设计成惰性气体环境。在钠工艺间里,应设置接钠盘,可使用溅射挡板和管道包封壳体,将泄漏的液态金属导入接钠盘。接钠盘的设计应能将泄漏钠收集到一个小的区域内,使钠的暴露表面尽可能最小;接钠盘必须具有自抑制功能,接钠盘的设计应使所接纳的钠在接钠盘内形成自液封来限制接钠盘内空间的氧气浓度。在钠工艺间内还设有碱金属灭火系统,可包括固定式灭火剂喷撒系统或移动式灭火系统。

4)防钠火蔓延设计

防钠火蔓延可以采用建筑结构实体隔离及设置消防应急排烟系统等措施来实现。在放射性钠工艺间设置消防应急排烟系统,可防止钠火产生的钠气溶胶污染相邻的工艺间,对核电站工作人员造成伤害;钠工艺间中钢覆面系统的设置可防止钠和混凝土发生反应;在钠工艺间中采用建筑物贯穿件、防火封堵、防火阀、防火门等,可以将火灾限制在防火分区内,以限制钠火火灾的蔓延。

3.4　先进快堆安全性评估

先进快堆在应对反应性事故、余热排出、放射性包容以及钠冷却剂相关的安全设计方面均进行了充分的设计考虑,秉承着将安全设计内嵌在反应堆设计方案之中的理念,而不是基于已有的设计外加一些安全功能和安全措施,先进快堆更多地采用了固有安全性设计和非能动安全设计的方案,具有比较优越的安全性能。下面简要给出先进快堆的一些安全性评估结果。

3.4.1　应对意外反应性引入的安全性评估

下面将对无保护超功率事故进行分析,评估先进快堆应对意外反应性引入的安全响应。

假设反应堆发生调节棒意外提升事件,可能引入的最大反应性相当于一根调节棒从底部失控提升到顶部引入的反应性。此时,核功率和功率流量比升高超过整定值,然而由于保护系统失效或者控制棒驱动机构失效导致反应堆不能紧急停堆。

本事故属于设计扩展工况。由于所有控制棒不能下落,反应堆功率逐渐上升,在负反馈的作用下,反应堆功率趋于稳定。决定功率变化的主要反应性效应是燃料多普勒效应、燃料棒轴向膨胀和堆芯内钠的温度效应。

图 3-20 所示为调节棒失控提升引入正反应性导致的反应堆归一化功率随时间的变化情况。调节棒失控提升,引入正反应性,反应堆功率迅速上升,在 101.5 s 时达到峰值——1.409 倍额定功率,之后下降并最终稳定在额定功率水平。

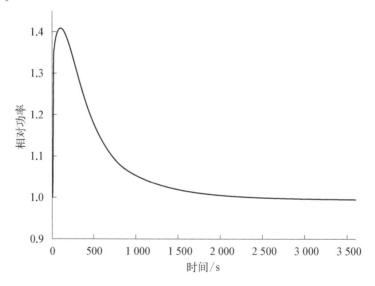

图 3-20　无保护超功率事故的反应堆归一化功率随时间的变化

堆芯总的反应性及各项反应性反馈随时间的变化如图 3-21 所示。反应性反馈主要包括四种,分别是燃料的多普勒效应、钠密度反应性反馈、轴向膨胀反应性反馈和径向膨胀反应性反馈。由于调节棒失控提升引入正反应性,总反应性在 15.0 s 之前呈上升趋势,峰值为 0.094 3 \$,之后由于负反应性反馈的作用,总反应性开始降低,并于 83.0 s 之后降至 10^{-3} \$ 水平,并最终稳定在接近于 0 的极小负值。可以看出,在无保护超功率事故中起到负反馈作用的有堆芯轴向膨胀效应、径向膨胀反应性反馈、钠密度变化带来的反应性反馈以及多普勒效应带来的反应性反馈,事故初期作用最大的是多普勒效应带来的负反应性反馈,110.5 s 以后,由于燃料温度降低,轴向膨胀反应性反馈和多普勒效应反馈带来的负反应性反馈的值减小,由于冷池温度上升,导致径向膨胀反应性反馈和钠密度变化带来的负反应性反馈增大。

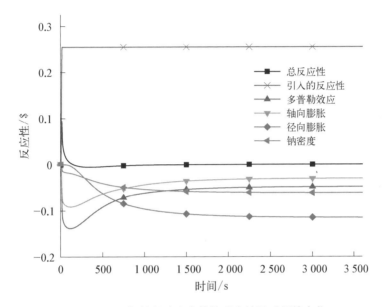

图 3-21 无保护超功率事故的反应性随时间的变化

图 3-22 至图 3-24 所示为最热通道的燃料峰值温度、包壳峰值温度和冷却剂峰值温度随时间的变化情况。燃料温度最高的是最热组件,燃料固相线参考温度为 2 780 ℃,整个瞬变过程中,最热组件的燃料峰值温度先是迅速上升,达到峰值温度 2 671 ℃,然后缓慢下降,最终稳定在 2 279 ℃。包壳峰值温度和冷却剂峰值温度都经历了先迅速上升,然后缓慢上升,最终趋于稳定的过程。包壳峰值温度最后稳定在 740 ℃,低于固相线温度。冷却剂峰值温度最后稳定在 733 ℃,整个瞬变过程中并无冷却剂沸腾现象发生。

由以上对调节棒失控提升造成的无保护超功率事故的分析结果可以看出,由于在先进快堆堆芯设计时充分考虑了单根控制棒组件价值、堆芯负反应性反馈设计等固有的安全特性,所以即使在发生保护系统失效或控制棒驱动机构失效的情况下,反应堆仍然可以依靠堆芯的固有安全特性控制反应性、遏制反应堆功率上升,最终使反应堆处于一个稳定的安全状态。

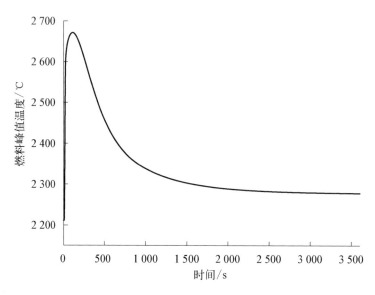

图 3 - 22　无保护超功率事故的最热通道燃料峰值温度随时间的变化

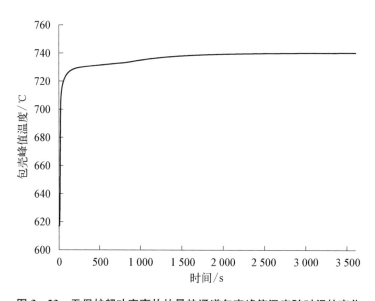

图 3 - 23　无保护超功率事故的最热通道包壳峰值温度随时间的变化

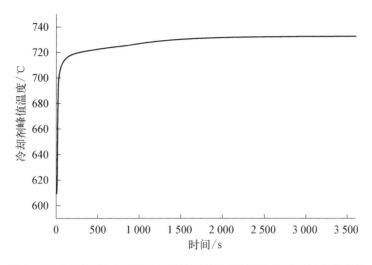

图 3-24　无保护超功率事故的最热通道冷却剂峰值温度随时间的变化

3.4.2　余热排出能力安全性评估

下面将对全场断电事故进行分析，评估先进快堆在丧失正常排热途径后的余热排出能力。

假设先进快堆失去厂外电源，一回路主泵和二回路主泵因丧失供电开始惰转，给水泵因丧失供电停运，反应堆失去正常排热途径；由于应急电源同时丧失，一回路主泵因丧失应急供电最终惰转至 0 转速后停运，堆芯丧失强迫循环流量。在事故过程中，一回路主泵惰转导致堆芯流量降低，功率流量比上升，当功率流量比超过保护整定值后产生保护信号，反应堆紧急停堆。同时产生双环路切除信号，触发四列事故余热排出系统风门自动打开动作，一回路依靠自然循环排出堆芯余热，并通过事故余热排出系统将热量排向大气。

全场断电事故属于设计扩展工况。事故过程中反应堆归一化功率变化如图 3-25 所示，堆芯出口温度变化如图 3-26 所示。

由图 3-26 可以看出，失去厂外电源导致一回路主泵惰转，堆芯出口温度在停堆初期几秒内快速上升，最高达到 604.08 ℃。由于反应堆紧急停堆，功率快速下降，堆芯出口温度快速下降，当一回路主泵停运后，堆芯出口温度开始上升，约 174 s 时出现第二个峰值（约 516.81 ℃）。随后，由于堆芯丧失强迫循环冷却，堆芯出口温度持续上升，约 1 017 s 时出现第三个峰值（577.34 ℃）。之后由于显著的自然循环已经建立且流量较为稳定，堆芯出口温度开始稳步

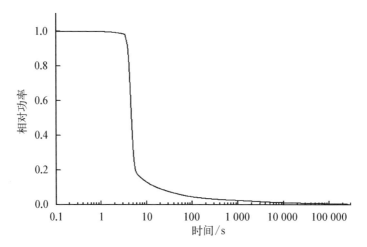

图 3‑25　全场断电事故的反应堆归一化功率变化

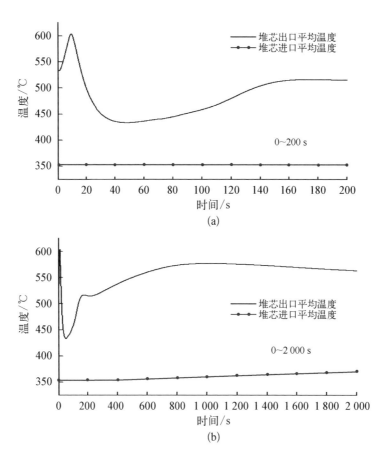

(a)

(b)

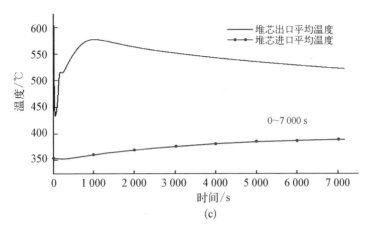

图 3-26　全场断电事故的堆芯出口温度变化

下降。整个过程中,堆芯出口最高温度约 577.34 ℃,出现在停堆约 1017 s 时。堆芯进口温度停泵后稳步上升,约 7155 s 达到峰值 389.51 ℃,之后开始逐步下降。

图 3-27 所示为反应堆堆芯衰变热功率与排热功率变化曲线,图 3-28 所示为反应堆冷池主容器壁液面以下位置最高温度。由图 3-27 可以看出,事故分析中未考虑中间热交换器(IHX)的排热,IHX 二次侧排热功率随二回路泵停运后降至零;非能动余热排出系统启动后,余热排出回路自然循环建立,

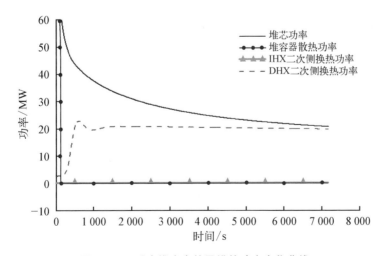

图 3-27　反应堆衰变热及排热功率变化曲线

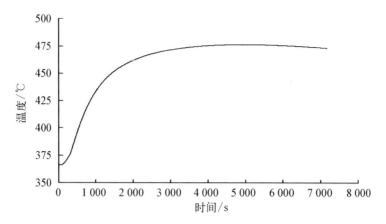

图 3 - 28   主容器壁液面以下位置最高温度

排出反应堆余热。由图 3 - 28 可以看出,在事故余热排出系统的排热作用下,反应堆冷池主容器壁最高温度为 476.53 ℃,反应堆余热可以有效地排出,不会造成主容器壁过热受损。

由以上对全场断电事故的分析结果可以看出,当完全丧失供电电源时,先进快堆采用反应堆直接辅助冷却方案的非能动余热排出系统,对于电源及其他外加系统和设备的依赖非常小,可以完全依靠非能动机制建立自然循环,确保反应堆余热可以得到有效排出,不会造成一次边界主容器壁过热受损,反应堆处于安全的、长期稳定的冷却状态。

3.4.3   放射性包容能力安全性评估

先进快堆的设计中充分考虑了严重事故的预防和缓解措施,对于严重的堆芯熔化事故,设计上也考虑了严重事故后期堆芯碎片的长期稳定的冷却和滞留措施,在主容器下腔室设置了堆芯熔化收集器,用于收集和滞留堆芯熔化后掉落于其托盘上的堆芯碎片,设置在热池和冷池的反应堆直接辅助冷却方案的非能动余热排出系统,其功能和性能可以扩展至严重事故工况下使用。堆芯熔化收集器托盘上的堆芯碎片床与布置于钠池中的非能动余热排出系统的独立热交换器在主容器内建立起自然循环,依靠堆内自然循环将堆芯碎片床的衰变热传递至独立热交换器,再通过事故余热排出系统将热量导向最终热阱——大气。本小节将对发生严重事故后堆芯碎片的长期滞留和冷却的安全性给以简要的评估。

考虑独立热交换器布置于冷池中的非能动余热排出系统方案,图 3 - 29

为事故后堆内自然循环的建模示意图,堆芯熔融物掉落至堆芯熔化收集器托
盘上,经熔融物加热的钠通过熔穿的堆芯通道上升至热池,再通过中间热交换
器向下流入上冷池。上冷池中的热钠向上流动进入独立热交换器,被冷却后
从独立热交换器出口流至下冷池。下冷池与下腔室通过开孔连接。下腔室的
钠从四周流向堆芯熔化收集器支撑架底部,之后一部分向上流入烟囱,另一部
分向上流入收集器侧壁内部通道,最终在熔融物上部汇合,流向堆芯进口,形
成一个完整的自然循环闭合回路。由于堆芯熔化收集器侧壁上部也有方形开
孔设计,熔融物上部的钠与下腔室中的钠会有横向搅混。图 3 - 30 为堆芯熔
化收集器自然对流建模细化示意图。

　　图 3 - 31 所示为严重事故后堆芯熔化收集器附近的钠温变化。可以看
出,位于冷池的事故余热排出系统与堆芯熔化收集器在堆内建立起了稳定的
自然循环,可以有效排出堆芯碎片床的衰变热,堆芯熔化收集器附近的钠温最
高不超过钠的沸点,钠温随着时间逐步下降。

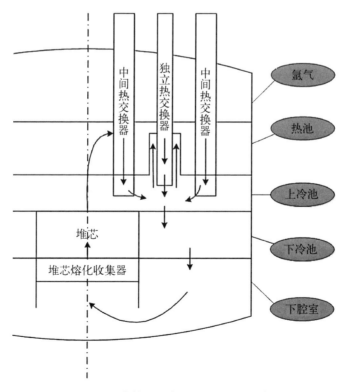

图 3 - 29　事故后堆内自然循环建模示意图

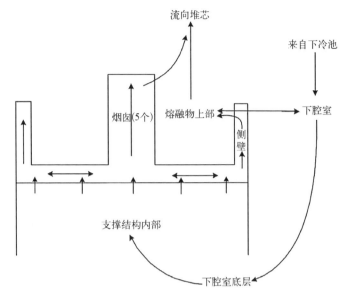

图 3 - 30 堆芯熔化收集器自然对流建模细化示意图

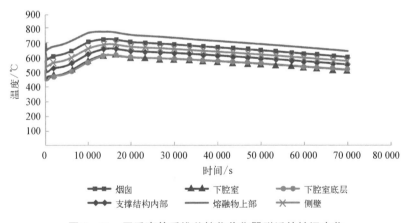

图 3 - 31 严重事故后堆芯熔化收集器附近的钠温变化

3.4.4 钠火事故评估

下面分析由于一次钠泄漏引起的钠火事故,评估先进快堆应对钠火事故的安全措施的有效性。

一回路钠净化系统边界为一回路钠冷却剂边界的一部分。在反应堆正常运行时,该系统从主容器钠池的冷区取钠,经省热器冷却降温进入冷阱净化,然后返回省热器加热升温,最后回到主容器钠池的冷区。为了防止钠的泄漏,从主容器取钠的管道在第一个截止阀之前采用双层壁面结构,并在双层管后采用两个自动的快速截止阀串联。在主容器内的取钠管道端口,还采用了非能动的虹吸破坏装置,防止钠冷却剂过量泄漏。净化后向主容器回钠的管道结构与此相同。

所有一回路钠工艺间均铺设不锈钢衬里和隔热层,防止发生钠火事故时钠和混凝土发生化学反应并防止混凝土过热。房间地面布置漏钠接收抑制盘,用于接收并保护泄漏的钠。一回路钠净化系统工艺间设置氮气淹没系统,通过向火灾工艺间注入氮气抑制钠火。

假设一回路钠净化系统在低于堆内钠液位的无保护套管道段发生破口导致钠泄漏,钠流出后在房间内开始燃烧,光电感烟探测器会通过火灾报警控制系统发出火情警报,联锁关闭正常进排风并开启消防应急排烟系统。钠泄漏探测器通过"对地短路"信号发出钠泄漏信号,联锁关闭一回路钠净化系统电磁泵和双道隔离阀,终止钠的泄漏。除了以上信号之外,房间内还设置了安全级防火隔离阀熔断器的熔断信号,联锁关闭正常进排风并开启消防应急排烟系统,设置了安全级热电偶探测的报警信号,联锁关闭一回路钠净化系统电磁泵和一回路钠净化系统双道隔离阀。

在事故过程中假设钠泄漏信号联锁关闭隔离阀失效,经 30 min 后操纵员采取干预措施,使主容器气腔压力降低到钠泄漏停止;操纵员将氮气淹没系统投入使用,向房间内注入氮气,在事故发生 4 h 后房间氧气体积分数降低至 3%,钠火熄灭。

本事故属于设计扩展工况。本事故中气体温度曲线、地面混凝土温度曲线分别如图 3-32、图 3-33 所示。由于氮气淹没系统投入,此过程中房间最

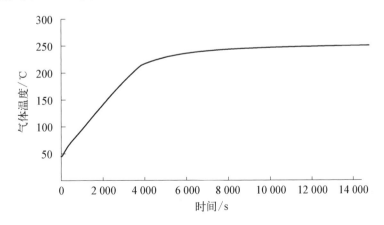

图 3-32　钠火事故中房间内气体温度变化

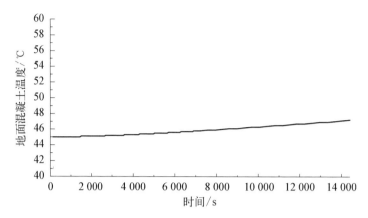

图 3-33　钠火事故中房间内地面混凝土温度变化

高气体温度为 250 ℃,地面混凝土最高温度为 47.2 ℃。保守分析事故源项造成的剂量后果,距离 500 m 处,2 h 内个人有效剂量为 2.57 mSv;距离 5 000 m 处,整个事故期间内个人有效剂量为 0.364 mSv。

参考文献

[1]　国家核安全局. HAF102—2016 核动力厂设计安全规定[S]. 国家核安全局,2016.

[2]　汤搏. 核电安全的若干基本问题[R]. 北京:核能发展高峰论坛,中国电力发展促进会核能分会,2014.

[3]　NRC. Safety goal for the operation of nuclear power plant, Policy Statement, Republication, 51FR30028[R]. LISA:NRC, 1986.

[4]　俞尔俊,李吉根. 核电厂核安全[M]. 北京:原子能出版社,2012.

[5]　Luca A. Guidance document for integrated safety assessment methodology (ISAM)-(GDI)[R]. Paris:European Commission Joint Research Centre report prepared for GIF Risk and Safety Working Group,2014.

[6]　Leahy T J. An integrated safety assessment methodology (ISAM) for generation IV nuclear systems[R]. Paris:Generation IV International Forum Risk and Safety Working Group (RSWG),2011.

[7]　Wigeland R,Cahalan J. Fast reactor fuel type and reactor safety performance[C]// Proceedings of Global 2009,Paris:2009.

第 4 章

先进快堆的经济性

先进快堆的经济性是非常重要的研究方向。经济性的优劣关乎快堆技术未来的发展。良好的经济竞争能力是商业化发展的基础。本章首先介绍核电经济建设投资与经济评价的基本概念；其次研究经济性分析模型，提出先进快堆的经济性目标、经济性优化方案；最后探讨先进燃料循环的经济性与效益。

4.1 核电经济的基本概念

核电项目的经济评价是在考虑资金时间价值的基础上通过分析经济效果评价指标，进行投资方案比选，进而为核电工程投资决策提供有力依据。本节介绍了资金的时间价值与价格、建设项目投资的基本概念以及核电项目经济评价的相关内容。

4.1.1 资金的时间价值与价格

从人们向银行或其他金融机构借款以满足当下时间点的需要而愿意在未来付出额外的利息可以看出，货币是具有时间价值的。现时的资金与将来的资金虽数量相等，但价值不同。即因时间变化而引起的资金价值的变化，称为资金的时间价值。

经济分析中一个基本要素就是利率(i)。这个值是在制订工程的财政计划时确定的，它随工程项目不同而有所变化，需根据具体问题仔细选择一个合适的值。

由于资金时间价值的存在，使不同时间点上发生的现金流量无法直接进行比较。只有通过一系列的换算，站在同一时点上进行比较，才能使比较结果符合客观实际情况。这种考虑了资金时间价值的经济分析方法,使方案的评价和选择变得更加现实和可靠。通常,用利息作为衡量资金时间价值的绝对尺度,用利率作为衡量资金时间价值的相对尺度。

1) 利息

在借贷过程中,债务人支付给债权人的超过原借款本金的部分就是利息(I),即

$$I = F - P \qquad (4-1)$$

式中,I 为利息,F 为还本付息总额,P 为本金。

2) 利率

利率 i 是在某一时间段内(如年、半年、季、月、周、日等)所得利息与借款本金之比,通常用百分数表示,即

$$i = \frac{I_t}{P} \times 100\% \qquad (4-2)$$

式中,i 为利率,I_t 为某一时间段内的利息,P 为借款本金。

用于表示计算利息的时间单位称为计息周期,计息周期通常为年、半年、季,也可以为月、周或日。

3) 等值计算

由于资金的时间价值,使得金额相同的资金发生在不同时间会产生不同的价值。这些不同时期、不同数额但其"价值等效"的资金称为等值,又叫等效值。等值能够为我们确定某一经济活动的有效性或者进行方案比选提供了可能。

常用的等值计算方法主要包括两大类,即一次支付和等额支付。为了帮助大家理解资金现值和终值的概念,我们主要以一次支付的情形为例进行说明。

一次支付又称整付,是指所分析系统的现金流量无论是流入还是流出,分别在时点上发生一次。一次支付 n 年末复本利和(F)的计算式为

$$F = P(1 + i)^n \qquad (4-3)$$

现值 P 的计算式为

$$P = F(1 + i)^{-n} \qquad (4-4)$$

式中，i 为计息周期复利率，n 为计息周期数，P 为现值(即现在的资金价值或本金)，指资金发生在某一特定时间序列起点时的价值，F 为终值(即未来的资金价值或本利和)，指资金发生在某一特定时间序列终点时的价值。

在分析中，一般是将未来时刻的资金价值折算为现在时刻的价值，该过程称为"折现"或"贴现"，其所使用的利率常称为折现率或贴现率。故 $(1+i)^{-n}$ 也可称为折现系数或贴现系数。

多次支付的情形更为常见，是指现金流量在多个时点发生，而不是集中在某一时点上。该情形的计算较为复杂，有兴趣的读者可以查阅相关书籍。

4.1.2　建设项目投资

建设项目总投资是指为完成工程项目建设并达到使用要求或生产条件，在建设期内预计或实际投入的全部费用总和，具体构成如图 4-1 所示。

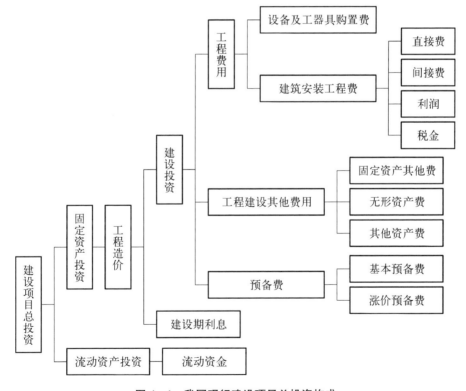

图 4-1　我国现行建设项目总投资构成

属于生产性建设项目的核电厂建设项目总投资包括建设投资、建设期利息和流动资金三部分。其中建设投资和建设期利息之和对应于固定资产投资。固定资产投资与建设项目的工程造价在量上相等。

建设投资是构成工程造价的主要部分。建设投资是指为完成工程项目建设，在建设期内投入且形成现金流出的全部费用。建设投资包括三个部分：工程费用、工程建设其他费用和预备费。

我国核电行业费用规定又将首炉核燃料费用、一些特殊项目费用作为与工程费用并列的费用项目单独列项。

具体架构如图4-2所示。

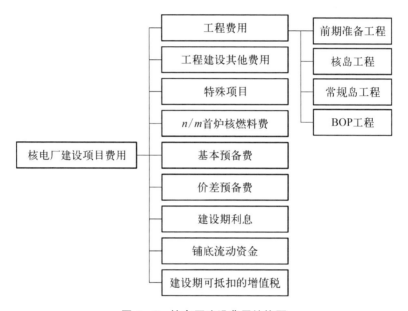

图4-2 核电厂建设费用结构图

工程费用按专业可划分为前期准备工程费用、核岛工程费用、常规岛工程费用和BOP工程费用四部分，也可按照工程性质分为建筑工程费用、安装工程费用、设备购置费或继续在子项下划分。

1）建筑工程费

建筑工程费除包括建筑工程的本体费用之外，以下项目也列入建筑工程费中：

（1）施工前进行的场地平整、负挖、回填、地基处理，以及边坡、护岸、截洪沟、排水沟、明渠、隧道、涵管（洞）及顶管等的施工和完工后的场地清理。

（2）厂外为满足工程功能需要的专用设施，厂区外公路、码头、桥梁、航道改造等。

（3）安全壳钢衬里、贯穿件套管。

（4）龙门架。

（5）设备基础、支柱、工作台、建筑专业出图的设备基础框架、地脚螺栓、不锈钢及碳钢覆面墙板及底勒、预应力混凝土管和烟囱、钢筋混凝土冷却塔等建筑物。

（6）常规岛和 BOP 工程的给排水、采暖、通风、空调、照明、消防设施除设备外的其他部分。

（7）建筑物的金属网门、栏栅及建筑物壁垒接地装置。

（8）屋外配电装置的金属构架及支架。

（9）钢筋混凝土、混凝土或石材砌筑的箱、罐、池等。

（10）工业用电梯井的建筑结构部分。

（11）各种直埋设施的土方、垫层、支墩，各种沟道的土方、垫层、支墩、结构、盖板，各种涵洞，各种顶管措施。

（12）建（构）筑物的防腐设施，混凝土沟、槽、池、箱、罐等的防腐设施。

（13）水工建（构）筑物及顶管措施。

（14）由建筑专业出图的厂（所）区工业管道。

（15）以上未明确的，在建筑工程概预算定额中已明确规定列入建筑工程的项目，例如二次灌浆等。

2）安装工程费

安装工程费除包括工艺系统的各类设备，管道及其辅助装置的组合、装配及其材料费用之外，以下这些项目也列入安装工程费中：

（1）各种设备、管道的保温油漆的涂刷。

（2）电缆、电缆桥架及其安装。

（3）随设备供应的设备维护平台及扶梯。

（4）发电机出线间的金属构架、支架、金属网门及其安装。

（5）厂用屋内配电装置及发电机出线小间的金属结构、金属支架、金属网门。

（6）混凝土箱、罐的内部加热装置、搅拌装置。

（7）化学水处理系统金属管道的防腐。

（8）冷却塔内钢制进水管。

（9）供水系统的工艺设备、管道及内衬，包括各种钢管、铸石管、铸铁管、钢闸门、闸槽及启闭机。

（10）设备本体照明，道路、屋外区域（如变压器区、配电装置区、管道区等）的照明。

（11）接地工程的接地极及降阻剂等。

（12）核岛消防设备及管道的安装，常规岛、BOP工程设备及设备的安装。

（13）核岛采暖、通风及空调系统的设备及管道的安装，常规岛、BOP工程及设备的安装。

（14）工业用电梯及其设备安装。

（15）生活污水处理系统的设备、管道及其安装。

（16）由安装专业出图的厂（所）区工业管道。

（17）由安装专业出图的设备基础框架、地脚螺栓。

（18）凡设备安装工程概预算定额中已明确规定列入安装工程的项目[1]。

3）设备购置费

设备购置费指核电厂建设项目中，购置组成工艺流程的各种设备，并将设备运至施工现场指定位置所支出的设备原价及运杂费用。

设备大致可分为三类，第一类为国产标准设备，第二类为国产非标准设备，第三类为进口设备。

国产标准设备一般有完善的设备交易市场，因此可通过查询相关交易市场价格或向设备生产厂家询价得到国产标准设备原价，如抽吸泵、循环泵、光谱仪等。

国产非标准设备是指国家尚无定型标准，难以批量生产，只能按订货要求并根据具体的设计图纸制造的设备。对于这些设备，无法获取市场交易价格。

进口设备的原价是指进口设备的抵岸价，即设备抵达买方边境、港口或车站，缴纳完各种手续费、税费后形成的价格，通常由进口设备到岸价和进口从属费构成。其中：

进口设备到岸价（CIF）＝离岸价格（FOB）＋国际运费＋运输保险费
＝运费在内价（CFR）＋运输保险费

进口从属费＝银行财务费＋外贸手续费＋关税＋消费税＋进口环节增值税＋车辆购置税

设备运杂费是指国内采购设备自来源地、国外采购设备自到岸港运至工地仓库或指定堆放地点发生的费用。通常由运费和装卸费、包装费、设备供销部门的手续费、采购与仓库报关费四部分组成。

设备运杂费＝设备原价×设备运杂费率

4）工程其他费

工程其他费是指为完成核电厂项目建设所必需的不属于建筑工程费、安装工程费、设备购置费的其他相关费用，具体构成如表 4-1 所示，包括在建设期发生的与土地使用权取得、整个工程项目建设以及未来生产经营有关的构成建设投资但不包括在工程费用中的费用[2]。

表 4-1　核电厂建设项目工程其他相关费用的构成

序号	项目名称	计算方法
1	建设场地征用及清理费	按数量和政府规定计算
2	建设单位管理费	按费率计算
3	前期工作费	按标准和实际发生额计算
4	招标费	按费率计算
5	工程监理费	按费率计算
6	设备监造费	按费率计算
7	工程质保费	按费率计算
8	工程质量监督费	按费率计算
9	工程保险费	按投保项目和市场费率计算
10	定额编制管理费	按费率计算
11	研究试验费	按研究实验项目计算
12	工程勘察费	按费率计算
13	工程设计费	按费率计算

（续表）

序号	项目名称	计算方法
14	技术服务费	按工作量和市场价格计算
15	引进技术服务费	按费用内容和项目计算
16	执照申领文件编制及评审费	按费率计算
17	设计文件评审费	按费率计算
18	项目后评价工作费	按费率计算
19	生产准备费	按人、月数和综合单价计算
20	办公及生活家具购置费	按费率计算
21	管理车辆购置费	按费率计算
22	役前检查费	按费率计算
23	联合试运转费	按收支项目计算
24	核事故应急基金	按装机容量计算
25	核电厂安全保卫费	按费率计算

特殊项目指的是为保证核电工程正常运行，须为其他建设项目支付或分摊的费用。

n/m 首炉核燃料费是核电工程项目中需要特别考虑的部分，是指核反应堆工程中首次装入核燃料所需的费用。一般根据换料设计模式不同来确定具体数额。如按一换料周期更换 1/3 炉核燃料，则 $n=2, m=3$；如按一换料周期更换 1/4 炉核燃料，则 $n=3, m=4$。

基本预备费是指因设计变更（含施工过程中工程量增减、设备改型、材料代用）而增加的费用，一般自然灾害可能造成的损失和预防自然灾害所采取的临时措施费用，以及其他不确定因素可能造成的损失而预留的工程建设资金。通常以工程费用和工程建设其他费用之和作为计取基础，即

基本预备费＝（工程费用＋工程建设其他费用）×基本预备费费率

价差预备费是指建设工程项目在建设期间由于价格变化引起工程造价变

化的预测预留费用。

建设期利息是指在建设期内发生的为工程项目筹措资金的融资费用及债务资金利息。在总贷款分年均衡发放前提下,建设期利息的计算可按当年借款在年中支用考虑,即当年借款按半年计息,上年借款按全年计息,则有

$$q_j = \left(P_{j-1} + \frac{1}{2}A_j\right) \times i \qquad (4-5)$$

式中,q_j 为建设期第 j 年应计利息,P_{j-1} 为建设期第 $(j-1)$ 年末累计贷款本金与利息之和,A_j 为建设期第 j 年贷款金额,i 为年利率。

可以看出,建设期利息除了与年利率相关之外,也与建设期的长短息息相关。

铺底流动资金是指为保证核电厂的初期生产和运营正常进行,用于购买核燃料、材料、备品备件和支付人员工资所需要的周转资金,铺底流动资金按流动资金的 30% 计算。

工程费用、工程其他费用、特殊项目、n/m 首炉核燃料费、基本预备费构成工程基础价,即静态投资。

工程基础价和价差预备费构成工程固定价。供货合同、承包商的建筑工程、安装工程、设计和工程服务的结算以固定价为准。所以与基础价相比,固定价更具实际意义。

工程固定价和建设期利息构成工程建成价,即动态投资。由于核电厂工期长,融资成本高,会导致建成价高。建成价会影响发电成本、电价水平,进而影响经济效益。

工程建成价和铺底流动资金及建设期可抵扣的增值税构成项目计划总资金。

4.1.3　核电项目经济评价

核电厂建设项目经济的计算期包括建设期和运行期。建设期指项目正式开工到建成投产所需要的时间,应参照项目建设的合理工期或建设进度计划合理确定;运营期指项目投入生产到项目经济寿命结束所需要的时间。

核电经济评价是在建设期投资、运行期费用及收入的计算分析的基础

上,选取合理的指标进行项目经济评价,为项目的科学决策提供经济方面的依据。

4.1.3.1 运行期费用

核电厂经济评价以建设投资和运行期费用为基础。下面简要介绍核电厂运行期的费用。核电厂运行期费用主要包含核电项目运行和维修费、核电项目燃料费、核电项目退役费三个方面。

1) 核电项目运行和维修费

运行和维修费包括核电厂运行的所有非燃料费用项目,诸如职工人员费用、易耗运行材料(易磨损零部件)、设备修理与中间转换、外购服务与核保险、税收、佣金费以及退役准备金和各种杂费等。此外,还包括行政支持系统的费用以及为电厂运行维护提供的流动资金等。若将其划分为人工费和材料费两部分,根据国外经验,它们在运行维护总费用中约各占一半。

核电站的运行和维修费通常由两部分组成:第一部分为固定费用,这部分费用不随核电厂每年发出的电力的多少而变化;第二部分为可变费用,这部分费用直接随生产的变化而变化。不同的核电站,其运行和维修费用往往有差异。

2) 核电项目燃料费

燃料费是构成核能发电总成本的三大组成之一。它指在发电过程中与燃料相关的费用,包括核材料费用、燃料制造费用、运输费用、乏燃料中间储存费用、后处理费用(包括废物的储存和最终处置)。

核燃料循环成本可以分解成三个方面。

第一,核燃料循环前端成本。其包括铀矿地质勘探成本,铀矿开采和选矿成本,铀矿石加工成本,铀提取和精制成本、浓缩铀生产成本、燃料元件制造成本等,这里只简单介绍一下浓缩铀生产成本。天然铀(100%纯度)中大约含0.71%的^{235}U,生产1 t浓缩度为3%的低浓缩铀,大约需要5.5 t天然铀原料。浓缩过程中剩下的4.5 t贫化铀,其^{235}U丰度下降到0.2%左右,一般无工业应用价值,作为尾料排出。

第二,核燃料的堆内使用(燃耗)成本。核燃料的堆内使用是指核燃料装入反应堆之后,发生裂变反应放出能量发电,核燃料逐步消耗的过程,此阶段核燃料利用率越高,则核电的成本也就越低,反之,利用率越低,成本越高,从核燃料装入堆芯发电开始到下一次停堆核燃料卸出堆芯为一个换料循环,核燃料及其后处理的成本需要用这个循环发电的收入来补偿。

第三,核燃料循环后段成本。其包括乏燃料的运输成本和后处理成本。乏燃料运输成本主要为运输容器的成本和车船运费,因为核安全标准要求高,运输容器的价格很高,加之运输过程的要求高,使得运输费用非常高昂。核燃料循环后段成本主要为乏燃料后处理成本,将燃料棒分解,分离铀、钚等有用资源,需要高端的工艺技术,投资这套设备需几百亿元,运行维护成本非常高昂。核电站除支付核燃料费外,还必须支付乏燃料后处理费,是整个核燃料循环成本的实际承担者。目前,乏燃料处理处置基金的征收标准为 0.026 元/千瓦·时。

核燃料循环成本对核电的成本影响巨大,从某种程度上说,决定了核电的竞争力。因为整个核燃料循环的成本最终都是由核电站通过燃料费和乏燃料后处理费的形式来承担的。

没有乏燃料后处理过程的燃料循环方式称为开式燃料循环,又称为一次通过的燃料循环或直接处置方案。闭式燃料循环对乏燃料进行后处理,回收其中的裂变元素铀和钚以及同位素。核燃料循环随堆型和具体设计而异,所以核燃料费用的计算比较复杂。

当前的核电厂项目在计算核燃料成本时,一般仅考虑核燃料前端的费用,即包含铀的采购、转化、浓缩及燃料元件的制造成本。考虑核燃料后端的费用是一个系统性的复杂问题,与核燃料循环政策密切相关。

3) 核电项目退役费

核设施的退役是指当核设施的使用寿命结束时为确保公众的健康安全及保护环境,以适当的方式使该核设施退出服役所采取的行动。退役行动包括核设施的关闭、去污、拆除、场地恢复和废物处置,将剩余的放射性物质完全清除,使场址达到非限制性使用的可接受水平。完成退役是一个比较长的过程。

核电厂设施退役是一项庞大的系统工程,技术难度大,处理时间长,耗资巨大,涉及退役费用的估算、经费管理等一系列问题。国际上,军工核设施的退役费用由国家财政承担;民用核能行业退役费用通常计入生产成本中,由业主负担。我国核电厂退役基金在运营期内的累计提取率为 10%。

4.1.3.2　核电项目财务评价

一般商业核电站经济评价以财务分析为主。通过编制财务计划现金流量表,考察项目计算期内的投资、筹资和经营活动所产生的各项现金流入和流出,计算净现金流量和累计盈余资金,分析项目是否有足够的净现金流量维持正常运营,以实现财务可持续性。主要的评价指标为盈利能力分析、偿债能力分析。

1) 盈利能力分析

盈利能力分析以项目投资财务内部收益率、项目资本金财务内部收益率和项目投资回收期为主要指标,以项目投资财务净现值(FNPV)、总投资收益率(ROI)和项目资本金净利润率(ROE)为辅助指标。

2) 偿债能力分析

偿债能力分析的主要指标包括利息备付率(ICR)、偿债备付率(DSCR)、资产负债率(LOAR)、流动比率和速动比率。

上述指标的计算将在下节经济分析模型中介绍。

4.1.3.3　不确定性分析与风险分析方法

任何经营管理的决策及项目的评估都是在事前进行的。因此,核电厂经济评价所采用的数据也多来自预测和估算。由于信息不完全,对有关因素和未来情况无法做出精准无误的预测,或者由于没有全面考察所有的可能情况,所以项目实施后的实际情况与预测情况有所差异,这种差异有可能带来风险。这些客观存在着的、随时间的变化而变化的因素,称为不确定性因素。根据核电工程项目特点,不确定性因素主要包括建成投资、负荷因子、售电价格、核燃料价格等。

为降低不确定性因素带来的风险,在完成对基本方案的经济评价后,还需要进行不确定性分析。不确定性分析就是分析各种不确定性因素对经济评价指标的影响和影响程度,以估计项目可能承担的风险,确定项目在经济上的可靠性。

常用的不确定性分析方法有盈亏平衡分析与敏感性分析。

1) 盈亏平衡分析

盈亏平衡分析是通过盈亏点分析项目成本与收益平衡关系的一种方法。它主要是通过确定项目的产量盈亏平衡点,分析、预测产品产量(或生产能力利用率)对项目盈亏的影响。

2) 敏感性分析

敏感性分析是通过分析,预测项目主要不确定因素发生变化时对经济评价指标的影响,从中找出敏感因素,并确定其影响程度。项目对某种因素的敏感程度可以表示为该因素按一定比例变化时引起评价指标变动的幅度,也可以表示为评价指标达到临界点时允许某个因素变化的最大幅度,即极限变化。

在项目计算期内可能发生变化的因素有产品产量、产品价格、产品成本或主要原材料与动力价格、固定资产投资、建设工期及汇率等。敏感性分析通常是分析这些因素单独变化或多因素协同变化对经济评价指标的影响。根据每次变动因素数目的不同,敏感性分析方法可以分为单因素敏感性分析和多因素敏感性分析。

对核电厂进行经济评价除了进行不确定性分析外,还需要开展风险分析。

风险分析通过识别风险因素,估计各风险因素发生变化的可能性,以及这些变化对项目的影响程度,揭示影响项目的关键风险因素,提出项目风险的预计、预报和相应的对策。通过风险分析的信息反馈,改进或优化设计方案,降低项目风险。

常用的风险分析方法有概率分析与决策树分析。

1) 概率分析

概率分析是使用概率研究、预测各种不确定性因素和风险因素的发生对项目评价指标影响的一种定量分析方法。

2) 决策树分析

决策树分析方法属于一次性决策方法,但在实际情况中往往非常复杂,需要进行多次决策方可确定方案的取舍。决策一旦做出,将面临多种可能的后果,任何一种可能性出现后,又需要进行新的决策。决策人员面临的任务是要根据事先确定的某种目标决定最佳的各种决策,即找出最佳决策系列。决策树方法是序列决策分析中普遍使用、行之有效的一种方法。

4.2　经济性分析模型

核电的经济性分析包含建设投资估算、运行期费用估算、项目经济评价等内容。建设投资估算包含工程费用估算、工程其他费用估算、预备费估算、建设期利息计算。运行期费用估算包含核燃料费估算、运行维护费估算、退役费估算等。项目经济评价则包含融资前分析和融资后分析[3]。图 4-3 所示为经济分析模型的框架。

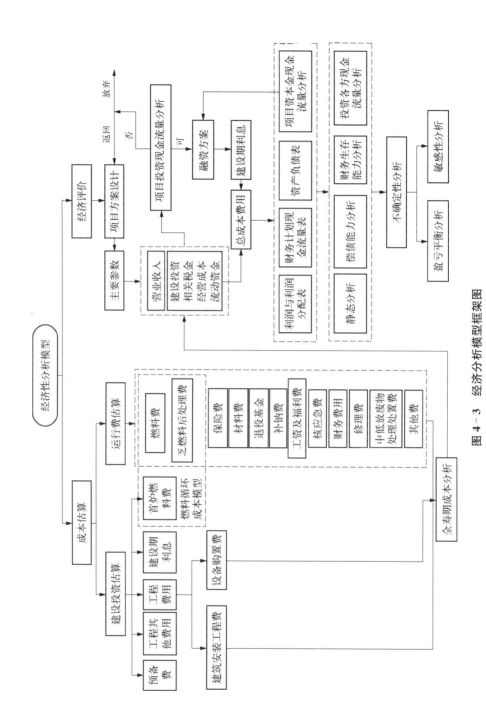

图 4-3 经济分析模型框架图

4.2.1　投资估算

根据反应堆技术成熟度、设计阶段的不同,核反应堆的投资估算方法分为自上而下的估算方法和自下而上的估算方法。

先进快堆由于尚未达到规模化商业发展阶段,在开展投资估算分析时,适用于自上而下的估算方法。但对于某个具体的反应堆,应根据其设计阶段不同,具体选择估算方法:在开展详细设计之前,适用自上而下的估算方法;在详细设计阶段,适用于自下而上的估算方法。

参考第四代核能系统的经济建模方法指南,将适用于先进快堆的投资估算方法介绍如下。

4.2.1.1　自上而下的成本估算

自上而下的估算方法可用于处于寿命周期早期的工程。先进快堆可采用此类方法,因为其正处于开发的早期阶段。自上而下的估算分为两种,一种是直接类比法,一种是构建模型法。直接类比法简单、快速、成本低,易于理解、对于同系列的工程可信度高,缺点是数据集中,没有详细的数据。例如,对于同类型商业堆的估算,可参考已建成的原型堆或实验堆进行类比估算。

构建模型法通常通过分析目标工程与参考工程之间的差异,构建相关变量的估算模型。其优点是快速、灵活,缺点是不易于理解,需要培训。例如,对于先进快堆,参考类似工程中的系统和设备费用,然后对比设计方案之间的差异,通过增加或减少系统或设备,以比例或指数估算目标工程的系统和设备费。对于与压水堆技术差异较小的系统和设备,则可参考压水堆的系统和设备费用。

参考第四代核能系统的经济建模方法指南,可给出如下计算方法:工艺设备或完整工艺系统成本与类似参考电厂成本的关系可表示为

$$C = A + (B \times P^n) \tag{4-6}$$

式中,C 为估算目标电厂某要素成本,A 为参考电厂成本的固定部分,B 为参考电厂成本的可变部分,P 为估算目标电厂与参考电厂相关参数比率,n 为反映部件规模效益的指数,P^n 为估算目标电厂与参考电厂数据间参数比率的成本因数。

对于建筑工程费用,通常参考每立方米混凝土或每立方米建筑体积的成本,按照预计的混凝土用量或建筑体积来估算。

间接成本通常参考已有标准或行业经验,按一定比例计算。例如,根据历史经验,可将设计成本作为建造成本的固定百分比计算。但是,也可根据具体情况,对该百分比进行调整,以适应工程的技术特点。

4.2.1.2 自下而上的成本估算

对于有参照堆的项目,或已开展详细设计的项目,可采用自下而上的成本估算方法。该种估算方法以详细的设计资料为基础,如主要系统布置图、设备清单、基于图纸或三维设计模型的材料清单。

自下而上的成本估算方法应根据成本类型,分别开展估算,如将成本划分为设备购置费、材料费、安装费、建筑工程费,根据工程技术要求及类别划分为前期工程费用、核岛工程费用、常规岛工程费用、BOP 工程费用等。国外的划分方法与我国有所不同,具体如何对成本划分,依据项目所在国/地区的法规开展。我国核电项目相关的成本划分方法可参照国家能源局发布的《核电厂建设项目费用性质及项目划分导则》(NB/T 20023—2010),但该标准是基于压水堆核电厂编制的,快堆在应用时需根据实际情况适当调整。国际组织如GIF、IAEA 等均有相关的成本账户分类编码和方法,其编码体系更加方便、适用。具体内容可参阅相关文件,本节不再赘述。

自下而上的估算方法对人员要求比较高,需要足够的设计工程师和估算工程师相互配合完成。首先,要将设计文件细分为符合成本分类体系的工程量数据库。然后,根据不同类别的参考工程价格,材料市场价格信息,机械使用价格,人员单价,安装费的人工、材料、机械消耗量等,开展各费用类别的估算。

自下而上的估算方法要求对所有涉及的费用开展估算,对基础数据的完整度要求高,但同时具有准确度高的特点,不容易发生费用过度超额的情况。

1) 非标设备购置费的计算

由于先进快堆工程具有复杂和技术密集的特点,重点复杂设备可能需要重新研发,无法从市场上得到其价格,设备原价的估算成为一个难点。根据设备成本构成,构建设备购置费模型如下:

$$P = \{\{[(A+B+C)(1+m_1)(1+m_2)+D](1+m_3)-D\}(1+r) \\ +T+E\}(1+m_4), \quad m_1 \in [1,10], \quad m_3 \in [1,5] \quad (4-7)$$

式中,P 为单台非标设备购置费,A 为材料费,B 为加工费,C 为辅助材料费,D 为外购配件费,E 为非标设计费,T 为税金,m_1 为专用工具费率,m_2 为废品损失率，m_3 为包装费率，m_4 为运杂费率，r 为利润率。

$$A = (a_1 + a_2)p_a, \quad a_2 = ka_1, \quad k \in \begin{cases} [1.1, 1.2], \text{金属结构件} \\ 1.3, \text{铸钢件} \\ 1.4, \text{铸铁件} \\ [1.3, 1.5], \text{锻钢件} \\ [1.5, 1.6], \text{有色件} \end{cases} \qquad (4-8)$$

$$B = np_b, \quad p_b \in [5\,000, 10\,000] \qquad (4-9)$$

$$C = np_c \qquad (4-10)$$

$$T = Sm_5 \qquad (4-11)$$

式中，a_1 为材料净重，a_2 为材料损耗，p_a 为材料综合单价，k 为材料损耗系数，n 为设备总重，p_b 为每吨加工费，p_c 为辅材费指标，S 为销售额，m_5 为适用增值税率。

根据以上模型，可估计出单台非标设备的设备购置费。

对于先进快堆来讲，非标设备比较多。其原因是先进快堆当前还处于初期发展阶段，设备设计尚无法定型。为了更好地理解上述设备购置费的计算模型，参照多数工程造价理论对于设备费的计算方法，将设备购置费分为设备原价与设备运杂费。设备运杂费通常以设备原价为基数，按比例计算。非标设备原价由以下各项组成。

（1）材料费：材料费＝材料净重×（1＋加工损耗系数）×每吨材料综合价。

（2）加工费：包括生产工人工资和工资附加费、燃料动力费、设备折旧费、车间经费等。加工费＝设备总质量（吨）×设备每吨加工费。

（3）辅助材料费：包括焊条、焊丝、氧气、氩气、氮气、油漆、电石等材料费用。辅助材料费＝设备总质量×辅助材料费指标。

（4）专用工具费：（1）～（3）项之和取比例。

（5）废品损失费：（1）～（4）项之和取比例。

（6）外购配套件费：按设备设计图纸所列的外购配套件的名称、型号、规格、数量、质量，根据相应的价格计算运杂费。

（7）包装费：（1）～（6）项之和取比例。

（8）利润：（1）～（5）项加（7）项取利润率。

（9）税金：主要指增值税。① 增值税＝当期销项税额－进项税额；② 当期销项税额＝销售额×适用增值税率；③ 销售额＝(1)～(8)项之和。

（10）非标准设备设计费：按照国家规定的设计收费标准计算。

以上参数可以根据表4－2所列方法获取。需要注意的是，对于设备费用的估算与市场，包括选择设备供应商有很大关系。供应商的设计、加工制造能力决定了所提供设备的金额。在市场化行为下，一般通过招标的方式选择供应商，标书中的报价即可计入设备的采购费用。不过，在进入招标阶段之前，将非标设备的估算作为项目估算的一部分是很有必要的。而且，在招标阶段，这一部分工作能够促进评标能力的提高。

表4－2　非标设备原价估算参数表

参数名称	来源	备注
材料净重	设计者提供	
加工损耗系数	市场调研	
每吨材料综合价	市场调研	
设备总质量	设计者提供	
每吨加工费	市场调研	
辅助材料费指标	市场调研	
专用工具费	市场调研	
废品损失费	市场调研	
外购配套件费	调研/估计	跟选择采购的厂家有关
包装费	市场调研	
利润	行业合理利润率/调研	
税金	按相关法律法规执行	
非标设计费	按设计收费标准计算	工程勘察设计收费管理规定

2）建筑安装工程费的计算

建筑安装工程费由图4－4中的如下部分组成：

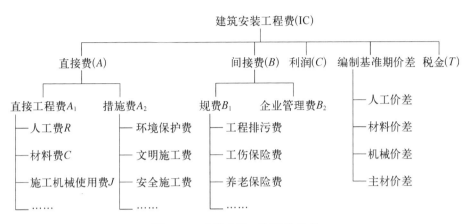

图 4-4　建筑安装工程费的构成

在计算直接工程费时,一般根据初步设计图纸、设备材料清单及设计说明来确定所采用的定额,计算工程量并选取相应定额。设备材料清单由设计人员预估并提供。

直接费中的措施费、间接费、利润以直接工程费中的人工费为基数进行计取。

假设以单位定额为最基本的计算单位,则某单位定额为人工费、材料费、施工机械使用费之和:$r_l + c_l + j_l$,经过人、材、机系数调整的某单位定额为 $\alpha_l r_l + \beta_l c_l + \gamma_l j_l$,当不调整系数时,$\alpha = \beta = \gamma = 1$;$k_l$ 代表每单位定额对应的工程量,则系统中的人工费、材料费、施工机械使用费之和可表示为 $A_1 = R + C + J = \sum\limits_{l=1}^{z} k_l (\alpha_l r_l + \beta_l c_l + \gamma_l j_l)$,其中总人工费为 $R = \sum\limits_{l=1}^{z} k_l \alpha_l r_l$。措施费($A_2$)、间接费($B$)、利润($C$)、税金($T$)均以人工费作为取费基数,可将它们表示为人工费的函数,即 $A_2 = \sum\limits_{i=1}^{15} m_i R$,$B = B_1 + B_2 = m_{16} R + m_{17} R$,$C = m_{18} R$,$T = m_{19}(A + B + C)$,所以建筑安装工程费 IC 可以写成

$$IC = A + B + C + T$$
$$= \left(1 + \sum\limits_{i=1}^{19} m_i \right) \left(\sum\limits_{l=1}^{z} k_l \alpha_l r_l \right) + (1 + m_{19})(1 + 10\%) \left[\sum\limits_{l=1}^{z} k_l (\beta_l c_l + \gamma_l j_l) \right]$$
$$= f(m)R + f(m)(C + J) \tag{4-12}$$

式中,A 为直接费,B 为间接费,C 为利润,T 为税金,m_i 为相关费率,α、β、γ 为人、材、机调整系数,r、c、j 为某单位定额中人、材、机价格,k 为工程量。

4.2.2　经济评价

核电厂的建设成本较高,具有初期投资额大、建设周期长的特点,对于中小国家或中小电力公司来说,很难承受资金的负担,呈现出核电站建设计划放慢或放弃的倾向。因此,尽量正确地估计核电站投资的数额越来越成为发展核电站的重要课题[4-5]。

对于一座核电厂,其最终在市场上出售的产品是电力。因为电费影响收入,而总收入又必须足以用来支付成本,因此,了解电费的平均数值是很重要的问题。

对于核电厂来说,电费的估算比较困难,因为其成本包含维持几十年的与电厂相关的各类费用,其中主要包括核电厂的建设投资、核电厂的核燃料费用、核电厂的运行和维修费、核电厂的退役费用、缴纳的所得税、其他费用等。其中,建设投资和燃料费用一般为主要费用,它们与技术设计密切相关。标准化设计的轻水堆建设投资相对较低,但若铀的价格上涨,其燃料费用将不断增加;与此相对,快堆虽然建设投资费用较高,但燃料费受铀价的影响较小。

为了计算核电厂的平均电费,需要一种方法以某种方式来统筹处理建设投资和燃料费用。由于建设投资只存在于电厂的建造期间,而燃料费用贯穿核电厂的使用寿命周期,所以需要比较不同时间的投资。考虑资金时间价值的平准化发电成本是先进快堆较理想的评价指标。

4.2.2.1　平准化发电成本模型

核电与发电成本有关的费用类别大致可归纳为核电厂建设项目投资费用、核电厂运行和维修费、核燃料费、其他费(如退役费)。

对于先进快堆,可用平准化发电成本来表示单位发电成本,计算式为

$$C = \frac{\sum\limits_{t=t_0}^{t_0+n-1} \dfrac{\mathrm{CI}_t + \mathrm{OM}_t + F_t + \mathrm{DD}_t}{(1+r)^{(t-t_0)}}}{\sum\limits_{t=t_0}^{t_0+n-1} \dfrac{P_t \times 8\,760 \times \mathrm{Lf}_t}{(1+r)^{(t-t_0)}}} \qquad (4-13)$$

式中,CI_t 为第 t 年的建设项目投资,OM_t 为第 t 年的运行和维护费用,F_t 为第 t 年的燃料循环费用,DD_t 为第 t 年的去污和退役费用,P_t 为电站的额定功率,Lf_t 为第 t 年的负荷因子,r 为贴现率,n 为电站的经济运行期(单位为年),t_0 为基准年,以电站运行的第一年为基准年。

4.2.2.2 财务评价

财务评价主要从财务评价方法和偿债能力分析两方面进行介绍。

1) 财务评价方法

财务评价是根据国家现行财税制度和现行价格,分别测算项目的效益和费用,考察项目的获利能力、清偿能力以及外汇效果等财务状况,以判别建设项目财务上的可行性。财务评价以财务内部收益率、投资回收期等作为主要评价指标。根据项目的特点及实际需要,也可计算财务净现值、投资收益率等辅助指标。此外还可计算一些其他价值指标或实物指标。

对常见财务评价指标具体介绍如下。

项目投资内部收益率(FIRR)是指项目在计算期内各年净现金流量现值累计等于零时的折现率。

$$\sum_{t=1}^{n}(\mathrm{CI}_t - \mathrm{CO}_t) \times (1 + \mathrm{FIRR})^{-1} = 0 \qquad (4-14)$$

式中,CI_t 为第 t 年的现金流入量(单位为万元),CO_t 为第 t 年的现金流出量(单位为万元),FIRR 为以百分数表示的项目投资内部收益率,n 为项目计算期限(单位为年)。

求出的 FIRR 应与基准收益率(i_c)比较。当 FIRR $\geqslant i_c$ 时,应认为该项目在财务上是可行的。核电行业还可以通过给定财务内部收益率(9%)来测算项目的上网电价,与政府主管部门发布的当地标杆上网电价进行对比,以判断项目的财务可行性。

项目资本金财务内部收益率(FIRR)是指在项目计算期内,与项目资本金相关的净现金流量现值累计等于零时的折现率。

$$\sum_{t=1}^{n}(\mathrm{CI}_t - \mathrm{CO}_t) \times (1 + \mathrm{FIRR})^{-1} = 0 \qquad (4-15)$$

式中,CI_t 为第 t 年与项目资本金有关的现金流入量(单位为万元),CO_t 为第 t 年与项目资本金有关的现金流出量(单位为万元),FIRR 为以百分数表示的项目资本金内部收益率,n 为项目计算期限(单位为年)。

求出的 FIRR 应与项目资本金期望收益率(i_0)比较。当 FIRR $\geqslant i_0$ 时,应认为该项目是符合投资方利益要求的。核电厂建设项目的项目资本金期望收益率由项目投资方确定。

项目投资回收期指以项目的净收益回收项目投资所需的时间。投资回收期宜从建设期开始算起：

$$\sum_{t=1}^{P_t} (CI - CO)_t = 0 \qquad (4-16)$$

投资回收期可用累计净现金流量计算求得

$$P_t = T - 1 + \frac{\sum_{i=1}^{T-1} (CI - CO)_i}{(CI - CO)_T} \qquad (4-17)$$

式中，T 为各年累计净现金流量首次为正值或零的年数。

投资回收期越短，表明项目投资回收越快，抗风险能力越强。

财务净现值(FNPV)是指按行业基准收益率(i_c)将项目计算期内各年的净现金流量折现到建设初期的现值之和，是反映项目在计算期内盈利能力的动态指标：

$$FNPV = \sum_{t=1}^{n} (CI - CO)_t (1 + i_c)^{-1} \qquad (4-18)$$

财务净现值不小于零的项目是可行的。

总投资收益率(ROI)指项目达到设计能力后正常年份的年息税前利润或运营期内平均息税前利润(EBIT)与项目总投资(TI)的比率，表示总投资的盈利水平：

$$ROI = \frac{EBIT}{TI} \times 100\% \qquad (4-19)$$

总投资收益率高于同行业的收益率参考值，表明用总投资收益率表示的盈利能力满足要求。

项目资本金净利润率(ROE)指项目达到设计能力后正常年份净利润或运营期内平均净利润(NP)与项目资本金(EC)的比率，表示项目资本金的盈利水平：

$$ROE = \frac{NP}{EC} \times 100\% \qquad (4-20)$$

项目资本金净利润率高于同行业的净利润率参考值，表明用项目资本金净利润率表示的盈利能力满足要求。

2) 偿债能力分析

偿债能力分析的主要指标包括利息备付率(ICR)、偿债备付率(DSCR)、资产负债率(LOAR)、流动比率和速动比率。

利息备付率(ICR)指在借款偿还期内的平均息税前利润(EBIT)与应付利息(PI)的比值,是利息偿付的保障程度指标,可按下式计算:

$$ICR = \frac{EBIT}{PI} \qquad (4-21)$$

利息备付率应分年计算。利息备付率高,表明利息偿付的保障程度高。

偿债备付率(DSCR)指在借款偿还期内,用于计算还本付息的资金$(EBITDA - T_{AX})$与应还本付息金额(PD)的比值,是反映可用于还本付息的资金偿还借款本息的保障程度的指标,可按下式计算:

$$DSCR = \frac{EBITAD - T_{AX}}{PD} \qquad (4-22)$$

偿债备付率应分年计算。偿债备付率高,表明可用于还本付息的资金保障程度高。

资产负债率(LOAR)指各期末负债总额(TL)与期末资产总额(TA)的比率,是反映项目隔年所面临的财务风险程度及综合偿债能力的指标。可按下式计算:

$$LOAR = \frac{TL}{TA} \times 100\% \qquad (4-23)$$

项目财务分析中,在长期债务还清后,可不再计算资产负债率。

流动比率是流动资产与流动负债之比,反映项目法人偿还流动负债的能力,可按下式计算:

$$流动比率 = \frac{流动资产}{流动负债} \times 100\% \qquad (4-24)$$

速动比率是速动资产与流动负债之比,反映项目法人在短时间内偿还流动负债的能力,可按下式计算:

$$速动比率 = \frac{速动资产}{流动负债} \times 100\% \qquad (4-25)$$

4.2.3　不确定性分析

不确定性分析指分析不确定性因素变化对财务指标的影响,主要包括盈亏平衡分析和敏感性分析[6]。

1) 盈亏平衡分析

盈亏平衡分析是根据项目正常生产年份的产量、固定成本、可变成本、税金等,计算盈亏平衡点,分析、研究项目成本与收入的平衡关系。当项目收入等于总成本时,盈亏正好平衡。盈亏平衡点越低,表示项目适应产品变化的能力越大,抗风险能力越强。盈亏平衡点通常用生产能力利用率或者产量表示。盈亏平衡分析如图 4-5 所示。

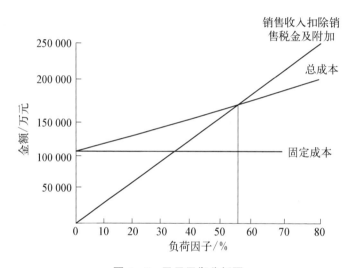

图 4-5　盈亏平衡分析图

2) 敏感性分析

敏感性分析是指分析不确定性因素变化对财务指标的影响,找出敏感因素。应进行单因素和多因素变化对财务指标的影响分析,主要分析对内部收益率的影响,并计算敏感度系数和临界点。结论应列表表示,并绘制敏感性分析图。根据核电工程项目特点,不确定性因素主要包括建设投资、负荷因子、售电价格、核燃料价格等。

敏感度系数是指项目评价指标变化率与不确定性因素变化率之比:

$$S_{AF} = \frac{\Delta A/A}{\Delta F/F} \tag{4-26}$$

式中,$\Delta F/F$ 为不确定性因素 F 的变化率;$\Delta A/A$ 为不确定因素 F 发生 ΔF 变化时,评价指标 A 的相应变化率。

4.3　先进快堆的经济性目标

快堆是一种增殖堆型,它采用的裂变燃料是压水堆运行中生产出来的工业钚,快堆运行发电时,消耗裂变燃料,但又用天然铀中占 99.2% 以上的 ^{238}U 生产出新的钚,且所产多于所耗。我国压水堆核电站已规模化建造,消耗的是天然铀中仅占约 0.7% 的 ^{235}U。发展快堆利用 ^{238}U,通过其增殖,可对铀资源的利用率从单单发展压水堆的 1% 左右提高到 60%～70%。由于利用率的提高,更贫的铀矿也值得开采,全球可采铀矿将提高千倍。另外,快堆与压水堆相比,中子能量高,热堆中很多不能够裂变的长寿命的锕系核素可以在快堆中发生裂变,即压水堆的废物变成了快堆的燃料,这种利用快堆裂变掉压水堆产生的长寿命锕系核素的过程称为焚烧,或者狭义上的嬗变。

先进快堆尚处于研发阶段,与常规核电技术相比,其建设投资较高。常规核电技术相对成熟,已达到规模化生产建设的发展阶段,其建设投资相对较低;先进快堆还处于发展初期,没有积累设计、建设经验,未达到商用推广的规模化发展阶段,建设投资相对较高。然而,随着规模化的推进,先进快堆的投资将进一步降低,经济性与压水堆核电站可比。根据西屋电气公司从 1986 年起在韩国建设的 5 个压水堆经验,第 2～第 5 号机组单位投资下降趋势为 86%、78%、77%、69%。可见,批量化建设是降低工程投资的关键方法之一。日本也进行了快堆经济性研究,结果表明快堆被商用推广后将有较好的经济前景。IAEA 组织的研究表明钠冷快堆经济性的发展趋势良好。

先进快堆由于其可增殖的特点,在核能整体的可持续发展上具备经济优势,全寿命周期成本低;由于其可嬗变的特点,降低了核能乏燃料的辐射,具备不可计算的潜在社会效益。

根据先进快堆的定义,先进快堆的经济目标如下:

(1) 与其他能源相比,具有全寿命周期成本优势。

(2) 与其他能源财务风险相当。

(3) 促进核燃料的利用率、提高燃料循环的经济性。

1) 全寿命周期成本优势

全寿命周期是指从项目建设到退役、废物处置的整个过程。若以全寿期平准化发电成本作为衡量多种能源成本的指标,那么先进快堆的经济目标是平准化成本小于等于其他能源的全寿期成本。参考国际原子能机构革新型反应堆经济评价方法,我们可将金属燃料快堆的全寿期成本优势表示为

$$C_F \leqslant kC_A$$

式中,C_F 为金属燃料快堆的全寿命周期平准化发电成本;C_A 为其他能源的全寿命周期平准化发电成本;k 为调整因子。

对于先进快堆,C_F 为包含反应堆的建设投资、运行维护费用、燃料费、后处理费用、废物处置费、退役费,即整个寿命周期的成本。C_A 指其他形式能源的寿命周期成本,在分析计算时,也应包含从建设到废物处置、退役的整个寿命周期的成本。

k 的取值通常大于等于1,这取决于投资者、决策者政策性的考虑。例如,在做成本比较时,若采用相同的折现率,降低了未来远期的反应堆使用价值。如火电、二代压水堆等能源的设计寿命为30年,经济评价周期为30年。先进快堆的设计寿命为60年。按相同的折现率或30年经济评价期,则降低了先进快堆在未来30年的价值。因此,可以将 k 作为调整因子,来平衡这种差异。另外,一个国家的能源系统需要考虑能源稳定性、外部环境价值,稳定的能源成本等,在这些方面,先进快堆都有显著的优势。出于这些方面的考虑,k 通常取大于等于1。

2)与其他能源财务风险相当

项目投资者在投资时,往往通过项目的财务计算指标来确定财务风险。财务风险可用项目投资内部收益率(FIRR)、总投资收益率(ROI)、财务净现值(FNPV)来衡量。先进快堆与其他能源相比,财务风险相当,也即上述财务指标与其他能源相比优于其他能源或者与其他能源相当。关于财务内部收益率(FIRR)、总投资收益率(ROI)、财务净现值(FNPV)的计算,已在4.2节介绍,本节不再赘述。

3)促进核燃料的利用率,提高燃料循环的经济性

先进快堆能够燃烧压水堆的乏燃料,回收乏燃料中的铀、钚、MA 等锕系核素。实现核燃料完全闭式循环,提高核燃料的利用率。同时,先进快堆能够降低乏燃料的放射性,降低放射性废物总量,缩短废物衰变周期。这个过程首先提高了资源利用率,将废物重新利用,提高了其经济性,其次降低放射性废物总量、缩短废物衰变周期,则减少了废物处置的成本。关于详细的核燃料循环内容,将在4.5节描述。

4.4 先进快堆的经济性优化方案

先进快堆的经济性优化方案主要包含大容量、深燃耗和长寿命设计,标准化、模块化设计建造,以及多用途设计。

大容量设计可以提高比投资,深燃耗设计可获得更高的容量因子,长寿命设计在电站投资成本不变的条件下使发电量增加,产生出更多的利润。

标准化可以降低设备购置费、缩短供货周期、降低建筑安装费用、减少核安全审评的工作量、提高设计深度,减缓设计滞后对工程进度的影响。

模块化设计建造将现场施工的工作量转移到工厂中完成,施工风险大为降低,现场施工和安装简化,整个建造周期缩短,大幅降低了建造成本。

多用途设计能够提高先进快堆在运行期间的容量,如果以高容量因子模式运行,先进快堆的经济吸引力将增加。

4.4.1 大容量、深燃耗和长寿命设计

在堆型、技术条件和外部因素基本相同时,容量较大的电厂比容量较小的电厂具有更低的比投资,容量规模效应通常用"规模效应"来表示。即

$$C_1 = C_2(P_1/P_2)^{t-1} \qquad (4-27)$$

式中,C_1、C_2(单位为 \$/kW)为两个容量分别为 P_1、P_2(单位为 MW)的项目的比投资,t 为装机容量指数因子,经验值在 $0.4 \sim 0.6$ 范围内[7]。

国际上一些核电大国和权威的国际组织(如 IAEA、OECD/NEA)都在这方面做过专题研究,并给出了一些带有附加条件的结论。以美国能源部公开发表的有关报告为例,其研究结果表明,机组容量从 600 MW 增加到 900 MW,每千瓦装机容量的造价下降约 13%;而从 900 MW 扩容到 1 200 MW,每千瓦装机容量的造价还将继续下降 10%[8]。

对于某一给定的周期所产生的能量而言,提高燃耗能使换料批料量变小,因而使燃料的布置更有效、处理的乏燃料量最小;提高燃耗能提高长周期运行能力,从而获得更高的容量因子。深燃耗设计使得燃料循环的成本下降[9]。

核电发电成本由总建设投资、运营期燃料费用、运营期的运营与维护费用、退役费四部分构成。长寿命设计使在电站投资成本不变的条件下发电量

增加,产生出更多的利润,从而使发电成本下降。燃料成本和运行维护成本属于可变成本,随着发电量的增加而增加,所以平均到每千瓦时电量的成本不变。先进快堆的设计寿命至少达到 60 年,比传统二代技术和二代加技术的设计寿命多了 20 年,便可产生更多的利润,如果可以考虑核电站延寿的话发电成本会进一步下降[10]。

4.4.2 标准化、模块化设计建造

标准化是为适应科学发展和合理组织生产,在产品数量、规格、零部件通用性等方面规定统一的技术标准。标准化工作有利于提高劳动生产率,提高产品的质量,降低产品的成本,同时对于核电站设计的安全性和可靠性也是至关重要的。

先进快堆在发展过程中,采用标准化设计,一是有助于实现设备制造的标准化,实现核电关键设备和材料的程序化、流水式加工制造,有利于减少非标材料和设备,进而大幅度降低设备购置费、缩短供货周期;二是有助于实现施工工艺和施工技术的标准化,从而有助于优化施工逻辑,缩短建造周期,降低建筑安装费用;三是有助于实现调试方案和技术的标准化;四是有利于大幅度减少核安全审评的工作量,减少安全审评对工程进度的影响;五是有利于减少设计工作量,缩短设计周期,提高设计深度,减少设计滞后对工程进度的影响。

在部件制造、建造、运行和管理方面也可以采用标准化方法。标准化方法可以显著地提高工程设计、设备制造、施工、进度、投资管理以及运行维修等方面的质量和效率。只需根据具体厂址条件进行微小修改的标准化设计为批量生产和系列化制造提供基础。

先进快堆可考虑利用核蒸汽供应系统(NSSS)采用模块化设计和组装。当 NSSS 与动力转换系统或工艺供热系统进行耦合连接后,就可以实现所需的能源产品供应。系统部件模块可以由一个或多个子模块进行组装,还可以根据热工参数匹配性要求从一个或多个模块机组组装成大规模发电厂,以用于生产电力或其他用途。更为重要的是,模块的安装部署可以随着时间的推移灵活安排施工顺序,以适应当地区域电力辅助增长的发展趋势,并在规定的时间内灵活调整投资支付时间[11]。

模块化建造将现场施工的工作量转移到工厂中完成,施工风险大为降低,现场施工和安装简化,整个建造周期缩短,大幅降低了建造成本,施工可靠性得到了极大提升。目前世界上核电站建设中一个无法绕开的难题就是初始资

金投入较大,而采用模块化设计,使得核电建设投资可以采用"以堆养堆"的模式进行。机组后续扩容的规划和布置在前期建设时就已做好,通过"以堆养堆"逐步投入建设资金,逐渐增加装机容量,从而降低资金受限对核电站建设的影响。"以堆养堆"模式降低了融资难度,且前期投产项目的利润可以为后续机组扩容提供资金保障,财务风险大幅降低,增加了对潜在投资者的吸引力[12]。

4.4.3　多用途设计

多用途设计能够提高先进快堆在运行期间的容量,如果以高容量因子模式运行,先进快堆经济吸引力将增加。多用途设计一般有核能制氢、海水淡化、核能供热等三方面。

1) 核能制氢

核能制氢的技术路线可分为三种:利用核能所产热能制氢、利用核能所发电力制氢以及电能与热能混合制氢。对于先进快堆来说,能匹配堆芯出口温度的制氢方案,可考虑后两种技术路线。具体到制氢工艺上,将分为以下几种方案。

甲烷蒸汽重整制氢:将目前最成熟的工业制氢工艺与钠冷快堆进行耦合,是短期内较为可行的方法,这也是俄罗斯 BN-600 和 BN-800 选择的方案,其缺点是会产生碳排放,不够清洁。

Cu-Cl 循环制氢:选择热化学循环中的低温循环是钠冷快堆制氢的一个选择。法国对 Cu-Cl 循环已有较为深入的研究,应多关注研究 Cu-Cl 循环,作为先进快堆多种应用的研究方向之一。

低温电解制氢:虽然低温电解没有高温电解制氢效率高,但该方案既可用于现有的钠冷快堆,也可与今后的钠冷小堆进行耦合,美国能源部也在近两年推进了低温电解示范装置的建设。

2) 海水淡化

自 1987 年以来,国际原子能机构便关注到核能海水淡化技术的发展,并组织了有关国家对其技术与经济的可行性进行研究。目前,可行的并得到实践验证的核能海水淡化技术主要有两种应用形式:① 针对城镇热力、水源需求,建设低温供热核反应堆,在向城镇周边供应热源的同时,提高能源的利用效率,实现海水淡化;② 依托现有核电站,以二回路系统的低温蒸汽作为海水淡化的能量来源。

海水淡化技术的日趋成熟及经济可行性的大步提升,以及我国沿海核电站得天独厚的水资源条件,促使我国很多沿海核电站先后采用海水淡化技术来解决淡水使用问题,并取得了较好的效果。其中,红沿河核电站、宁德核电站、三门核电站、海阳核电站、徐大堡核电站、田湾核电站以及山东荣成示范核电站均采用海水淡化技术为厂区提供可用淡水。而反渗透(RO)法因其显著的节能特点,成为我国核电站现有海水淡化装置的主流技术。RO技术的主要特点有① 盐水分离过程中不涉及相变,能耗低;② 工艺流程简单,结构紧凑;③ RO系统中的半透膜对海水的pH值,以及海水中含有的氧化剂、有机物、藻类、细菌、颗粒和其他污染物很敏感,因此需要对海水进行严格的预处理;④ 半透膜上容易生成水垢和污垢,从而导致脱盐率衰减,水质不稳定,需要定期对半透膜进行清洗和更换。

3) 核能供热

国内外已对核能供热进行大量的理论验证、设计和实践检验,目前主流的技术路线主要有三种:低温核能供热、核电站汽轮机组抽气供热以及核能热电厂。

低温核能供热是一种专门供热不发电的核能系统,输送的热量以显热为主。

核电站汽轮机组抽气供热是指核能系统二回路的热媒进入汽轮机,采用汽轮机组进行抽气供热。

核能热电厂是指核能系统二回路的一部分热媒进入汽轮机,另一部分热媒通过减压装置经换热器向热网供热[13]。核电站抽气供热在我国已有实践,2019年11月,海阳核电站一期工程第一阶段的70万平方米供热项目成为中国首个商业核能供热项目。

4.5 先进燃料循环的经济性与效益分析

本节将从快堆及其燃料循环概述、技术经济分析模型、经济性初步分析、其他效益等若干方面介绍先进燃料循环的经济性与效益。

4.5.1 快堆及其燃料循环概述

核电站核反应堆燃料不是一次耗尽的,必须定期地将其从堆内卸出、处理(称为后处理)、再浓缩、再制成燃料元件、装入堆内循环使用。当核电站发电到一定时间,由于燃料的消耗,以及运行期间产生并积累起来的裂变产物的毒物效应,使后备反应性接近消失时,虽然燃料元件中尚含有相当数量的裂变燃料,也得把它从堆内卸出,换入新燃料。卸出的燃料元件称为乏燃料,其中含有大量的易裂变核素和可转换核素,如^{235}U、^{238}U 和^{239}Pu,包括原先装入未燃耗的和运行周期中在堆内转换生成的,均属价值贵重的能量资源,需要经过后处理,将裂变产物分离出去,并回收这些易裂变核素和可转换核素,重新制成可用的燃料元件返回反应堆中复用,以构成燃料循环。

燃料循环原则上是指核燃料从矿物开采到最终放射性废物处置的全过程,主要包括三大环节:

(1)核燃料循环前段,即核燃料在核反应堆中使用前的工业过程,包括铀矿地质勘探、铀矿石开采、铀的提取和精制、铀的化学转化、^{235}U 的富集(铀同位素分离)、燃料元件制造。

(2)反应堆环节,在该环节中核燃料在反应堆中使用,获取核能并产生新的易裂变核素。

(3)核燃料循环后段,即从反应堆卸出的核燃料(称为乏燃料)的处理和处置过程,包括乏燃料的中间储存、乏燃料的后处理和放射性废物的处理、最终处置等过程。

反应堆环节是核燃料循环的中心环节。热堆是目前国际上广泛应用的堆型,由于热堆中易裂变核素裂变反应的中子产额小(见图 4 - 6),由^{238}U 俘获中子而转换出的易裂变核素数量小于反应堆自身消耗的易裂变核素数量,通常

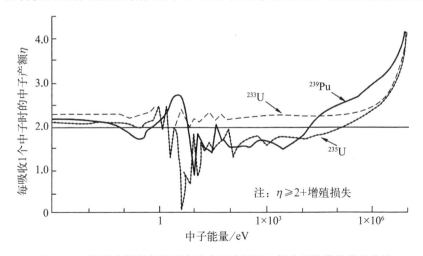

图 4 - 6　易裂变核素每次裂变的中子产额随入射中子能量的变化曲线

转换比只有约 0.6。快堆堆芯中的中子能量高,易裂变核素的裂变中子产额大,有更多的中子可用于 ^{238}U 俘获,可实现核燃料的增殖。

典型的燃料循环方式有一次通过循环、闭式燃料循环,闭式循环又分为半闭式燃料循环和完全闭式燃料循环。一次通过循环对反应堆的乏燃料不进行处理,暂存和整备后最终直接在地质处置库中永久处置。半闭式燃料循环要对乏燃料进行处理,回收铀和钚,对回收的铀进行复用,而回收的钚可在压水堆中复用,或暂时储存,未来可提供给快堆使用。闭式燃料循环要对乏燃料进行后处理,回收铀、钚和其他主要的锕系核素,并进行复用。快堆及其燃料循环是闭式循环,涉及回收铀、钚及次锕系核素的循环利用。快堆及其燃料循环的组成如图 4-7 所示,系统组成涉及快堆以及围绕快堆的燃料循环后段环节。由图 4-7 可见,在外部来料方面主要有铀浓缩厂的尾料贫铀,以及压水堆乏燃料后处理厂的回收铀、工业钚和 MA 等产品。本章介绍的技术经济性仅限于图 4-7 所示的关联内容。

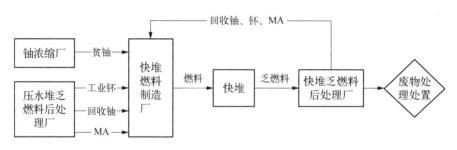

图 4-7 快堆及其燃料循环的组成示意图

燃料类型决定了后处理工艺路线。快堆的燃料主要包括 MOX 燃料(混合铀、钚氧化物燃料)、金属燃料两种主要类型,此外还有氮化物燃料、碳化物燃料等可选方案。燃料类型不同,后处理的方式也不同,因此,燃料及其后处理的技术路线与技术经济性密切相关。早期的快堆选择金属燃料,它的优点是核特性好、能谱硬、增殖比大、与液态金属钠具有好的相容性。金属燃料可采用铸造的方式加工,制造简单、费用低。但在早期使用中发现它在辐照下肿胀严重,短时间内燃料棒包壳就可能破裂。辐照肿胀问题限制了金属燃料的许用燃耗水平,仅能达到 3% 燃耗深度,而高燃耗是提高经济性的重要手段。因此,在 20 世纪 60 年代中期之后,快堆燃料主要转向了氧化物燃料,暂时放弃了金属燃料。

由于氧化物燃料抗辐照能力较好,在压水堆中得到广泛使用,积累了大量使用经验。氧化物燃料的增殖能力也较高,20世纪60年代末至70年代初,世界上多个国家的快堆采用氧化物燃料。氧化物燃料的乏燃料一般采用水法后处理工艺技术路线。水法萃取流程是目前达到工程规模、经济实用的后处理流程,比较典型的是PUREX流程,将反应堆乏燃料元件经过适当的预处理转化为硝酸溶液,然后采用有机溶剂(常用磷酸三丁酯的煤油溶液)进行萃取分离,以达到回收核燃料的目的。水法后处理工艺一般会受到燃料燃耗深度、乏燃料中易裂变核素的剩余水平等因素的制约。采用水法后处理工艺处理快堆氧化物乏燃料还处于研发阶段,尚无工程规模应用实践。

当前,国际上金属燃料的研发取得了重要进展。通过改进燃料棒设计及燃料成分设计等,提高了金属燃料的辐照稳定性和燃耗水平。金属燃料快堆不仅有更高的增殖比,在安全性上也有一些有利因素,比如更大的负反馈反应性等。另外,金属燃料制造工艺相对简单,且金属燃料适合干法后处理,因此便于设计和建造燃料制造、反应堆、后处理等一体化的快堆。从燃料循环经济性角度来看,这可能是比较有利的技术方案。

干法后处理对于处理高燃耗乏燃料,特别是快堆乏燃料具有明显的优势,是当前一个重要的研究方向。干法后处理工艺流程有多种,较典型的是电解精炼流程,电解精炼流程可以回收乏燃料中的铀、其他锕系核素(An)及裂变产物等有用组分。图4-8为美国在研发的电解精炼流程的示意图,阳极是一个装有乏燃料元件短段的吊篮;有两种不同的阴极,一种阴极是固体钢棒,用于收集铀,另外一种是液态镉阴极,收集其他锕系核素。

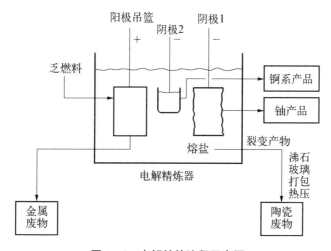

图4-8 电解精炼流程示意图

燃料循环除了上述的三大环节之外,还应考虑燃料通过再循环而回收的价值。然而回收的价值如何衡量也是比较难确定的。

快堆及其燃料循环技术经济性分析是一个比较复杂的课题。本章仅仅结合图4-7所示范围,基于快堆燃料及其后处理的主要技术路线,对其技术经济性进行初步分析。

4.5.2 技术经济分析模型

快堆及其燃料循环的经济性分析应基于燃料流、原料/中间产品价格、设施建造和运行成本等方面开展。如图4-7所示,作为原料/中间产品的有贫铀、工业钚、回收铀、MA等,要考虑的设施有后处理厂、快堆、燃料制造厂等。原料/中间产品价格既可直接给出,也可根据其生产设施的相关成本来计算。

4.5.2.1 燃料流模型

反应堆选用不同的燃料,将对应不同的乏燃料后处理工艺,相应的燃料流也会有明显差别。参考研究论文[14]并结合国内一些快堆堆芯设计方案,压水堆一次通过燃料循环、采用MOX燃料快堆的燃料循环、采用金属燃料快堆的燃料循环的燃料流分别如图4-9~图4-11所示。

对于压水堆一次通过燃料循环,每生产1GW·a的电能,需要消耗天然铀143 t,产生127 t贫铀和含有14.6 t重金属的乏燃料。

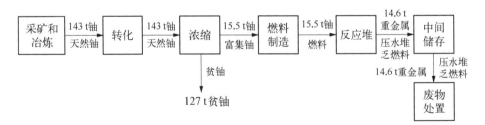

图4-9 压水堆一次通过燃料循环的燃料流(每吉瓦·年,5%燃耗)

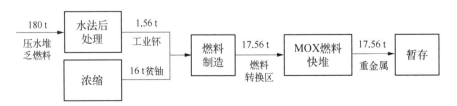

图4-10 MOX燃料快堆的燃料循环的燃料流(每吉瓦·年)

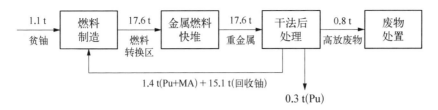

图 4-11　金属燃料快堆的闭式循环的燃料流(每吉瓦•年)

图 4-10 是早期阶段快堆的燃料循环燃料流的一个例子。用来自压水堆乏燃料后处理厂的工业钚与来自铀浓缩厂的尾料贫铀混合制造快堆混合铀、钚氧化物燃料,约 180 t 压水堆乏燃料经后处理产生 1.56 t 工业钚,与 5 t 贫铀混合制成 MOX 燃料,同时用约 11 t 贫铀制造燃料组件轴向转换区燃料及径向转换区燃料。快堆的乏燃料由于具有易裂变核素比例高、燃耗深、放射性强等特点,传统的水法 PUREX 流程处理快堆乏燃料的难度大。因此,在快堆尚未大规模发展的情况下,卸出的 MOX 乏燃料采用暂存的中间储存方式。待快堆形成规模后,快堆的乏燃料采用与压水堆乏燃料配比的方式用水法后处理,或直接用干法后处理,形成闭式燃料循环。

在上述快堆闭式燃料循环燃料流例子中,快堆每产生 1 GW•a 的电能所需要的燃料量(含贫铀)为 17.6 t,绝大部分为循环中回收的燃料,每次循环仅需从外部补充 1.1 t 贫铀。每次循环中,后处理产生总计 0.8 t 含裂变产物和锕系元素的高放废物。因金属燃料快堆具有更高的增殖比,除满足自身循环所需的钚外,还可向其他反应堆提供 300 kg 的钚。

4.5.2.2　发电成本计算模型

快堆及其燃料循环的经济性可用发电成本来表示。我们在 4.2 节描述了平准化发电成本的计算方法。发电成本由项目建设投资、运行和维护(O&M)成本、燃料循环成本、去污和退役(D&D)成本四部分组成,各部分成本的分项构成见表 4-3[15-17]。

表 4-3　发电成本组成部分

成本项目	分项构成
项目建设投资	工程费用(含前期准备工程、核岛工程、常规岛工程、BOP 工程等费用)
	工程其他费用

（续表）

成本项目	分项构成
项目建设投资	特殊项目
	n/m 首炉核燃料费（如 2/3 炉核燃料费）
	基本预备费
	价差预备费
	建设期利息
	铺底流动资金
	建设期可抵扣的增值税
O&M 成本	材料费
	工资及福利费
	大修理费
	财务费用及其他费用
燃料循环成本	铀矿采冶
	铀转化
	铀浓缩
	加工制造
	后处理
	运输与储存
	地质处置
D&D 成本	去污和退役成本

如考虑燃料循环的全部环节，燃料循环费用的构成及计算式如表 4-4 所示。

对于图 4-7 所示范围的快堆及其燃料循环系统，其燃料循环成本可按表 4-5 所示构成和算式计算。

表 4 - 4　燃料循环费用构成及计算式

费用组成	计算式
铀矿采冶	$F_U = M_f f_U P_U (1+r)^{t-t_b}$ 式中,$M_f = M_p [(e_p - e_t)/(e_f - e_t)]$ $f_U = (1+l_C)(1+l_E)(1+l_F)$
铀转化	$F_C = M_f f_C P_C (1+r)^{t-t_b}$ 式中,$f_C = (1+l_C)(1+l_E)(1+l_F)$
铀浓缩	$F_E = SWU f_E P_E (1+r)^{t-t_b}$ 式中, $SWU = M_p V_p + M_t V_t - M_f V_f$ $M_t = M_f - M_p$ $V_x = (2e_x - 1)\ln[e_x/(1-e_x)]$ $f_E = (1+l_E)(1+l_F)$
加工制造	$F_F = M_p f_F P_F (1+r)^{t-t_b}$ 式中,$f_F = (1+l_F)$
后处理	$F_p = M_p f_p P_p (1+r)^{t-t_b}$
运输与储存	$F_{TS} = M_{TS} f_{TS} P_{TS} (1+r)^{t-t_b}$ 式中,$f_{TS} = (1+l_{TS})$
长期处置	$F_D = M_D f_D P_D (1+r)^{t-t_b}$ 式中,$f_D = (1+l_D)$

注:1. 表中,F_x 为燃料循环各环节的成本费用,M_x 为相应环节的物料的质量,f_x 为物料损失率,P_x 为物料单位价格,t 为时间,t_b 为基准年,l_x 为物料损失,e_x 为 ^{235}U 的质量分数,x 分别代表表中的各相应环节。

2. 下标 U 表示天然铀,C 表示转化,E 表示浓缩,F 表示元件制备,TS 表示运输和储存,D 表示地层、地质处置,f 表示天然铀原料(^{235}U 丰度 0.71%),p 表示铀燃料产品,t 表示贫化铀。

表 4 - 5　快堆的燃料循环费用构成及计算式

费用组成	计算式
回收铀、工业钚费用	$F_1(t) = P_U G_U(t)(1+r)^{t-t_b} + P_{Pu} G_{Pu}(t)(1+r)^{t-t_b}$
燃料元件制造费用	$F_5(t) = P_M G_M(t)(1+r)^{t-t_b} + P_{MZ} G_Z(t)(1+r)^{t-t_b}$

(续表)

费用组成	计算式
燃料元件运输费用	$F_6(t) = P_Y[G_M(t) + G_Z(t)](1+r)^{t-t_b}$
乏燃料暂存费用	$F_7(t) = P_C G_C(t)(1+r)^{t-t_b}$
乏燃料后处理费用	$F_8(t) = P_{CM}G_{CM}(t)(1+r)^{t-t_b} + P_{CZ}G_{CZ}(t)(1+r)^{t-t_b}$
剩余回收钚的价值	$F_9(t) = C_{Pu}G_{Pu}(1+r)^{t-t_b}$
高放废液固化费用	$F_{10}(t) = P_G G_G(t)(1+r)^{t-t_b}$
废物永久处置费用	$F_{11}(t) = P_D G_G(t)(1+r)^{t-t_b}$
燃料循环的总费用	$F(t) = F_1(t) + F_5(t) + F_6(t) +$ $F_7(t) + F_8(t) - F_9(t) + F_{10}(t) + F_{11}(t)$

注：表中，P_U 为回收铀价格，P_{Pu} 为工业钚价格，P_M 为活性区燃料制造价格，P_{MZ} 为增殖区燃料制造价格，P_Y 为燃料运输价格，P_C 为乏燃料暂存价格，P_{CM} 为活性区乏燃料后处理价格，P_{CZ} 为增殖区乏燃料后处理价格，P_G 为高放废液固化价格，P_D 为废物永久处置价格，G_x 为相应环节中的实际物料量。

4.5.2.3 模型参数取值

由于原料价格、快堆电站投资成本、燃料制造成本、后处理费用和地质处置费用等的不确定性或没有足够代表性的数据，目前对于表 4 - 3 所示的每一项费用给出确切的数值还不现实。因此，参考经济合作与发展组织核能署（OECD/NEA）的相关成果[18 - 20]，以及对先进燃料循环成本的基础研究[21 - 23]，相关费用的单位成本的范围如表 4 - 6 所示（已折算成 2015 年的美元值来表示，按基准年增加 3% 的比例来换算）。参考值指的是现阶段最具可能性的单位成本，低限表示成本的下限，高限表示成本的上限。在麻省理工学院（2003 年）的研究报告《核能的未来》中，也给出了有关燃料循环经济性计算的输入参数和计算例子。显然，由于目前国际上尚没有形成规模的快堆闭式燃料循环应用实践，相关成本参数数据的离散度大或取值范围宽，这将导致快堆及其燃料循环的经济性分析结果的不确定性会较大。

表 4-6 建设成本和核燃料循环成本等的参考数值

条目		单位	低限	参考值	高限
建设成本	SFR（钠冷快堆）	美元/千瓦	1 967	5 903	8 855
O&M 成本（按建造成本的取费比率）		%	3	5	6
核燃料循环	天然铀	美元/千克	42	199	488
	铀转换	美元/千克	7	14	17
	铀浓缩	美元/瓦	131	180	209
燃料制备	UO₂ 燃料	美元/千克	260	312	390
	MOX 燃料	美元/千克	2 596	4 154	5 192
后处理	压水堆乏燃料（PUREX）	美元/千克	794	908	1 021
	压水堆乏燃料（干法）	美元/千克	461	1 384	2 306
干法处理和制备	快堆金属燃料制备及其乏燃料干法后处理	美元/千克	3 245	6 491	9 736
	增殖层燃料制备和后处理	美元/千克	1 623	3 245	4 868
长期储存	贫铀	美元/千克	5	6	7
	堆后铀（回收铀）	美元/千克	2	3	44
	UO₂ 乏燃料	美元/千克	163	181	210
	MOX 乏燃料	美元/千克	226	315	839
	（衰变热较大期间的）储存	美元/千克	12 667	20 256	31 509
	高放废物	美元/米³	88 644	132 966	221 709

（续表）

条目		单位	低限	参考值	高限
核燃料循环	包装、整备				
	UO₂ 乏燃料	美元/千克	21	41	72
	MOX 乏燃料	美元/千克	41	82	144
	高放废物	美元/米³	20 569	41 137	82 274
	地质处置费用	美元/米³	123	247	412
退役费用(按建造成本的取费率)		%	9	17	23

4.5.3 经济性初步分析

有关经济性初步分析,国内外已经开展一些相关研究,并已有初步结论。参考国内外已有研究,本节给出了以百万千瓦钠冷快堆电站为例的初步计算分析。

4.5.3.1 已有研究情况

国内开展了一些相关研究,通过采用国际上的文献数据、计算模型等进行了计算分析。周法清等[24]曾计算得出压水堆一次通过核燃料循环费为 6.09 美分/千瓦·时;压水堆半闭式循环的核燃料循环费为 6.74 美分/千瓦·时;钠冷快堆(金属燃料)闭式循环的核燃料循环费为 6.73 美分/千瓦·时,钠冷快堆(氧化物燃料)闭式循环的核燃料循环费为 7.12 美分/千瓦·时。快堆闭式燃料循环费比一次通过循环费用略高,与压水堆再循环费用相差不大。胡平等在《快堆核燃料循环经济性分析》一文中,计算得出快堆燃料循环的单位燃料费用是压水堆一次通过循环的 1.42 倍[25]。如文中所述,对于后处理等费用取值比较高是导致快堆燃料循环成本偏大的主要原因。

OECD/NEA 在 1994 年经研究认为,燃料循环的单位成本(计入后处理和燃料制造等成本)是一次通过循环的 1.1 倍。美国爱达荷国家实验室(INL)研究给出的燃料循环成本比 OECD/NEA 给出的成本高 2.5~4 美分/千瓦·时。这个差别主要是双方对铀的成本取值,以及对乏燃料储存和高放废物处置的方式等采用不同策略造成的。

现有的分析结果表明,快堆燃料循环成本比压水堆燃料循环成本要高一些。具体的计算结果受很多因素的影响,不一定具有可比性。从长远看,天然铀价格的上涨会造成压水堆燃料循环成本的增加,而对快堆的影响很小。另外,快堆的规模化建造、快堆燃料制造及后处理等环节工艺技术水平的提高和成本降低、快堆及燃料循环系统可减少高放废物量和降低放射性毒性等,将对快堆燃料循环的经济性有大的正面效应,有可能使快堆闭式燃料循环的经济性达到或超过压水堆燃料循环的经济性水平。

4.5.3.2　初步计算分析

参考国外的经济性分析、评价报告,影响快堆发电成本的主要因素是快堆的建造费用、运行和维护费用以及燃料和燃料循环费用。影响压水堆发电成本的主要因素是压水堆的建造成本和运行维护成本,其中铀资源价格是影响运行维护成本的主要因素之一。对于快堆及其燃料循环的成本费用,根据 4.2 节的计算模型和参数取值,本章对比分析了采用 MOX 燃料和金属燃料,快堆乏燃料不进行后处理和后处理等几种情形下的发电成本费用。

下面以一座百万千瓦钠冷快堆电站为例,按 80% 负荷因子,计算平均的年发电成本(不考虑贴现率),并进行敏感性分析。

对于采用 MOX 燃料的快堆及其燃料循环,部分燃料流数据参考图 4-10。构成成本的各组成部分的费用,以及快堆的发电成本如表 4-7 所示(参考表 4-6 中 2015 年的美元值计算)。

表 4-7　采用 MOX 燃料快堆的成本构成(万元/吉瓦·年)和发电成本(元/千瓦·时)

序号	项目	物料流或设计参数	低值	参考值	高值
1	反应堆建造成本(按 30 年寿期)	1 000 000 kW	40 850	122 588	183 891
2	运行维护成本	按建造成本的比例取值	36 763	183 878	331 000
3	燃料制造费用(MOX)	6 500 kg	10 510	16 821	21 026
4	燃料制造费用(贫铀增殖层)	11 000 kg	1 053	1 265	1 582

（续表）

序号	项目	物料流或设计参数	低值	参考值	高值
5	乏燃料储存（MOX）	6 500 kg	916	1 277	3 395
6	乏燃料储存（贫铀）按 UO_2 计	11 000 kg	660	735	854
	成本合计（序号 1～6）		90 752	326 558	541 742
	平均发电成本（元/千瓦·时）（不计压水堆乏燃料后处理费用，计入快堆 MOX 乏燃料暂存费用）		0.13	0.47	0.77
7	压水堆乏燃料后处理	180 t	89 039	101 823	114 495
	成本合计（序号 1～7）		179 791	428 387	656 243
	平均发电成本（元/千瓦·时）（计入压水堆后处理费用、快堆 MOX 乏燃料暂存费用）		0.26	0.61	0.94
8	快堆乏燃料后处理（干法后处理，并按金属燃料制造费用）	6 500 kg＋11 000 kg	19 712	39 423	59 141
	成本合计（序号 1～6 及 8）		110 464	365 988	600 890
	平均发电成本（元/千瓦·时）（计入快堆乏燃料后处理费用）		0.16	0.52	0.86

注：未考虑退役、废物处置等其他成本。

我国现行的政策是收取压水堆乏燃料后处理基金，按核电厂发电量来收取，收费标准为 0.026 元/千瓦·时。根据计算分析，如果不考虑工业钚的费用，即认为压水堆后处理基金已经包括相关费用，后处理厂生产的工业钚无偿提供给快堆做 MOX 燃料使用，同时假定快堆 MOX 乏燃料暂存，不进行处理，则快堆的平均发电成本为 0.13～0.77 元/千瓦·时，参考值为 0.47 元/千瓦·时。

如果把压水堆乏燃料的后处理费用全部计入快堆的发电成本，也不考虑压水堆乏燃料后处理基金的冲减，同时假定快堆 MOX 乏燃料暂存，不进行处理，一直使用压水堆乏燃料后处理生产的工业钚，则快堆的平均发电成本为

0.26~0.94 元/千瓦・时,参考值为 0.61 元/千瓦・时。

假定快堆的初装料采用压水堆乏燃料后处理厂生产的工业钚,先做成 MOX 燃料使用,快堆 MOX 乏燃料采用干法进行后处理,之后做成金属燃料,在快堆中循环利用,形成闭式循环。由于快堆的增殖能力,除初装料采用压水堆乏燃料后处理厂生产的工业钚外,之后一直使用快堆乏燃料和增殖区中的钚,且不考虑多余的钚的价值收益。这种情形下快堆的平均发电成本为 0.16~0.86 元/千瓦・时,参考值为 0.52 元/千瓦・时。

对于采用金属燃料的快堆及其燃料循环,燃料流数据参考图 4-11。构成成本的各组成部分的费用,以及快堆的发电成本如表 4-8 所示。

表 4-8　采用金属燃料快堆的成本构成(万元/吉瓦・年)和发电成本(元/千瓦・时)

序号	项目	物料流或设计参数	低值	参考值	高值
1	反应堆建造成本 (按 30 年寿期)	1 000 000 kW	40 850	122 588	183 891
2	运行维护成本	按建造成本的比例取值	36 763	183 878	331 000
3	快堆金属燃料制备及其乏燃料干法后处理	6 500 kg	13 139	26 284	39 423
4	增殖层燃料制备及其干法后处理	11 000 kg	6 573	13 139	19 712
成本合计			97 325	345 889	574 026
平均发电成本(元/千瓦・时)			0.14	0.49	0.82

注:未考虑退役、废物处置等其他成本。

对于完全闭式燃料循环的金属燃料快堆,发电成本为 0.14~0.82 元/千瓦・时,参考值为 0.49 元/千瓦・时。

不管是采用氧化物燃料还是金属燃料,在快堆燃料多次循环中,乏燃料后处理回收的铀(回收铀或堆后铀)是否回收利用,对铀资源利用率有很大影响[26]。如不利用回收铀,先使用已积累的贫铀,则快堆燃料循环的铀资源利用率增长较慢;如回收铀与钚等一起利用,则铀资源利用率增长较快。从燃料循环的经济性角度看,因贫铀和回收铀的价格、储存费用等差别不大,先用哪个对快堆燃料循环经济性的影响的差别很小。

4.5.4　其他效益

除针对核燃料循环本身的费用进行分析外,钠冷快堆核燃料循环还有着巨大的社会效益,主要包括稳定原材料铀的价格,具有废物、环境效益以及低碳能源收益。

1) 稳定原材料铀的价格

快堆的经济性与铀的价格有一定关系。根据估算,假定天然铀价格上涨100%,则压水堆发电的成本将增加约 5%,而快堆的发电成本只增加约0.25%。铀资源的价格在压水堆发电成本中占一定比例,其价格变化对发电成本影响并非特别敏感。

假设压水堆核电发展到 200 GW 规模,压水堆电站按 60 年寿期计算,则200 GW 规模压水堆累计要消耗 182 万吨天然铀。根据铀资源红皮书《铀的资源、生产和需求——2020》[7],不同价位铀资源的量如表 4-9 所示。因世界上铀资源总量的有限性,压水堆建造得越多,对铀资源需求的增长越明显,预期的需求增长很可能导致铀资源价格的上涨。

表 4-9　铀资源数据表(万吨)

地区	<40 美元/千克	<80 美元/千克	<130 美元/千克	<260 美元/千克
中国	5.92	13.5	16.6	16.61
全世界	68.09	307.85	532.72	709.66

天然铀是铀-钚循环燃料循环系统的最根本原料,天然铀是平准燃料循环价格的主要驱动力。快堆的功能之一是提高铀资源的利用率,实现铀资源的充分利用。对于快堆及其燃料循环系统,对天然铀的需求可以不考虑。因此,如核能系统中有相当比例的快堆及其燃料循环系统,而不仅仅是压水堆一种类型,则核能发展过程中对铀资源的需求量将显著降低,需求的下降带来铀资源价格的下降。因此,适时引入快堆及其燃料循环系统对稳定铀资源的价格是有利的,而铀资源价格的稳定会带来压水堆发电成本的稳定。

快堆可提高铀资源的利用率,如压水堆与快堆匹配发展,将使低品位的铀矿和成本较高的铀矿也具有开采价值,这无疑也是一种经济效益。

2) 废物、环境效益

安全高效发展核能及大力发展可再生能源已经成为我国能源发展的战略决策。而提高铀资源利用率和确保核废物安全处理、处置是我国核能安全、可持续发展的关键。发展先进燃料循环系统(或称为先进核能系统)是核能安全、可持续发展的根本途径和必然选择。先进核燃料循环系统主要由压水堆乏燃料后处理、快堆燃料制造、快堆、快堆乏燃料后处理等环节组成。快堆及其燃料循环的主要功能是核燃料增殖和高放废物中的 MA(^{237}Np,^{241}Am 等长寿命次锕系核素)的分离及嬗变,其支撑核能大规模可持续发展。国外研究指出一座百万千瓦级大型快堆可以嬗变掉 5～10 座同等功率的压水堆所产生的次锕系核素[27-28]。

利用快堆及其燃料循环系统进行嬗变是国际上较一致认可的现实可行、合理有效的技术途径。法国、德国、英国、俄罗斯、日本、美国、印度等发展快堆的主要国家于 20 世纪 70 年代末就开始研究用快堆来嬗变压水堆核电厂乏燃料中的长寿命核素。快堆及其燃料循环系统长寿命核素的分离、嬗变,不仅可以充分利用铀资源,实现铀资源利用的最优化,还能大大减少高放废物的体积及其放射性毒性,实现高放废物的最少化,减少处理费用。

核燃料循环涉及多个环节,在燃料循环前段、燃料制造、反应堆运行、后处理等环节中都会产生放射性废物,几种燃料循环模式对应的放射性废物产生量如表 4-10 所示。

表 4-10 几种燃料循环模式所产生的放射性废物量[m³/(TW·h)]

废物量	一次通过	压水堆-快堆(MOX 燃料)	快堆(TRU 循环)
低中放废物-短寿命	13.409	12.358	9.417
低中放废物-长寿命	1.629	2.179	1.884
高放废物	3.309	0.198	0.075

目前有关压水堆、快堆发电成本的计算中都未计入退役成本和放射性废物的处理、处置成本。根据表 4-6 的燃料循环成本参数,高放废物的包装、整备、处置费用很高,因此对于高放废物产生量少的燃料循环模式,这方面的经济性将是非常显著的。

分离-嬗变不仅可减少高放废物的量,还可减少高放废物的放射性毒性下降到天然铀矿当量水平的时间,因而可以降低地质处置库的设计要求或降低地质处置库的维护成本。

3) 低碳能源收益

核电是对环境影响极小的清洁能源之一,核电厂本身不排放二氧化碳、二氧化硫等大气污染物,核电厂流出物中的放射性物质对周围居民的辐照一般都远低于当地的自然本底水平。核电是低碳能源,一座百万千瓦的核电厂,相对火电每年可以减少二氧化碳排放 600 多万吨。核能是减排效应最明显的能源之一[29]。

2011 年,中国工程院开展了对不同发电能源链的温室气体排放量的研究,其主要研究结果如下:当前我国核燃料循环含反应堆及之前的这一段(包括铀矿采冶、铀转化、铀浓缩、元件制造、核电站)的实际二氧化碳归一化排放量为 6.2 克/千瓦·时,考虑核燃料循环后段(包括乏燃料后处理和废物处置)的总排放量为 11.9 克/千瓦·时。对煤电链,其总排放量为 1 072.4 克/千瓦·时;水电链为 0.81~12.8 克/千瓦·时;风电链为 15.9~18.6 克/千瓦·时;太阳能为 56.3~89.9 克/千瓦·时。对于温室气体排放量,核电链仅约为煤电链的 1%。在各种发电能源链中,核能的温室气体排放量也是很低的,因此核能是一种低碳能源。

在当前全球气候变暖的情况下,全世界都在关注温室气体的减排问题,国际上正在寻求签署有关的国际协议,而世界各国均不同程度地推进碳税机制或碳排放交易市场的建立,在此背景之下,核能作为一种低碳能源将会有额外的收益,从而有利于核能整体经济性的提高。英国皇家工程院在 2004 年发表了一份关于英国核电站运营成本的报告,报告比较了像风能这种间歇性能源与火电、核电等能源的成本,其中还测算了考虑碳税后的发电成本,结果表明碳税对不同能源的发电成本有较大影响,对提高核能的经济可接受性有利。国外还有一种测算,假如碳征税每吨 CO_2 达到 100~200 美元的范围内,核电的发电成本与煤电接近。而在麻省理工学院的《核能的未来》研究报告中给出的一个分析结果表明,如每吨 CO_2 征收 25 美元的碳税,一个基准案例的煤电发电成本由 6.2 美分/千瓦·时上升到 8.3 美分/千瓦·时,而基准案例的核电发电成本为 8.4 美分/千瓦·时,征收碳税不增加其发电成本。研究报告认为,如对碳排放收费,核电或者具有与煤电或天然气发电相当的竞争力,或者成本更低。

快堆及其燃料循环的经济性是其作为先进核能系统的一个重要指标。核能系统的经济性可用发电成本作为主要的衡量指标。决定快堆发电成本的主要因素是建造费用、运行和维护费用，以及燃料和燃料循环费用等。与压水堆相比，快堆的建造成本高于已经成熟的第二代压水堆和第二代改进型压水堆。由于第三代压水堆还处于建造之中，还未有多机组批量建造，其平均的建造成本还无确切数据，从已知的信息看，它将高于第二代压水堆的造价。燃料和燃料循环费用涉及天然铀、铀的转化浓缩、燃料制造和后处理等的成本，既有内部因素，又有外部因素，影响因素众多。另外，燃料循环成本估算的不确定性非常大，现有的估算数据中部分单项成本的高值估计是低值估计的 1～3 倍。由此，现有的一些研究结果普遍认为快堆的发电成本将高于压水堆。根据国际上的初步技术分析，有较多的技术手段可降低快堆的建造成本，使其比投资接近三代压水堆的水平。燃料循环成本对快堆发电成本影响大，而燃料循环的技术进步肯定会降低燃料循环的成本，这就为降低快堆发电成本提供了关键制胜因素。

对于快堆及其燃料循环，还应该从能源安全、可持续发展等角度来认识其作用和意义，并与经济性关联。由于快堆及其燃料循环可显著提高铀资源利用率，这有助于稳定铀资源价格，有助于使更低品位的铀矿具有开采价值，具有经济效益。另外，快堆及其燃料循环可嬗变长寿命锕系核素，减少需地质处置的高放废物量，降低对地质处置库的设计要求等，支撑核能大规模可持续发展，这也是一种经济效益。核能是一种低碳能源，发展快堆就需要发展相应的燃料循环系统，而发展燃料循环后段相对于只发展快堆或压水堆而言，温室气体归一化排放量虽约增加了一倍，但仍远小于其他能源，因此考虑减排的需要，或者预期未来有可能征收碳税，这可间接提升包括快堆及其燃料循环系统在内的核能的经济性。

快堆及其燃料循环技术的发展不仅取决于开发的工艺技术成熟性，更多的是要对安全性、经济性、废物管理、可持续性等目标综合权衡。当前，就其经济性目标而言，可认为还是一个开放的话题。

参考文献

[1]　国家能源局.核电厂建设项目费用性质及项目划分导则：NB/T 20023—2010[S]. 北京：原子能出版社，2010.

[2]　国家能源局.核电厂建设项目工程其他费用编制规定：NB/T 20015—2010[S]. 北

京：原子能出版社，2010.

［3］ 黄光晓. 先进核电技术经济性分析[M]. 北京：清华大学出版社，2014.

［4］ 曹帅，邹树梁，刘文君，等. 我国核电经济性评价研究进展及述评[J]. 科技和产业，2014，14(2)：58-61.

［5］ 秦伟建. 核电经济性评价模型的框架研究[D]. 北京：北京工业大学，2007.

［6］ 杨光. 低碳发展模式下中国核电产业及核电经济性研究[D]. 北京：华北电力大学，2010.

［7］ 郑宝忠，颜岩，李颉，等. 三代核电工程造价控制研究[J]. 建筑经济，2014，35(12)：46-49.

［8］ 李涌. 中国核电经济性的特点及提高方法浅析[J]. 核动力工程，2010(3)：134-137.

［9］ 刘定钦. 提高压水堆燃耗的经济效益：秦山核电站和大亚湾核电站[J]. 核动力工程，1992(1)：11-16.

［10］ 张文超，刘洲，杜利鹏. AP1000平准化发电成本计算及影响因素分析[J]. 东北电力大学学报，2016，36(1)：91-96.

［11］ 刘建阁，陈刚，王珏，等. 小型模块化反应堆综述[J]. 核科学与技术，2020，8(3)：12.

［12］ 张浩，王建建. 小型反应堆发展现状及推广分析[J]. 中外能源，2020，25(10)：26-30.

［13］ Solomykov A. 核能供热的中俄比较及基本热负荷优化研究[D]. 大连：大连理工大学，2020.

［14］ Gao F X. Modeling and system analysis of different fuel cycles for nuclear power sustainability[D]. Seoul：Korea University of Science & Technology，2012.

［15］ 田里，王永庆，刘井泉，等. 平准化贴现成本方法在核动力堆项目经济评价中的应用[J]. 核动力工程，2000，21(2)：189-192.

［16］ Agency I. INPRO methodology for sustainability assessment of nuclear energy systems：economics[R]. Vienna：International Atomic Energy Agency，2014.

［17］ 国家能源局. 核电厂建设项目建设预算编制方法：NB/T 20024—2010[S]. 北京：原子能出版社，2010.

［18］ OECD. Uranium 2009：resources，production and demand[R]. Paris：OECD/NEA，2010.

［19］ Agency O. The economics of the nuclear fuel cycle[R]. Paris：OECD/NEA，1994.

［20］ OECD. Advanced nuclear fuel cycles and radioactive waste management[R]. Paris：OECD/NEA，2006.

［21］ Agency O. The economics of the nuclear fuel cycle[R]. Paris：OECD/NEA，1994.

［22］ Shropshire D E，Williams K A，Boore W B，et al. Advanced fuel cycle cost basis[R]. Idaho：INL，2007.

［23］ Economic Analysis Working Group. AFCI economic tools，algorithms，and methodology[R]. Idaho：INL，2009.

［24］ 周法清，叶丁. 三种堆型核燃料循环经济性比较[J]. 核动力工程，1993(2)：129-135.

［25］　胡平,赵福宇.快堆核燃料循环经济性分析[D].西安：西安交通大学,2009.

［26］　王静.先进核能系统铀资源利用率及高放废物放射性毒性研究[D].北京：中国原子能科学研究院,2014.

［27］　徐銤.发展快堆保障我国核能可持续发展[J].中国核工业,2008(9)：20‐23.

［28］　周培德.快堆嬗变技术[M].北京：中国原子能出版社,2014.

［29］　潘自强.核电：现阶段最好的低碳能源[J].中国核电,2014,7(3)：194.

第 5 章

先进快堆的可持续性

近几十年来随着环境、资源问题的不断加剧，可持续性成为决定核能能否长久发展的重要因素。对于一个核能系统来讲，可持续性的优劣是评价其先进性的重要指标。本章将从可持续性的定义与评价、增殖、嬗变、闭式燃料循环四个方面阐述先进快堆的可持续性问题。

5.1 可持续性的定义与评价

可持续性的定义与评价是一个复杂的问题，难以系统化、定量化，且在不同的领域具有不同的评价体系。核能的可持续性主要涉及铀资源的循环高效利用和核废物的最小化。快堆以其中子物理特性在以上两个方面具有天然的内在优势，是核能可持续发展的必经之路。

5.1.1 可持续性的定义

可持续性本义为持久保持一定状态的能力[1]。对于人类社会来讲，可持续性是指人们在满足人类需求与未来发展的同时，在资源开发、投资方向、技术发展和制度变革中保持环境平衡与和谐的过程[2]。联合国在 1987 年发表的《我们共同的未来》中将可持续发展定义为"既满足当代人的需求，又不损害子孙后代满足其需求能力的发展"[3]。

第四代核能系统国际论坛(GIF)提出第四代核能系统的可持续性的目标如下：提供符合空气清洁目标的可持续能源供应，并为全球能源生产提供长期可用的、系统和高效的燃料利用；尽量减少核废料并对其进行管理，显著减轻长期管理负担，从而保护公众健康和环境[4]。国际原子能机构的创新型核反应堆和燃料循环国际项目(INPRO)提出了一套评价方法，按照该方法，广义上的可持续性包含以下主要的要素：环境、资源利用、废物管理、基础设施、防核扩散和实物保护、安全和经济[5]。这些要素为可持续性的评估提供了一个系统框架，具体如下。

1）环境

保护环境是可持续发展概念中的一个核心主题，也是工业化中的一个主要考虑因素。来自核系统的环境影响包括放射性和非放射性化学毒物排放、热排放、机械能、噪声、气味、水和土地使用。所有这些因素都可能在近邻、周边区域甚至全球范围内造成不利的环境影响，甚至危害到生态系统。这些影响因素应在核系统的整个生命周期内得以控制，在完全符合现行标准的水平下，并在合理可行的情况下保持最低水平。

2）资源利用

资源利用与可持续发展的环境因素密切相关，因此 INPRO 将其作为环境因素的组成部分。一个核系统应该在有效利用核资源和其他不可再生材料产生能源的同时不会造成这些资源的严重退化。因此，资源的长期可用和有效利用是可持续性的一个关键组成部分。

3）废物管理

这一要素是指核系统废物的产生及其整个管理过程，其主要目标是将废物保持在合理可行的最低水平，确保对人类健康和环境的保护达到可接受的水平而不对后代造成不应有的负担。需要考虑的因素包括放射性核素的累积给生物圈带来的放射性剂量与热量，以及整个系统生命周期内管理废物的费用等。

4）基础设施

这一要素首先包括核系统整个寿期内所建立的必要设施，例如研发和建造所需的设施设备。这也是可持续性评估的重要组成部分。基础设施还包括建设核系统所需的体制和法律框架，以及社会政治方面的因素，比如人力资源。

5）防核扩散和实物保护

防核扩散和实物保护包括核系统整个生命周期内为了尽量减少核材料和技术转用于核武器研制而所需的内在特性、外在措施，制度的实施、优化，成本效益等。

6）安全

安全要素与特定系统的潜在安全风险有关。它着眼于加强其安全性和优化对所有核设施(包括但不限于反应堆)的保护,即通过采用纵深防御和固有安全性措施以降低工人遭受辐射的风险,使核系统在整个生命周期内对公众和环境的影响可与其他工业设施处于同一水平。

7) 经济

任何核系统或其他能源系统若能够大规模推广,经济性是不可逾越的评价因素。资本成本、运营和维护成本、燃料成本、废物管理成本、退役成本和所有外部成本的每一项都必须足够低,这样才能具有竞争力和推广价值。因此,降低这些成本将有助于可持续发展。

很明显,以上这些要素在很多方面是相通的并且有部分重叠。例如,与废物管理有关的因素也会影响到环境指标,废物的储存和处置也会影响基础设施和安全,资源利用(即铀矿开采和后处理)也会影响环境。

5.1.2　核能的可持续性问题

经过半个多世纪的发展,全世界的核能发电已达到相当大的规模,按世界平均水平计算,截至 2020 年年底全球核能装机容量达到 54 435 MW,年发电量达 2 553.2 TW·h[6]。进入 21 世纪后,因二氧化碳减排和调整能源结构等重大问题,核能的发展出现新机遇;同时,因核安全、放射性废物的环境影响、核扩散等问题,核能的发展也面临重大挑战。

在过去数十年里,人们越来越认识到核能具有很多无可比拟的优点:

(1) 与化石燃料相比,它产生的温室气体排放量非常低。因此,它在限制环境影响和气候变化方面具有相当大的优势。核能不存在风能和太阳能的间歇性和不可预测性。它的技术已经相对成熟并且不断进步,50 多年来一直持续稳定地输出大规模能源。这些因素使其成为减少温室气体排放的可靠手段。

(2) 主要的石油和天然气储量目前集中在少数国家,引起了对供应安全的关注。2011 年上半年几个北非国家的政治危机就说明了这一点,这些危机导致油价迅速上涨。化石燃料进口国不得不使大量资金外流以满足其能源需求。这不仅损害进口国的国际收支平衡,对全球金融力量的平衡也产生了巨大影响。核电作为一种准本土电源,在供电安全方面具有显著优势。

(3) 在经济竞争力方面,在考虑碳定价和控制融资成本的情况下核电的竞争力也逐渐显示出来。最近一段时间,石油和天然气价格波动很大。对页岩气和煤层气产能的预估显著拉低了天然气的价格,但这种天然气"泡沫"的持续时间不得而知(其长期环境影响也不得而知)。虽然铀价格也一直波动,但核能的生产成本仅在很小程度上取决于燃料铀的成本($\leqslant 5\%$),从而将发电成本与燃料价格波动隔离开来。

(4) 此外,核能的一个显著特点是燃料能量密度非常高,这就使得燃料量和运输量大大减少,同时也大大减少了战略能源储存量(以新燃料或乏燃料的形式)。

核能的这些优点已经得到几十年的验证,同时也经历了人类社会经济、资源形势变化带来的长久考验。但是核能终究不是可再生资源,对核能能用多久的问题国际上的研究从未间断。

根据经济合作与发展组织核能署与国际原子能机构联合发布的新版铀红皮书《2020 年铀:资源、生产和需求》[7],全球已查明可开采铀资源总量(开采成本低于每吨 260 美元)约为 807 万吨。再结合当前的铀需求发展和供求关系,这一铀资源总量可满足全球核能约百年的需求。近年来,其他新能源取得了迅猛的发展,虽然其发展都因各自的问题而存在一定的不确定性,但对核能的可持续发展依然形成了严峻挑战。

核裂变能的可持续发展必须从整个核燃料循环的角度来评价。核燃料循环是指核燃料在反应堆中使用之前(前段)、期间(反应堆运行)和之后(后段)生产和管理的一系列过程。当今世界主要有两种燃料循环方式:一种是"一次通过"方案,即燃料使用一次,然后作为废物进行处置。另一种是回收方案,例如对乏燃料进行再处理,回收未使用的铀和钚,最终在反应堆中再利用,实现核燃料部分的"闭式循环";或者在铀、钚回收基础上进一步回收次锕系核素(MA),并进行循环利用,称为先进闭式循环。闭式循环减少了待处理的乏燃料和高放废物的数量,同时降低了对天然铀的需求[8]。

显然,如果按照核燃料一次通过的循环方式,则百余年后就会面临核能退出问题。所以,必须考虑先进"闭式循环"从而实现核裂变能更长久的利用,为子孙后代留有足够的发展空间。而要实现这种先进闭式循环离不开快中子反应堆。

5.1.3 快堆在核能可持续发展中的作用

与热堆相比,快堆有更硬的中子能谱和更高的中子通量密度,使其在核能的可持续性方面具备了两个主要的优点:增殖核燃料和嬗变核废物。增殖核燃料指的是通过核反应将天然铀中主要的 ^{238}U 转变成易裂变材料 ^{239}Pu,从而使获得的核燃料比消耗的更多;嬗变核废物主要指将核电站乏燃料中一些长半衰期的放射性核素(包括次锕系核素 MA 和长寿命裂变产物 LLFP)通过核反应转化成稳定的非放射性核素或更短半衰期的放射性核素。

初步计算表明,采用基于快堆的闭式燃料循环后经过 12~18 次循环周期(后处理—MOX 燃料制造—快堆运行),铀资源的利用率可以从不到 1% 提高到 60%;且前几次循环的效果最显著,经过 3~4 次循环,铀资源利用率即可达到 20% 左右(即铀资源利用率提高 20 倍以上)[9]。由此可见,基于快堆和闭式燃料循环的系统可以显著提升铀资源的利用率,为核能的大规模可持续发展提供出路。

在废物的最小化方面快堆的作用主要体现在嬗变次锕系核素上。而长寿命裂变产物的嬗变依赖于热中子俘获反应,在快堆包裹层中建立热中子区即可实现长寿命裂变产物(如 ^{99}Tc 和 ^{129}I)的嬗变。表 5-1 给出了与乏燃料直接处置相比不同分离水平情况下的放射性毒性降低情况。由表 5-1 可见,将后处理分离出的钚再循环利用,则废物的放射性毒性在 1 000 年后可降低 1 个数量级;如果将 MA 分离出来进入快堆进行嬗变,则废物的放射性毒性可降低 2 个数量级以上。据初步估算,一座 1 GW 焚烧快堆可嬗变掉 5 座相同功率的热堆产生的 MA 量(即支持比为 5)。当然,与增殖快堆一样,MA 和 LLFP 的焚烧也需要多次燃料循环才能实现[10]。

表 5-1　不同分离水平情况下的放射性毒性的降低因子

废物形式	放射性毒性的降低因子			
	10^3a	10^4a	10^5a	10^6a
乏燃料(含 U、Pu、FP、MA)	1	1	1	1
后处理分离 U、Pu 后的高放废物(含 FP、MA)	10	25	20	4
高放废液中分离 MA 后的废物(仅含 FP)	160	175	160	130

铀资源总量和核废物累积乃是核能大规模可持续发展的主要制约因素。基于快堆的核燃料闭式循环(包括分离-嬗变)不仅可以充分利用铀资源,实现铀资源利用的最优化,还能最大限度地减少高放核废物的体积及其放射性毒

性,实现核废物的最少化。

5.2 先进快堆的增殖性能

增殖是发展快堆的首要考虑因素,也是快堆先进性的重要评价指标。用快中子对铀资源进行增殖可以大大提高核能的可持续性。以一体化快堆为典型代表的先进快堆系统为了提升堆芯增殖性能采用了诸多革新设计。

5.2.1 核燃料增殖的原理

^{233}U、^{235}U 和^{239}Pu 等核素在受到任何能量的中子轰击时都能够发生核裂变反应,称它们为易裂变核素。^{232}Th 和^{238}U 等核素则只有在受到高能中子的轰击时才能够发生核裂变反应,称它们为可裂变核素。易裂变核素对维持中子链式裂变反应是必不可少的。^{235}U 是唯一在自然界存在的易裂变核素,在天然铀中仅占约 0.7%。天然铀中其余的 99.3% 基本都是^{238}U(还含极少量^{234}U)。

^{238}U 和^{232}Th 在俘获一个中子后,经过两次 β 衰变,可以转换成相应的易裂变核素,这个物理过程分别如图 5-1 和图 5-2 所示。因此,也把^{238}U 和^{232}Th 称为可转换核素。如果从可转换核素里可以产生比链式反应中消耗

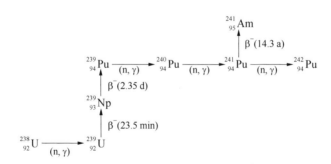

图 5-1 ^{238}U 的增殖过程

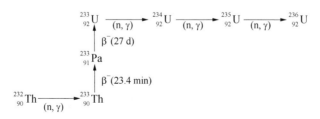

图 5-2 ^{232}Th 的增殖过程

的还要多的易裂变核素，人们就有可能利用丰富的可转换核素去生产更多的易裂变材料，这个过程称为"增殖"。

快堆中易裂变核素吸收中子发生裂变反应，每次裂变产生 2～3 个新的中子，这些中子除了维持堆芯的链式裂变反应外还有剩余。剩余的中子可以用来将可转换核素转换成易裂变核素。剩余中子的多少直接影响到增殖的效果，快堆之所以有比较好的增殖能力主要得益于易裂变核素的有效裂变中子数 η（每吸收一个中子后平均释放的中子数）随入射中子能量的增加而增加（见图 1-4）。在增殖快堆中，随着反应堆的运行，由可转换核素生产出来的易裂变材料会比消耗掉的易裂变材料还要多。通常，使用增殖比的概念来衡量快堆增殖能力的大小。增殖比指反应堆在两次换料之间，产生的易裂变材料质量与消耗的易裂变材料质量的比，也可以定义成易裂变材料的产生率与消耗率的比值。

一座增殖快堆每运行 1 天所要消耗的易裂变材料量为

$$\Delta m_{\mathrm{f}} = 4.484 \times 10^{-6} PA(1+\alpha)(\mathrm{kg}) \tag{5-1}$$

则每运行一天能够净生产的易裂变材料量为

$$\begin{aligned} \Delta m_{\mathrm{p}} &= \Delta m_{\mathrm{f}}(c-1) \\ &= 4.484 \times 10^{-6} PA(1+\alpha)(c-1)(\mathrm{kg}) \end{aligned} \tag{5-2}$$

式中，P 是反应堆热功率（单位为 MW），A 是消耗的易裂变材料的原子量，α 是易裂变核的俘获/裂变比，c 是反应堆的增殖比。

如果主要的易裂变材料是 ^{239}Pu 的话，那么 $A = 239, \alpha \approx 0.294$，则一个循环周期 T 内净生产的易裂变材料总量是 $1.387 \times 10^{-3} PT(c-1)$ kg。以某百万千瓦反应堆为例，额定热功率约为 2 500 MW，循环长度为 160 d，增殖比约为 1.2，一个循环净生产的易裂变材料约为 111.0 kg。当然，堆芯规模再增大、增殖比再提高情况下，燃料增殖能力还可加大；某 MOX 燃料大型增殖快堆设计的增殖比是 1.39，热功率为 3 300 MW，循环周期 1 a，一个循环净生产的易裂变材料绝对量达到约 651.6 kg。增殖快堆如果使用金属燃料的话，能够实现比氧化物燃料更高的增殖比，达到更好的增殖效果。

由以上分析可知，快堆在运行时新产生的易裂变核燃料钚多于消耗掉的易裂变核燃料钚或 ^{235}U，即增殖比大于 1，易裂变核燃料得到增殖，因此又称为快中子增殖反应堆（FBR）。如此一来运行中真正消耗的是天然铀中不易裂变且丰度占 99% 以上的 ^{238}U。压水堆乏燃料经后处理,取出的钚与浓缩厂的贫铀被制造成快堆的初装料,钚料在快堆内增殖。快堆的乏燃料经后处理,所得钚返回堆内再燃烧,增殖的钚则用于装载新的快堆。通过这样的多次循环,对铀资源的利用率可从只发展压水堆及其多次循环的不到 1% 提高到60% 以上。

5.2.2 先进快堆增殖设计

快堆的中子能量较高,为增殖提供了必要的基础条件;但是作为一个具体的反应堆来讲,仅靠中子能量高这一点不一定能有效地实现增殖,还需要在设计中通过燃料分区布置、材料选择、燃料组件几何设计等方面做出特别的考虑。

为了尽量高地实现增殖,中子的有害吸收必须尽量低,这就要求快堆要尽量降低冷却剂、结构材料的体积份额,为此燃料棒多设计为三角形位置关系。由于产生增殖的俘获反应率与中子通量密度成正比,因此为了尽快地得到增殖收益需要尽可能提高中子通量密度。这样一来,较高的中子通量密度必然带来较高的裂变反应率,因此快堆的功率密度就会很高,一般来讲快堆的功率密度在 300 MW/m^3 量级,比压水堆高 3~4 倍。由此可知,快堆的高功率密度是设计的选择,而非快堆内在的必然属性。

为了实现增殖,快堆中一般都要单独设计增殖区域(英文中习惯称为blanket,因为它往往包裹在堆芯的外围),用由贫铀或者天然铀制造的转换区材料填充。在转换区中 ^{238}U 通过吸收燃料组件泄漏出的快中子而转化为易裂变的 ^{239}Pu,经后处理后可以重新作为核燃料或者制造核武器。^{239}Pu 或 ^{235}U 的裂变截面在快谱中比在热谱中小得多;同样,^{239}Pu 或 ^{235}U 的裂变截面与 ^{238}U 吸收截面之间的比值也符合此规律。因此,要在快堆中维持链式反应需提高 ^{239}Pu 或 ^{235}U 的富集度,而与此同时,增殖与裂变的比例也提高了。

另外,由前述可知,快中子比热中子产生的诱发裂变中子更多,因此快堆要避免慢化。由于这个原因,快堆不能用水作为主冷却剂,因为水的慢化作用非常显著。如果用了大量水来冷却反应堆,^{239}Pu 的增殖就无法实现了。由于这个限制,当前主要的快堆设计都使用液态金属钠作为主冷却剂。一些早期的快堆还曾使用过其他液态金属冷却,比如汞和钠-钾合金,两者的优点是在室温下即为液体,这一点对于实验装置来讲很有利,但对于试验堆或大型电站而言这一点并不重要。

第四代核能系统国际论坛(GIF)提出的第四代反应堆类型中有三种是快

增殖堆：

（1）用液态钠冷却的钠冷快堆（SFR）。

（2）用液态铅冷却的铅冷快堆（LFR）。

（3）用氦气冷却的气冷快堆（GFR）。

理论研究表明，一些欠慢化的水冷堆有可能具有足够硬的能谱从而使得增殖比略高于 1。但这种设计的代价是功率的降低和成本的提高。然而，超临界水堆（SCWR）的冷却剂在超临界状态下可以具备足够高的热容量，从而可以用更少的水进行充分的冷却，使快中子水冷堆成为现实[11]。

快增殖堆通常使用混合氧化物燃料，其中二氧化钚（PuO_2）含量约为 20%，二氧化铀（UO_2）含量至少为 80%。另一种燃料是金属合金，通常是铀、钚和锆的合金（之所以使用锆是因为它对中子来说是"透明的"，即几乎不吸收中子）；另外也可以只使用浓缩铀制造燃料。

冷却剂的类型、高温和快的中子能谱使燃料包壳材料（通常是奥氏体不锈钢或铁素体-马氏体钢）处于极端条件下。对于任何反应堆堆芯的安全运行，必须充分考虑辐照损伤、冷却剂相互作用、应力和温度等因素。氧化物弥散强化（ODS）钢被视为一种长期抗辐照的燃料包层材料，克服了当今材料选择的缺点，成为快增殖堆中的重要结构材料[12]。

5.2.2.1　燃料体积份额的影响

在堆芯其他设计参数确定的前提下，一般来讲一个增殖系统的复倍增时间（以下简称"倍增时间"）正比于易裂变材料的装量，反比于增殖增益。增殖增益与易裂变材料装量都随燃料体积份额单调递增，但是增殖增益会逐渐达到饱和。由于以上原因，倍增时间一开始会随燃料体积份额的增大而缩短，然后当燃料体积份额高到一定程度，增殖比开始饱和的时候倍增时间将开始变长[13]。图 5-3 所示为增殖比、倍增时间随燃料体积份额的变化函数曲线。由图可知，如果某均匀化堆芯的燃料体积份额低于最优值，则增加内部转换区会使堆芯的增殖性能优化，倍增时间降低。当然，最优的燃料体积份额还应考虑其他堆芯设计参数或限值，但是一般来讲，图 5-3 所示的最佳倍增时间区域也是堆芯中子学性能最优的区域。有研究表明，对于 MOX 堆芯来讲最优的燃料体积份额为 40%～44%。

5.2.2.2　快增殖堆的堆芯布置

增殖堆的设计需要将活性区与转换区合理布置才能达到较好的增殖效果。

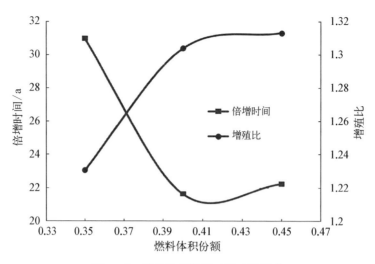

图 5 - 3　燃料体积份额对增殖的影响

从几何结构上来讲主要有两种布置方式。一种是外增殖区布置方式,如图 5 - 4(a)所示,所有的转换材料布置在堆芯外围,包括径向和轴向,一般称之

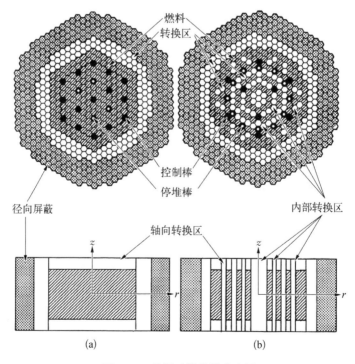

图 5 - 4　快增殖堆的堆芯布置

(a) 增殖区均匀布置;(b) 增殖区非均匀布置

为"均匀化"堆芯布置方式。另一种是内增殖区布置方式,即一部分转换区材料布置在活性区内部,燃料组件与转换区组件形成了交叉混合,因此也称为"非均匀化"布置。非均匀布置方式下内、外增殖区都可以产生增殖,因此可以达到更高的增殖比[14]。

早期的一些小型快堆采用外增殖区布置方式,中子能谱很硬,易裂变材料装量低,也可以达到很高的增殖比。但是由于没有内增殖区,反应性随燃耗下降得很快,因此卸料燃耗不会很高,对燃料富集度的要求也很高。因此,现在的设计中都会考虑设计内增殖区。但是增加了内增殖区的必然代价是对燃料富集度的要求提高了。

表 5-2 给出了 1 000 MW 的两种典型堆芯的设计参数。

表 5-2　典型的均匀化与非均匀化堆芯参数

参数	均匀化布置	非均匀布置
燃料组件数目/个	276	252
内转换组件数目/个	—	97
外转换组件数目/个	168	144
控制棒组件数目/个	19	18
富集度分区/个	3	1
易裂变核装量/t	3 682	4 524
各区钚富集度/%	13.5/14.9/20.3	20.2

非均匀布置的另一个优势在于降低了钠空泡反应性。以钚为驱动燃料的大型钠冷快堆中钠空泡反应性是正反馈。在无保护事故下钠空泡的产生使能谱变硬,有效裂变中子数将随能量提高而升高,从而产生较大的正反应性。为了从设计上消减这一正反应性,可以采取的措施包括扁平堆芯设计、增加内吸收体、设置堆芯上部钠腔、对能谱进行慢化等。而内增殖区的设计即成为有效的措施之一。但大部分的低钠空泡设计都伴随着其他性能的代价,比如装量、富集度的提高等。表 5-3 所示为早期研究中给出的不同类型的钠冷快堆增殖比、倍增时间、钠空泡反应性、燃料装量的比较。由该表可见,虽然非均匀

堆芯在增殖比与倍增时间方面的优势并不明显,但是综合考虑钠空泡反应性与燃料装量后却是最优的选择。

表 5-3　不同堆芯设计的增殖性能、钠空泡反应性和燃料装量对比

堆芯设计	增殖比	倍增时间/a	钠空泡反应性/$	燃料装量/(kg/kW)
圆柱形均匀堆芯	1.35	13	5.00	3.75
扁平堆芯($H/D=0.1$)	1.18	30	1.75	4.35
非均匀堆芯(粗棒)	1.46	17	1.50	5.95
非均匀堆芯(细棒)	1.36	16	1.70	4.25
中央转换区	1.34	21	0.25	5.60
氧化铍慢化堆芯	1.07	90	2.2	4.30

注:所有计算都基于燃料活性区钠排空。

除了钠空泡反应性的降低以外,非均匀堆芯布置还带来其他一些优点,具体如下:由于燃料富集度的提高中子通量密度将下降 30%～40%,尤其是快中子(0.1 MeV 以上)通量的显著下降使得辐照损伤大大降低,由辐照肿胀和蠕变导致的组件膨胀显著减弱;非均匀堆芯的燃耗反应性变化更小,降低了对反应性控制的要求。

综上可知,堆芯的增殖性能设计与其他的设计考虑是交织在一起的,需要根据堆的实际用途、限制条件等做出权衡和取舍。

5.2.2.3　长寿命增殖堆芯设计

近年来,有关长寿命堆芯的设计也得到较高的重视度,其特殊的应用场景为其赢得了较大的推广潜力。为了获得长寿命堆芯,必须使裂变材料充分增殖从而很长时间内不换料也能保持反应性。因此,长寿命堆芯只可能存在快中子谱,并且采用金属燃料和较高的燃料体积份额是比较有利的。理论上,如果通过适当的设计使中子平衡最大化,那么在很长时间内都可以保持反应性。

然而,在堆芯设计中也会面临三方面的约束。首先是燃料燃耗限值。目前为止,随着包壳材料发展,能够预测的最大燃耗限值峰值是 200 000 MW·d/t。每次裂变大约释放 200 MeV 的能量,或者 1 g 材料裂变时大约有 1 MW·d。那么 200 000 MW·d/t 的燃耗意味着每吨重金属中有 200 kg 已经发生裂变,

占初始重金属燃料的 20％,并且转化为裂变产物。气体裂变产物积聚在上腔室中。气体给包壳施加压力,再加上辐照引起的蠕变,给包壳造成辐照损伤,限制了包壳的寿命。累积的固体裂变产物也能给较高的燃耗带来不利影响,因此 20％是可以接受的燃耗限值,这是由燃料棒设计决定的。

对于常规的堆芯设计,大约 5 年的辐照即可以达到这个燃耗限值。对于给定的燃耗限值,为了获得长寿命堆芯,必须减小比功率。由于以 MW·d/t 为单位的燃耗等于比功率(MW/kg)乘以满功率运行的天数,所以只能通过降低比功率来达到长寿命。例如,如果需要 30 年堆芯寿命,与常规的 5 年堆芯(实际上每年都换堆芯的 1/5)相比,比功率必须减少到 1/6,并且在长寿命反应堆开始运行时提供的锕系核素量是典型快堆所需燃料的 6 倍。

采用一次通过燃料循环的长寿命堆芯并不能显著地提高铀资源利用率。作为参考,高燃耗轻水堆燃料需要 4.5％的富集度来获得 5％的燃耗。大约88％的天然铀在富集过程中变成了贫铀。12％的铀装入堆芯,只有 5％发生裂变,导致天然铀的利用率只有 0.6％。大型快堆一般要求 15％的富集度,而不是 4.5％,它意味着 96.5％的铀被作为贫铀而废弃。即使剩余 3.5％的铀,燃耗为 20％,整个利用率是 0.7％,与轻水堆一次通过循环的 0.6％利用率差别不大。因此一次通过长寿命堆芯的铀利用率极限仅为 1％左右。

长寿命堆芯设计的第二个约束是快中子(0.1 MeV 以上)通量密度限值。快中子更容易造成包壳材料的损坏。对于常规设计,快中子通量密度限值与燃耗限值范围一样,因此没有特别关注快中子通量密度。然而,对于长寿命堆芯,快中子通量密度随着时间持续增大。包壳由辐照引起的蠕变损伤将超过常规设计限值,并且成为长寿命堆芯的限制条件。大部分长寿命堆芯的快中子通量密度为常规设计堆芯的 3~4 倍。

第三个约束涉及热工水力学。包壳对温度非常敏感,这就有了温度峰值限值。在限值范围内,为了保持较高的平均温度,组件中冷却剂出口温度要尽可能相同。在常规堆芯设计中,通过组件入口管嘴设计使得冷却剂流速与功率匹配。因为辐照期间组件功率变化,对于所有组件来说,不可能得到相同的功率和流速。对于长寿命堆芯来说,功率变化更显著,管脚设计具有更大的挑战性。

5.2.3　一体化快堆的增殖性能

基于金属燃料的一体化快堆堆芯可以设计为锕系核素的焚烧堆,也可设计为增殖易裂变同位素的增殖堆[15]。如果用贫铀组件代替钢反射层组件作为再生区,铀将俘获泄漏中子并生成钚,钚进行高温冶金处理用来制造新燃料棒。如果再生区足够大(包括径向和轴向),增殖比可以超过1。

一体化快堆的金属燃料为增殖提供了有利条件。前面讲述了高燃料体积份额对增殖的重要性;对于给定的燃料体积份额,燃料密度越高中子经济性越好。不同类型燃料的理论密度如表5-4所示。

表5-4 Pu/U 的比例为 20%/80%的不同类型燃料的理论密度(g/cm³)

燃料类型	燃料密度	重金属密度
氧化物	11.1	9.7
碳化物	13.6	12.8
氮化物	14.3	13.4
金属	19.2	19.2
U-Pu-10%Zr 合金	15.7	14.1

由表5-4可知,所有类型燃料中金属燃料有最高的重金属密度,因此它具有更好的中子经济性,如表5-5所示。不同类型燃料增殖比的范围如图5-5所示。改变燃料棒直径就是改变燃料、冷却剂、结构材料比例关系的最简单方法。燃料体积份额越高,增殖比越大,如图5-5所示。从增殖的角度来讲,金属燃料一直比氧化物燃料好,碳化物燃料位于两者之间。一般来讲增殖比的定义(产生的裂变材料/消耗的裂变材料)仅与裂变同位素有关,但是在一体化快堆中非易裂变锕系核素也可作为可转换燃料,增殖比定义为总产生的锕系核素与总消耗的锕系核素之比。然而,即使对于一体化快堆来说,两者的区别也是非常小的。

较高的增殖比必然有较高的易裂变核素含量,两者之间有一个最佳值。一体化快堆金属燃料的最佳"倍增时间"如图5-6所示。该图给出了大型一体化快堆的倍增时间,它指出了最大的易裂变核素增长潜力。这意味着,在能够快速建造快堆的情景下金属燃料可以获得低于10年的倍增时间。

表 5 - 5　快堆各类型燃料的中子平衡对比

参数		氧化物	碳化物	金属
η		2.283	2.353	2.45
ε		0.356	0.429	0.509
$\eta+\varepsilon-1$		1.639	1.782	1.959
损失	结构材料	0.158	0.131	0.127
	冷却剂	0.01	0.009	0.008
	裂变产物	0.055	0.058	0.058
	氧、碳、锆	0.008	0.009	0.025
	泄漏	0.046	0.051	0.082
	衰变	0.031	0.029	0.032
总损失		0.308	0.287	0.332
剩余中子(BR)		1.331	1.495	1.627

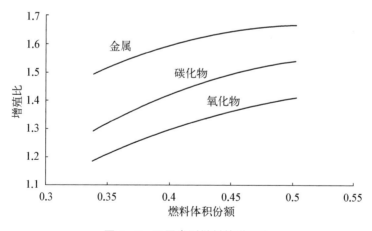

图 5 - 5　不同类型燃料的增殖比

　　与其他的快堆一样,一体化快堆也将以铀、钚燃料循环为基础。一体化快堆的燃料合金,除了 ^{238}U 之外,须包含相当大比例的钚,甚至可能达到铀装量的 1/3。众所周知,在燃料和包壳交接面,钚和钢形成的共晶体的熔点比较低,

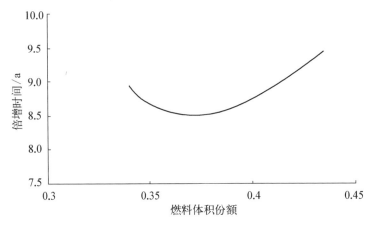

图 5 - 6　装载金属燃料的一体化快堆的倍增时间

这种现象降低了金属燃料的运行温度。但是,在燃料中加入锆,取代裂变产物合金,可能阻止共晶体的形成。各种合金的早期辐照试验表明,锆和包壳有良好的兼容性,而且很重要的一点是它能显著提高燃料合金的熔点和燃料包壳共晶体的形成温度。在这种合金燃料中锆的含量必须足够高(约 10% 的质量分数,或者为铀质量的 40%,即燃料原子百分数的 25%)。

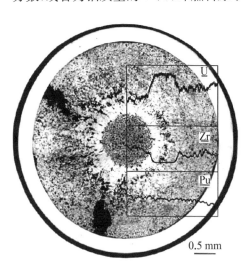

图 5 - 7　U - 19%Pu - 10%Zr 燃料成分重新分布与径向区块的形成

在一体化快堆中含钚的三元合金 U - Pu - Zr 燃料是最优选择。曾经开展的实验表明这种燃料在 16%~18% 的燃耗下仍然没有任何损坏。具有高钚含量的三元合金燃料还有一个很有用的特征:在辐照的早期,三种成分将在径向重新分配,如图 5 - 7 所示。迁移主要由温度梯度驱动,它是一个明显的径向重新分布。图 5 - 7 给出了成分浓度的径向分布:锆朝着中心和周边迁移,铀正好相反,钚则基本不动。这种迁移的优点在于熔点较高的锆移动到中心进一步提高了温度峰值区域燃料的熔点,移动到边缘则有助于燃料和包壳的相容性。无论有没有燃料重构,大量的试验证明了三元金属燃料具有和铀基燃料一样优良的稳态辐照特性。

5.2.4　其他增殖堆设计

国际上对于快中子增殖堆的探索从未停止,除了上面提到的钠冷快堆、铅冷快堆等之外,还发展设计了其他增殖堆堆型。如钍基快增殖堆、超临界水堆和气冷快堆,为增殖堆的设计提供了更多选择。

5.2.4.1　钍基快增殖堆

钍在地壳中的含量约为铀的 3 倍。国际上关于钍的快中子增殖研究一直没有间断。

一般来讲,钍作为转换材料的增殖比要比铀略低。但是^{233}U 是热堆和超热堆很理想的燃料,也具备较好的应用前景。国际上对使用钍作转换区材料的初衷主要来自防核扩散的要求。钍在快增殖堆中布置在不同的区域将带来不同的影响。如果布置在堆芯径向外围,则它对堆芯各参数的影响与^{238}U 几乎一样,增殖比也变化不大,因为径向转换区对堆芯的影响本身就很小。若布置在内增殖区,则^{232}Th 相较于^{238}U,增殖比会降低 0.13~0.16;进一步来讲,若堆芯燃料也由钚换成^{233}U,即形成钍-铀循环,则增殖比还会进一步降低 0.13~0.16,使得增殖比仅能达到 1.05 左右[16]。

所以,整体来看在快增殖堆的设计中钍的增殖性能要低于^{238}U。但是如果结合防核扩散要求考虑的话,钍在快堆中进行增殖也是不可忽略的重要课题。

5.2.4.2　超临界水堆的增殖

尽管钠冷快堆是比较理想的增殖堆型,但其他增殖堆型也值得做一定的探索。轻水冷却的反应堆已经在工业上大规模应用,非常成熟,成本低廉;有关轻水堆的增殖研究很早就有。但是由于轻水具有较强的慢化作用,现在大部分水冷堆都是热中子谱,能够达到的增殖能力非常有限。日本原子能研究所(JAEA)曾设计出一种具有增殖性能的沸水堆,通过三角形栅格和紧密排列的燃料棒来挤压水的体积份额、降低慢化,冷却剂与燃料的体积比低至 0.17,但即便如此,倍增时间仍然达到 245 年[17]。

近年来,有关超临界水冷增殖堆的研究一直持续进行。日本早稻田大学设计了一种基于高致密燃料的超临界水冷增殖堆,如图 5-8 所示,燃料棒相互贴合,冷却剂水在相邻三根棒之间的间隙流动;在某些位置还要在这些间隙中填充不锈钢阻流件以进一步压缩水的体积份额,从而最大限度地硬化能谱,提高增殖性能。当采用直径为 12 mm 的燃料棒时,这样的设计可以使水铀比低至 0.063 5。

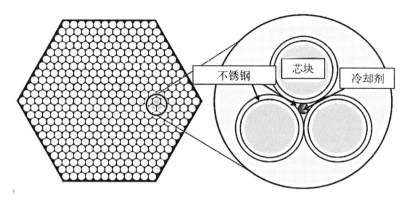

图 5-8 超临界水冷增殖堆燃料组件

其堆芯组件分为三种类型,燃料组件装载 MOX 燃料,普通转换区组件装载贫铀,慢化转换区组件除了装载贫铀以外还装有氢化锆(ZrH₂)。氢化锆作为慢化材料用于软化能谱,从而带来正的冷却剂密度系数;这样一来当发生空泡时将引入负反应性。

其堆芯布置如图 5-9 所示。堆芯高度约为 2 m,包括各 0.2 m 的上、下轴向转换区,堆芯轴向外围放置 0.2 m 的径向转换区。堆芯入口压力为 30 MPa,入口温度为 385 ℃。按照这样的设计,单循环钚增殖比为 1.026(平衡循环寿期末与寿期初的钚比值),倍增时间约为 43 a。

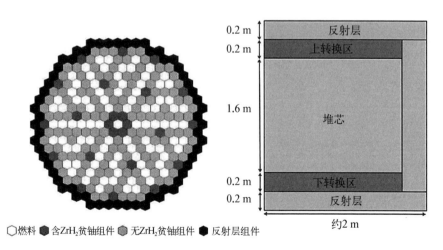

○燃料 ●含ZrH₂贫铀组件 ◐无ZrH₂贫铀组件 ●反射层组件

图 5-9 超临界水冷增殖堆堆芯布置

5.2.4.3 气冷快堆的增殖

气冷快堆最常见的冷却剂是氦气、超临界二氧化碳。尽管气体的相对原子质量一般要低于液态金属,但是由于其原子密度很低,因此它们的慢化效果并不强。气冷快堆往往能做到更硬的能谱,因此增殖性能要更好。另外,因为气体原子密度低,因此即使冷却剂体积份额大了也不会显著增大有害吸收,这样中子泄漏率就会更大,使堆芯外围的转换区增殖性能更好[18]。

然而,由于整体的安全性、经济性和可靠性问题,气冷快堆的发展远不如液态金属快堆,因此国际上并没有建成过气冷快堆。近年来,碳减排等发展目标的实施再次带动起了气冷快堆的研发。在第四代核能系统国际论坛提出的六种第四代核能系统中,气冷快堆是其中之一,设计的特征包括采用燃料内增殖,堆芯不设单独的转换区,以降低核扩散风险;全部重核循环,仅添加可裂变核素,整个循环中仅有裂变产物和后处理中的损失需要进行最终处置;功率密度仅设计在 $50\sim100$ MW/m³,以保证安全性;采用布雷顿循环,以简化系统结构,提高循环效率和经济性;采用氦气的堆芯其出口温度设计在 850 ℃左右,出口压力为 7 MPa,在这样的高温下一般采用陶瓷结构材料而不是金属;超临界二氧化碳设计中,出口温度为 650 ℃,出口压力为 25 MPa。

由于采用零增殖收益设计,不设置单独的转换区,燃料的选择是很有限的。在铀钚循环中 ^{238}U 的比例为 80%～85%。

除了 GIF 提出的气冷快堆设计以外,近年来也有其他一些研究方案。某些设计中提出使用三元结构各向同性(TRISO)燃料,采用先进的包覆层材料。由于热解碳不能承受快中子的辐照,因此提出了采用 ZrC 或者 TiN 做包覆材料。另外还提出了带有冷却剂通道的棱柱燃料设计[19]。

表 5-6 所示为国际上曾经开展过的气冷快堆设计。由表可知,气冷快堆可以达到的增殖比仅在 1.0 左右。

表 5-6　典型的第四代气冷快堆设计

参数	ETDR	GFR600	GFR2400	GFR2400	JAEA GFR
功率/MW	50	600	2 400	2 400	2 400
冷却剂	氦气	氦气	氦气	氦气	氦气
功率密度/(MW/m³)	100	103	100	100	90
入口温度/℃	250	480	480	480	460

（续表）

参数	ETDR	GFR600	GFR2400	GFR2400	JAEA GFR
出口温度/℃	525	850	850	850	850
燃料形状	棒状	板状	板状	棒状	块体状
燃料类型	$UPuO_2$	UPuC	UPuC	UPuC	UPuN
结构材料	不锈钢	SiC	SiC	SiC	SiC
增殖/转换比	—	0.95	0.95	1.0	1.03/1.11

5.3　先进快堆的嬗变性能

可持续性的另一个重要评价指标是废物的最少化。由于核能系统的废物中含有大量放射性核素，为废物处置、环境安全带来巨大的挑战，放射性废物的产出量及处理难度将成为核能系统先进性的重要评价指标。由于快堆中子能量高，可以有效地对长寿命、高放射性废物进行嬗变处理，为此先进快堆的堆芯设计中要充分考虑这一因素，充分发挥出快堆的嬗变特性，最大限度降低核废物的放射性产出量。

5.3.1　嬗变的必要性

高放废物主要指乏燃料后处理产生的高放废液及其固化体，如实行一次通过策略，则高放废物也包括乏燃料。高放废物的长期放射性毒性主要来自钚、次锕系核素(MA)、长寿命裂变产物(LLFP)的贡献。表5-7列出了压水堆核电站运行时产生的长寿命核废物。高放废物的体积虽然不足核燃料循环所产生的放射性废物体积的1%，但其放射性活度却占核燃料循环总放射性活度的99%以上。这些含次锕系核素和钚的长寿命废物要衰变几十甚至上百万年才能降到与天然铀相当的放射性毒性水平。由于高放废物具有放射性强、释热率高、半衰期长和毒性大等特点，应采取措施使它们长期（几万年甚至几十万年）与人类生存环境完全、可靠地隔离，使长期风险可控。随着核电装机容量的增长，次锕系核素和长寿命裂变产物的积累必须得到妥善处置，而最好的办法是将它们裂变和嬗变掉[20]。

表 5-7　压水堆长寿命核废物产量

类别	核素	半衰期	产额/[kg/(GW·a)]	
			A	B
MA	^{237}Np	$2.1×10^6$ a	14.1	4.2
	^{241}Am	$4.3×10^3$ a	2.2	22.9
	^{243}Am	$7.3×10^3$ a	2.8	54.1
	^{242}Cm	162.8 d	0.2	2.0
	^{244}Cm	18.1 a	0.8	28.5
	^{245}Cm	$8.5×10^3$ a	0.03	—
LLFP	^{99}Tc	$2.1×10^5$ a	26	26
	^{129}I	$1.6×10^7$ a	6.3	6.3

注：A—PWR，UO_2 装料，燃耗为 33 MW·d/kg；B—PWR，MOX 装料，燃耗为 33 MW·d/kg。

为解决高放废物的长期放射性影响，早在 20 世纪 70 年代就提出了分离-嬗变概念，即通过化学分离把高放废物中的次锕系核素和长寿命裂变产物分离出来，再制成燃料元件或靶件送往反应堆或加速器中，通过核反应使之嬗变成短寿命核素或稳定元素。这使来自后处理设施的放射性废物将在相对短（比如几百年至几千年量级）的时间内，衰变到低于天然铀矿石的放射性水平。高放废物的分离-嬗变是实现高放废物最少化的一个工程技术上可行的有效途径。通过分离-嬗变可以极大地减少高放废物中锕系核素和长寿命裂变产物的含量，降低高放废物的毒性和危害，减少需要深地层处置的废物量，消除公众对高放废物长期处置安全性的忧虑。

分离-嬗变是一种尚处于研究阶段旨在减少高水平放射性废物地质处置负担的核技术[21]。分离-嬗变是相互衔接的两个环节，即在进行乏燃料后处理时，在后处理流程中先进行长寿命核素的分离，并且去污因子需达到一定水平，使高放废液中的长寿命核素的量低于某个水平，把这种高放废液固化后再进行地质处置。分离出的长寿命核素需进行嬗变，由于嬗变的效率有限，含长寿命核素的靶件或组件经过一定时间辐照后，还需要进行后处理，分离出剩余的长寿命核素，在这个过程中也会产生需要固化处理的高放废液，因此分离-

嬗变需要多次循环。

分离-嬗变是核燃料循环的目的之一,也是先进燃料循环的主要特征。实施分离-嬗变需基于以先进快堆为核心的核能系统。

5.3.2　嬗变的原理

从广义上来说,所谓的"嬗变"就是指核素通过核反应转换成别的核素的过程,如式(5-3)表示的就是通过辐射俘获的方式将^{99}Tc嬗变成^{100}Ru的过程。多种粒子都可以引起原子核的嬗变,但中子作为嬗变粒子是最具可行性的,其理由有三方面:① 中子是不带电粒子,它不像带电粒子那样会因电离损失而局限在局部空间中迁移,因此它可以与大量长寿命核素的原子核发生核反应;② 中子核反应截面比较大(相对于其他粒子核反应),特别在热区和超热区;③ 在现有的反应堆及将来可提供中子场的装置(加速器驱动系统及聚变裂变混合堆)中,可以达到高中子通量密度$[10^{13}\sim10^{15}(\mathrm{cm}^2\cdot\mathrm{s})^{-1}]$,这对嬗变是有利的。

$$\mathrm{Np}+\mathrm{n}\xrightarrow{(\mathrm{n},\,\gamma)}\mathrm{Np}\xrightarrow{\beta^-,\,2.12\,\mathrm{d}}\mathrm{Pu}$$
$$\mathrm{Tc}+\mathrm{n}\xrightarrow{(\mathrm{n},\,\gamma)}\mathrm{Tc}\xrightarrow{\beta^-,\,17\,\mathrm{s}}\mathrm{Ru}$$

$(5-3)$

具体到核废物的处理,所谓的嬗变就是指将一些长寿命的核素(包括次锕系核素和长寿命裂变产物)通过核反应转化成稳定的或短寿命的核素。

对于长寿命裂变产物,俘获反应是唯一的嬗变方式。而对于锕系核素,常规意义上的嬗变既包括了通过辐射俘获反应后消失,也包括了通过裂变反应后消失。但是,俘获反应的产物(包括其衰变后的产物)通常仍旧是锕系核素,只有裂变才能使之转换成短寿命或者稳定的核素。在快堆中次锕系核素受到快中子的轰击可以与燃料一样通过裂变而消耗掉。当这些次锕系核素在反应堆中再循环,直接裂变或先转化为易裂变核素再裂变,最终变成一般的裂变产物时,其放射性毒性只需三四百年就可达到天然铀的水平,便于处理和处置。国外有研究指出,一座1 000～1 500 MW大型快堆,可以嬗变掉5～10座同等功率的压水堆所产生的次锕系核素。

热中子堆、快中子堆、加速器驱动次临界堆和聚变裂变混合堆都可用于嬗变[22-23]。但基于热堆和快堆的嬗变装置在工程可行性上更现实。快堆作为嬗变装置主要有以下3个优点:① 快中子谱更有利于次锕系核素的裂变,而裂变意味着能产生更多中子,中子经济性提高;② 如前所述,快堆中有较多的剩余中子,剩余中子既可以用来增殖,也可以用来嬗变废物;③ 快中子谱下次锕系核素裂变概率增加,发生辐射俘获反应的概率下降,因此嬗变过程中产生的更高序数锕系核素相对较少,而高序数锕系核素产物会导致乏燃料的衰变热、γ 粒子和中子的出射率大大增加,尤其是中子的出射率。

5.3.3　先进快堆的嬗变设计

快堆的嬗变设计具有一定的综合性,需要在多种因素中求得一定的平衡。次锕系核素(MA)与长寿命裂变产物(LLFP)的嬗变对能谱有着截然不同的要求;对 MA 嬗变的评价指标也具有多样性,包括效率、比消耗和支持比;同时,MA 的添加会改变堆芯物理性能,因而影响反应堆的运行与安全参数。

5.3.3.1　嬗变的主要设计原则

考虑到基本中子物理特性的不同,在钠冷快堆中进行 MA 和 LLFP 嬗变的基本原理和方式是不同的。吸收中子并发生裂变反应是 MA 的最佳嬗变方式,而 LLFP 嬗变主要依靠吸收中子发生辐射俘获反应;MA 嬗变需要的中子能量高,而 LLFP 嬗变需要的中子能量低,因此 LLFP 嬗变需在快堆中选定合适的区域,并对该区域中子能谱进行软化以提高嬗变效果[24]。

理论上可考虑使用不同的反应堆装置对 MA 或 LLFP 进行嬗变处理,如热堆、快堆、加速器驱动次临界反应堆和聚变裂变混合堆等,但钠冷快堆是当前工程技术比较成熟、嬗变效率能满足要求的合适的 MA 嬗变装置。

快堆的中子能谱比热堆硬,中子通量较高,是当前可用于 MA 嬗变的成熟、现实的技术。快中子可以使所有锕系核素裂变,但裂变截面比较小。MA 加入快堆后,燃料在循环期间的 MA 含量不会积累到放射性很高的程度。快堆嬗变 MA 时,高原子序数锕系核素的积累比在热堆中嬗变时慢,MA 的裂变与俘获截面比随中子平均能量增加而增加,在很硬的中子场中,MA 可作为燃料使用,甚至全由 MA 组成的堆也可达到临界。因此,在快堆中 MA 是额外的可裂变资源,而不像在热堆中那样仅仅是放射性废物。

在快堆中嬗变 MA 对堆芯特性有比较大的影响。MA 的中子俘获截面大,是一种中子吸收体,但俘获反应产物(或俘获反应后的衰变产物)的裂变/俘获截面比其母核要大,这在一定程度上可以恢复后备反应性,甚至可以增加反应性。这种滞后反应性的增加可以降低燃耗反应性损失,从而降低反应堆的后备反应性和减少控制棒数量,加深燃料的燃耗深度,延长元件燃烧时间[25]。另外,MA加入快堆堆芯中后会增加冷却剂密度效应正反馈,减小多普勒负反馈,并且堆芯的有效缓发中子份额和平均中子寿命都会有所减小,给堆芯的控制及安全运行带来影响。

在快堆中嬗变MA可以采用均匀布置或非均匀布置,或混合布置的方式(镎布置在堆芯中,镅、锔以靶组件的形式装入转换区)装载[26-27]。快堆中非均匀布置不像在热堆中有大的共振自屏。采用含MA组件的非均匀布置(即采用靶组件形式)对制造和管理含MA燃料组件是有利的。

对于长寿命裂变产物,由于快中子堆中的热中子通量很低,所以很难通过(n, γ)反应使其发生有效嬗变,且长寿命裂变产物的$(n, 2n)$反应的中子能量阈值很高(大于10 MeV),$(n, 2n)$反应几乎可以忽略。因此,长寿命裂变产物在快中子堆中不能直接得到有效的嬗变,较为可行的办法是在快中子堆周围加适当的慢化剂建立超热中子区,则可比轻水堆更有效地嬗变LLFP等。

在快堆驱动燃料中均匀添加少量MA是一种常规的MA嬗变策略。MA考虑整体添加模式,也即考虑将PWR乏燃料中的MA经后处理后回收,然后整体添加到燃料中,MA的成分组成如表5-8所示。该组成来自燃耗深度33 GW·d/t,冷却时间为3年的PWR乏燃料。MA添加份额分别取2.5 wt%[①]、5.0 wt%、7.5 wt%和10 wt%。

表5-8　MA成分组成(来自燃耗深度33 GW·d/t,冷却3年的PWR乏燃料)[25]

核素	质量份额/%
^{237}Np	56.2
^{241}Am	26.4
^{243}Am	12.0
^{243}Cm	0.03
^{244}Cm	5.11
^{245}Cm	0.26

---

① 业内常用wt%代表质量分数。

　　MA 由于其自身物理特性,加入堆芯燃料中后,对堆芯性能会产生一定的影响。这些影响从根本上来说取决于快堆中子物理特性和 MA 自身的中子物理特性,主要是中高能区的俘获和裂变截面值,以及其缓发中子的份额等。

　　可从以下参数的角度分析在快堆驱动燃料中均匀添加少量 MA 进行 MA 嬗变对堆芯性能的影响:① 有效缓发中子份额 β_{eff} 和中子代时间 Λ;② 多普勒反馈;③ 钠空泡反应性反馈;④ 燃耗反应性损失。在不同 MA 添加量情况下,其影响总结起来如表 5-9 所示。

表 5-9　燃料中均匀添加 MA 对堆芯性能的影响

参数	参考堆芯 (不添加 MA)	燃料中 MA 份额/wt%			
		2.5	5.0	7.5	10.0
β_{eff}	1[①](3.898×10^{-3})	0.974	0.947	0.922	0.896
Λ/s	1(4.714×10^{-7})	0.906	0.826	0.757	0.696
燃料多普勒常数 K_{D}[②]	1(-792.4 pcm[③])	0.822	0.680	0.565	0.470
钠空泡反应性 $\Delta\rho_{\mathrm{void}}$	1(1.588 $)	1.690	2.337	2.960	3.560
燃耗反应性损失 $\Delta\rho_{\mathrm{bp}}$	1(9.274 $)	0.857	0.754	0.658	0.567

　　① "1"表示相对于不添加 MA 参考堆芯的相对值,括号内为实际值,下同。

　　② K_{D} 为多普勒常数,用于表示燃料温度变化引入的多普勒反馈大小,一般在大型 MOX 燃料快堆中,当燃料温度从 T_1 增加到 T_2 后,多普勒反应性反馈关系为 $\Delta\rho=K_{\mathrm{D}}\ln\dfrac{T_2}{T_1}$。

　　③ 反应堆物理领域常用 pcm 作为表达反应性的单位,1 pcm=1×10^{-5},是一个无量纲量。

　　MA 加入堆芯中会带来一系列安全参数上的恶化,这些参数的恶化对反应堆的安全稳定运行提出挑战,主要包括有效缓发中子份额 β_{eff} 及中子代时间(Λ)变小;燃料温升多普勒负反馈减弱;堆芯钠空泡时的正反馈增大。

　　影响比较大的参数是多普勒负反馈和钠空泡反应性正反馈,在 10 wt% 添加量情况下,多普勒负反馈减弱到不添加时的 47%,而钠空泡反应性正反馈增大到不添加时的 3.56 倍。影响较小的是 β_{eff},只要堆芯燃料重金属的主要组成仍为贫 U+Pu 的话其减小就不是很明显,但中子代时间对 MA 的加入要稍微敏感一些,在 10 wt% 添加量情况下,β_{eff} 减小至不添加时的 89.6%,中子代时间减小至不添加时的 69.6%。

MA 的加入会减小堆芯的燃耗反应性损失,这是有利的方面,在 10 wt% 添加量时燃耗反应性损失降低至不添加时的 56.7%。

5.3.3.2 MA 嬗变效果评估

在钠冷快堆燃料中均匀添加少量 MA 的目的是嬗变掉一定量的 MA。使用前面定义的相关指标来比较不同添加量情况下 MA 的嬗变效果,这些指标包括效率、比消耗和支持比等。在燃料中均匀添加不同量 MA 时其嬗变效果如表 5-10 所示。

表 5-10 MA 的不同添加量下 MA 嬗变效果比较

参数		$M_{\text{MA.BOL}}$/kg	ΔM(嬗变/焚毁[①])/kg	(嬗变率/焚毁率[②])/%	比消耗(嬗变/焚毁)/[kg/(GW·a)]
不添加 MA		0	-8.8	—	-9.6
添加 MA	2.5 wt%	316.1	22.7/9.5	21.545/9.025	25.0/10.5
	5.0 wt%	632.3	52.7/18.5	24.999/8.786	57.9/20.4
	7.5 wt%	948.5	81.0/27.3	25.623/8.643	89.1/30.0
	10 wt%	1 264.6	107.7/35.9	25.560/8.521	118.5/39.5

① 该值为平均单个循环的 MA 嬗变质量或焚毁质量,负值表示 MA 累积。
② 该值对应于整个停留周期,燃料组件停留 3 个循环,转换区组件停留 4 个循环。

不添加 MA 的快堆堆芯中,随着燃耗的加深 MA 是逐渐累积的,对于给定的快堆堆芯方案,平衡态堆芯平均单个循环的累积量是 8.8 kg。但如果燃料中添加少量的 MA,随着燃耗的加深堆芯的 MA 总量会有所减小,即 MA 被嬗变掉了。计算表明堆芯燃料重金属(HM)中若含 5.0 wt% MA,则平衡态单个循环可以嬗变 MA 约 52.7 kg,焚毁 MA 约 18.5 kg,嬗变比消耗和焚毁比消耗分别为 57.9 kg/(GW·a) 和 20.4 kg/(GW·a),分别约为 PWR MA 产生量 [假定电功下 20 kg/(GW·a),相当于热功下 6.6 kg/(GW·a)] 的 8.8 倍和 3.1 倍,也即 MA 嬗变支持比约为 8.8,MA 焚毁支持比约为 3.1。燃料中含 5 wt% MA 时的平衡态堆芯平均单个循环的嬗变效率约 8.3%,平均单个循环的焚毁效率约 2.9%。

由于燃料组件在堆芯内会停留 3 个周期,因而燃料中添加 5 wt%MA 的话,卸料时的 MA 嬗变效率约 25%,焚毁效率约 8.8%。燃料 HM 中 MA 的份额提高的话,嬗变支持比或焚毁支持比都会呈线性增加,但嬗变率并不如此。嬗变率在 MA 添加量较小时(小于 5.0 wt%)增长较快,随着 MA 添加量的增加嬗变率增加变缓,在 10 wt% 添加量时甚至下降;而 MA 焚毁率随 MA 添加量的增加略有所下降。

在 MA 核素整体混合均匀添加模式(即镎、镅和锔按一定比例混合添加)下,尽管 MA 的总量是在逐步减小的,但是 MA 中锔的量却逐渐累积(见表 5-11)。^{243}Cm、^{244}Cm 的半衰期较短,分别为 32 a 和 17.6 a,^{245}Cm 的半衰期很长,达到 8 300 a。锔较强的放射性和中子出射率会给 MA 的多次循环带来更多技术上的问题。国际上也有人提出将锔与其他 MA 分离,而后经过短期储存等待其衰变的嬗变策略。

表 5-11　锔的累积现象

参数	燃料中 MA 份额/wt%			
	2.5	5.0	7.5	10.0
每周期锔增加量/kg	4.6	8.0	11.1	13.9
锔增加比例[①]/%	19.269	16.973	15.931	15.206

① 指单个周期锔增加量/寿期初的锔总量。

5.3.3.3　超铀核素(TRU)整体循环模式

闭式燃料循环可以提高天然铀资源的利用率、减小高放废物产出。传统的闭式燃料循环流程中会生产出纯钚,增加了核扩散的风险。因此,为降低闭式燃料循环的核扩散风险,国际上一些国家提出超铀核素(TRU)整体再循环的策略,如美国的 GNEP 计划。

在此策略下,从核电站中卸出的乏燃料中的 TRU(Pu+MA)核素不再分离,将其作为整体再返回到反应堆中作为燃料使用。乏燃料后处理时仅提取裂变产物(FP)和部分铀,TRU 作为整体分离并在反应堆多次循环,燃料循环后处理过程中没有独立形式的钚质量流,而是混合了高毒性、高放射性 MA 核素的 TRU 整体循环,提高了防核扩散的能力,同时又兼顾资源有效利用和嬗变的要求。其燃料循环过程如图 5-10 所示。

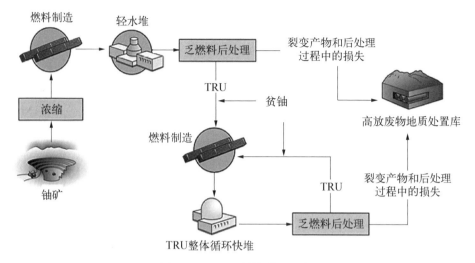

图 5‑10　TRU 整体循环示意

乏燃料可以分成两部分：锕系核素和 FP。按照理想情况,使用适合的分离技术将其中的 FP 从锕系核素中分离出来,再将占剩余锕系核素大部分的铀分离一部分出来,剩下的 TRU 以及部分留下的铀制成适合的燃料类型,再返回到反应堆中焚烧。整个燃料循环体系得以封闭,钚和 MA 停留在整个燃料循环中,分离出来的 FP 也可以在专门设计的嬗变装置中嬗变。

为与 TRU 整体循环策略相配合,一些国家在研发不单独分离钚的后处理分离流程,如法国开发的 COEX 流程,分离得到的是 U‑Pu 混合产品[28];美国开发的 NUEX 流程,得到 U‑Pu‑Np 混合产品[29];美国开发的 UREX+1a 流程[30],将 TRU 作为整体分离;以及水法和干法组合流程将 TRU 整体回收等[31]。

5.3.3.4　对堆芯物理性能的影响

基于前面所描述的快堆堆芯方案,按照 TRU 整体循环策略,TRU 整体作为驱动燃料的堆芯与标准 MOX 燃料堆芯的物理性能有所不同。为了说明这一点,选取典型的 MOX 快堆堆芯并将驱动燃料调整为 PWR 乏燃料的 TRU(MA 和钚的混合物),其中 TRU 取自大亚湾电站燃耗深度为 45.0 GW·d/t、冷却时间为 3 a 的乏燃料,MA 与钚的质量份额分别为 10.1% 与 89.9%[32]。初装料中钚的质量份额保持不变,反应堆功率规模以及循环长度保持不变。与 MOX 参考堆芯相比,TRU 作为驱动燃料时堆芯初态装料中钚的总装量不变(见表 5‑12),增加了 310.3 kg MA,同时铀的总装量减少了约 310.1 kg。

等效成均匀添加 MA 的比例约为 2.5 wt%。

表 5-12　堆芯装量变化

项目		参考堆芯	TRU 循环堆芯
燃料成分		$(Pu, U)O_2$	$(TRU, U)O_2$
重金属装量/kg	铀	9 887.2	9 577.1
	钚	2 757.1	2 757.1
	MA	0	310.3

如前所述,钠冷快堆堆芯燃料中添加少量的 MA 后会对堆芯的物理性能产生一定的影响,主要表现在对堆芯安全参数的影响,包括燃料的多普勒反馈减弱,钠空泡反应性增加,燃耗反应性损失减小,堆芯有效缓发中子份额减小等方面。在 TRU 整体循环情况下,由于 TRU 中 MA 所占的份额较低,此时堆芯安全参数的变化较参考堆芯来说,除钠空泡反应性外,其余参数的变化程度都较小,具体参数对比如表 5-13 所示。堆芯 β_{eff} 减小约 2.6%,$\Delta\rho_{\text{burnup}}$ 减小为 12.9%,多普勒反馈减弱约 16.0%,钠空泡反应性反馈增加约 45.3%。堆芯的最大线功率密度、最大线功率密度组件位置,以及最大/平均燃耗深度基本没有变化。TRU 整体循环堆芯的最大通量密度略有减小,最大通量密度组件位置没有变化。

表 5-13　堆芯性能的对比

堆芯类型	β_{eff} /pcm	$\Delta\rho_{\text{burnup}}$ /$	K_D /pcm	钠空泡反应性 /$
参考堆芯	382	9.47	−793	2.25
TRU 循环堆芯	372	8.24	−666	3.27

其中,变化最为显著的参数为钠空泡反应性。在参考堆芯设计中,为了减小堆芯的钠空泡反应性,在堆芯上部不设置转换区,而代以钠腔以增加钠空泡时的中子泄漏。在参考堆芯中,平衡态循环初期的钠空泡反应性约为 2.3 $(仅堆芯燃料区的钠发生空泡,堆芯上部也发生空泡的话总计约为 −0.6 $)。

TRU 整体循环时,平衡态循环初期仅堆芯燃料区出现空泡的情况下,钠空泡反应性增加到约 3.3 \$。

　　钠冷快堆的一个重要参数就是其增殖能力的大小。使用未分离 MA 的钚作为驱动燃料后,两个堆芯方案的增殖能力对比如表 5 - 14 所示。采用 TRU 驱动燃料的堆芯的增殖比(BR)略有下降,从参考堆芯的 1.046 下降到 1.030。活性区不同浓度燃料区的转换比普遍下降 2.5% 左右,转换区变化不大。从钚的消耗上来看,尽管总的钚的消耗在 TRU 整体循环堆芯中比参考堆芯中要小约 10.5%,但是这其中主要的原因是由 MA 转换的 ^{238}Pu 的累积,易裂变钚核素的消耗则要比参考堆芯大 1.5%。TRU 整体循环堆芯燃料卸料钚的组成中 ^{238}Pu 的含量要比参考堆芯高 4 倍左右。

表 5 - 14　两种堆芯增殖能力的对比

堆芯类型	BR	堆芯区钚总质量/kg			堆芯区 ^{239}Pu + ^{241}Pu 质量/kg		
		BOL	EOL	(EOL - BOL)	BOL	EOL	(EOL - BOL)
参考堆芯	1.046	2 633.6	2 523.6	−110.0	1 864.8	1 745.5	−119.3
TRU 循环堆芯	1.030	2 646.3	2 547.9	−98.4	1 861.6	1 740.5	−121.1

注:BOL 指平衡态寿期初,EOL 指平衡态寿期末。

　　参考堆芯及 TRU 整体循环堆芯(TRU 初次循环)的 MA 及 TRU 嬗变能力的对比如表 5 - 15 所示。从结果来看,两种情况堆芯最大的区别在于 MA 的嬗变能力不同。参考堆芯的初装料中不含 MA,因此随着燃料燃耗加深堆芯中的 MA 总量逐步累积,累积的速度约为每循环周期 8.8 kg,大约相当于 24.7 kg/(GW·a)。这个速度比 PWR 中的 MA 产生速度[约 20 kg/(GW·a)] 还要大 23.5%。但在 TRU 整体循环情况下,由于堆芯初装料中含一定量的 MA,因此随着燃耗加深 MA 逐渐被嬗变掉。TRU 多次循环情况下,TRU 中的 MA 份额会逐渐降低直到平衡份额。在 TRU 初次循环堆芯中,MA 的嬗变速度为每循环周期 21.6 kg,约相当于 60.6 kg/(GW·a)。

　　从 TRU 嬗变的角度看,两种堆芯的结果相差不多。在 TRU 整体循环情况下,由于堆芯转换比减小,同时考虑到一部分 MA 的嬗变,因此 TRU 的消耗速度比参考堆芯有所增加,具体的计算结果如表 5 - 15 所示。

表 5 – 15　两种堆芯 MA 嬗变性能的对比

堆芯类型	MA 初装量/kg	$\Delta M_{MA,(EOL-BOL)}$/kg 嬗变/焚毁	效率[①]/% 嬗变/焚毁	比消耗/[kg/(GW·a)] (热功率) 嬗变/焚毁
参考堆芯	0	−8.8[②]	—	—
TRU 循环堆芯	310.3	21.6/9.2	20.9/8.9	23.8/10.1

① 效率指三个循环后总的效率,其他参数为单个循环平均值。
② 负数表示 MA 质量随燃耗增加。

5.3.3.5　TRU 多次循环的平衡份额

当 TRU 整体作为驱动燃料在快堆中多次循环时,其组成成分会发生变化,本节介绍 TRU 整体循环时成分组成的变化规律以及 TRU 多次循环后的放射性、释热等参数的变化规律。

在计算燃耗时所选用的辐照方式为固定燃耗深度方式,也即固定燃料在堆芯中循环一次卸料出来后的平均燃耗深度为 70 MW·d/kg。该燃耗值为前述的 MOX 燃料快堆堆芯方案卸料燃料的平均燃耗值。假定乏燃料经过冷却后将其中的 TRU 整体分离出来,并通过与贫铀混合的方式制成新的燃料,然后送入堆芯进行新一轮的辐照(见图 5 - 10)。在循环过程中,新制造的燃料中保持 TRU 成分组成与上一轮辐照结束时的乏燃料中 TRU 成分一致,同时调整新燃料重金属中 TRU 与铀的比例与参考堆芯装料中的相同。

基于前述 MOX 燃料快堆堆芯方案,按照上述方式多次循环后,TRU 中 MA 所占的质量份额的变化如图 5 - 11 所示,MA 中不同元素在 TRU 中所占的质量份额的变化如图 5 - 12 所示。图 5 - 11 和图 5 - 12 中纵坐标表示质量份额,横坐标表示 TRU 的循环次数(每一次循环,燃料辐照的燃耗深度均为 70 MW·d/kg)。

从 MA 在 TRU 中所占份额的计算结果来看,在保持燃料重金属中的 TRU/U 之比的数值不变的前提下,TRU 中 MA 的份额随循环次数的增加首先会快速降低至约 7.3%,然后缓慢地增加,20 次循环后约为 7.7%。从图 5 - 12 中可以看出,MA 份额增加的主要原因是锔含量尚未达到平衡。从 MA 的元素组成变化来看,在 MOX 燃料堆芯中随循环次数的增加,MA 中镎含量很快降低,并且很快达到平衡状态;镅含量在第一次循环后有所增加,随

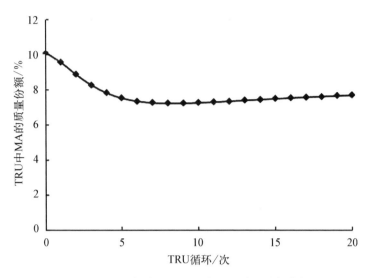

图 5 - 11　多次循环后 TRU 中 MA 质量份额变化

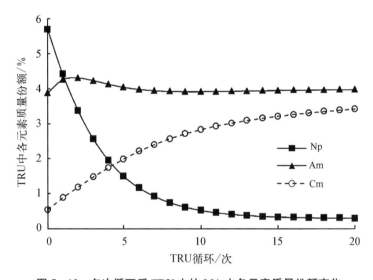

图 5 - 12　多次循环后 TRU 中的 MA 中各元素质量份额变化

后略有下降,最终也基本达到平衡,但从整体来看镅含量变化不大;锔含量随循环次数增加而逐渐增加,并且达到平衡的速度非常缓慢。

多次循环后的 TRU 中 MA 含量基本稳定,且大大低于 PWR 卸料乏燃料中的 MA 含量。而在标准 MOX 燃料快堆中,随反应堆的运行,MA 是逐渐增加的,累积速度约为 9.6 kg/(GW·a)。因此,采用 TRU 在快堆中整体循环的策略能够实现对 MA 总量的控制。

　　TRU 组成变化的不同又进一步导致了 TRU 整体特性变化的不同,包括 TRU 整体归一化的放射性活度、发热功率和中子源强度。有关分析表明 TRU 的整体释热在前几次循环中有较大的增加,随后缓慢变化逐步趋于平衡,但稳定值基本是初始释热强度的 4 倍以上;TRU 的放射性活度随循环次数增加有所下降,稳定在初始值的 60% 左右;由于镅份额随循环次数逐步增加,且未达到平衡,因此中子释出率也逐步增加。TRU 发热和中子源强度的增加,对于 TRU 再处理过程中的散热和屏蔽提出了要求。

　　此外,从钚的同位素组成变化来看,氧化物燃料堆芯中,TRU 在经过 5~6 次循环后,钚组成中的易裂变同位素(^{239}Pu$+$^{241}Pu)的质量份额都将逐步降低并达到平衡状态。此时,易裂变钚同位素(^{239}Pu$+$^{241}Pu)的平衡态质量份额约为 54%,非易裂变钚同位素质量份额约为 46%。

　　总之,与使用纯钚作为驱动燃料的堆芯相比,使用 TRU 整体作为驱动燃料的堆芯的中子物理性能变化比较小。安全参数的改变在可接受的范围内,对堆芯中子注量率分布、功率密度分布和燃料的燃耗深度基本没有影响,但是堆芯的增殖比会略有下降。最为敏感的安全相关特性变化仍为多普勒负反馈减弱和钠空泡反应性正反馈增强。

　　从 MA 和 TRU 嬗变的角度看,相对于参考堆芯,TRU 整体循环堆芯最大的特点是 MA 总量随燃耗加深有所减小,也即 MA 逐渐被嬗变掉,而不是像参考堆芯中那样逐渐累积。TRU 整体循环堆芯中的 TRU 嬗变速度也比参考堆芯有所增加。仅从中子学的角度来看,PWR 乏燃料中 TRU 整体作为驱动燃料在钠冷快堆中循环是可行的,且此种循环方式最大的优点是可对由压水堆和快堆组成的核能系统中的 MA 进行有效总量控制。

　　TRU 多次循环后其组成基本会达到平衡状态。如基于 MOX 燃料,TRU 中 MA 的平衡份额为 7.3 wt%~7.7 wt%。同时,随着多次循环,TRU 整体的发热和中子出射率会有所增加,放射性活度有所下降。从钚的组成情况来看,多次循环后也会达到平衡状态,MOX 堆芯中易裂变钚平衡份额约为 54 wt%。

　　TRU 整体循环方式具有显著的优点,首先在此种循环方式下没有独立的钚质量流,减小了核扩散的风险,同时仍可以有效地提高铀资源的利用率;其次,此种循环方式可以有效控制乏燃料中的 MA 累积,TRU 中的 MA 平衡份额大大低于 PWR 乏燃料中 MA 份额,而且 MA 大都在反应堆燃料中,不需要在堆外单独储存 MA。TRU 整体在钠冷快堆中循环兼顾了快堆增殖和嬗变的目标要求,是一种较好的可控制 MA 累积的闭式燃料循环策略。

5.3.3.6　非均匀添加模式

　　MA 在快堆中的嬗变可以以均匀添加到燃料中的形式,也可以以靶组件的形式插入到堆芯中替换部分燃料组件。事实上,采用靶组件的形式对制造和管理含 MA 燃料是有利的。但是,早期对采用靶组件方式的堆芯的嬗变研究表明:靶组件以及周围的燃料组件的功率畸变非常严重,甚至超出热工设计的限值;靶组件的布置不能太密集,以避免中子注量率在局部区域的下陷;嬗变的效率及堆芯安全参数的变化趋势与均匀添加 MA 的堆芯相类似[32]。这些研究的基础都是没有改变靶组件的设计(与燃料组件的参数一样),而仅仅将燃料中重金属的组成改变了。通常的做法是大大提高 MA 在重金属中的份额,甚至达到 50% 左右,同时燃料的基体仍使用 UO_2。在这种情况下,为了使非均匀布置堆芯可行,必须对设计进行改变,如:减小棒径,降低钚含量;改变靶组件的装料方案;改变靶组件的冷却设计等。如果能够做到这些设计改变,非均匀方式的嬗变也是可行的。根据文献调研,国际上对此开展的设计研究还比较少。

　　为了解决早期研究中遇到的功率畸变的问题,同时尽量增大 MA 嬗变的效率,非均匀方式的靶组件使用的燃料一般为惰性基体燃料(inert matrix fuel, IMF)。在允许的范围内,通过改变 IMF 燃料中重金属氧化物与基体的体积份额的比例来满足其功率密度的限值,从而使得非均匀嬗变策略成为可行的方式。

5.3.4　一体化快堆的嬗变性能

　　国际上一直以来就有一种倡议,即用快堆嬗变消除其他反应堆产生的锕系核素。前面已经提到,一体化快堆堆芯可以设计为锕系的焚烧堆,也可设计为增殖易裂变同位素的增殖堆。在一体化快堆中子谱中所有锕系核素都是可裂变的。如果堆芯周围布置反射层组件(由钢部件将中子反射回堆芯以减少泄漏),堆芯将不能充分增殖,使生成易裂变核素的转换中断,堆芯将变成裂变同位素和所有锕系核素的焚烧器。而如果再生区用贫铀组件代替反射层组件的话,堆芯将展现出更好的增殖性能。这种增殖、嬗变之间的可调节性是一体化快堆设计的理念之一。

　　运行 30 年的轻水堆产生的锕系核素可装载一座一体化快堆。世界上目前在运行的轻水堆功率约为 375 GW,如运行寿期为 60 年,将产生足够多的锕系核素来装载总功率约为 750 GW 的一体化快堆。即使仅有小部分轻水堆乏燃料经过再处理,也可以建立大量的不需要增殖的一体化快堆。

对于一体化快堆的嬗变,一个值得考虑的因素是锕系核素产生堆(轻水堆)与锕系核素焚烧堆(一体化快堆)之比。在反应堆布置中,将锕系核素焚烧反应堆最小化,就意味着核能的重点目标是锕系核素再循环,因为锕系核素焚烧堆(一体化快堆)没有经济性。锕系核素再循环的目的是使需永久处置的锕系核素量最小化。锕系核素可以暂存,但不能长期储存,要么将其焚烧,要么将其作为废物长期地质处置,但是锕系核素是有用的资源。最理想的处理方式就是将锕系核素作为一体化快堆的燃料烧掉。一种可能出现的情况是,如果存在大量来自轻水堆的锕系核素,那么一体化快堆不需要增殖,在这种情况下一体化快堆堆芯外部没有再生区。按字面意义,这样的堆芯称为焚烧堆,但是锕系核素的焚烧不是目的,而是需要解决的问题。长期来看,增殖可使核能持续发展,如果铀价格持续升高的话,还要求通过增殖给热堆供应低成本裂变材料。

5.4　先进快堆及其闭式燃料循环

无论增殖还是嬗变,反应堆的设计仅是其中一个环节,而核能系统可持续性目标的实现必须通过整个燃料循环全盘考虑。只有发展起匹配的燃料循环体系,才能充分发挥先进快堆的增殖与嬗变性能,有效提升可持续性。本节概要介绍核燃料循环的概念和先进快堆闭式燃料循环在提高可持续性方面的优势,在第 7 章中将对基于先进快堆的闭式燃料循环进行全面具体的介绍。

核燃料循环指从铀矿开采到核废物最终处置的一系列工业生产过程,以反应堆为界分为前、后两段。核燃料循环的后段指核燃料从反应堆卸出后的各种处理过程,包括乏燃料的中间储存,乏燃料中铀、钚和裂变产物的分离(即核燃料后处理),以及放射性废物处理和放射性高放废物最终处置等过程。核燃料循环是核反应堆正常运行和实现可持续发展不可缺少的条件。

目前世界上比较成熟的燃料循环方案大体分为两类:开式循环,又称一次通过循环(once-through fuel cycle,OT);闭式循环(the closed fuel cycle,CFC)。两类循环方案的本质区别是闭式循环对乏燃料进行了回收循环利用,在提高铀资源利用率的同时大大降低了放射性废物的生成量及其毒性;而一次通过循环在乏燃料经过冷却及临时储存后,直接被处理和处置,不再循环利用乏燃料。

核燃料一次通过循环是最为简单的循环方式,在铀价较低的情况下也较为经济,也有利于防核扩散(100年之内)。但该方式存在如下问题,并导致在可持续性方面存在短板。

1)铀资源不能得到充分利用

一次通过循环方式的铀资源利用率约为0.6%,而乏燃料中约占96%的铀和钚被当作废物进行直接处置,造成严重的铀资源浪费。按照地球上常规铀资源量,核燃料一次通过循环方式只能供全世界的核电站使用约百年。

2)需要地质处置的废物体积太大

将乏燃料中的废物(裂变产物和次锕系核素)与大量有用的资源(铀、钚等)一起直接处置,将大大增加需要地质处置的废物体积。即使按照全世界目前的核电站乏燃料卸出量(约1.05万吨/年)估算,一次通过循环方式需要全世界每6~7年就建造一座规模相当于美国尤卡山库(设计库容7万吨)的地质处置库。只要全世界核电装机容量增加1倍,则就需每3年左右建设1座地质处置库,这显然是难以承受的负担。且乏燃料中包含了所有放射性核素发热源,单位体积废物所需的处置空间大。

3)安全处置所需的时间跨度太长

由于乏燃料中包含了所有的放射性核素,其长期放射性毒性很高,要在处置过程中衰变到天然铀矿的放射性水平,将需要10万年以上,如此漫长的时间尺度带来诸多不可预见的不确定因素。所以,一次通过循环方式对环境安全的长期威胁极大。

核裂变能可持续发展必须解决两大主要问题,即铀资源的充分利用和核废物的最少化。只有采取核燃料闭式循环方式,才能实现上述目标。

与一次通过循环方式相比,热堆核燃料闭式循环方式可以使铀资源利用率提高0.2~0.3倍,从而可相应减少对天然铀和铀浓缩的需求;每吨乏燃料直接处置的体积大于2.0 m^3,而每吨乏燃料经后处理产生的高放废物玻璃固化体的处置体积小于0.5 m^3,即热堆核燃料闭式循环的高放废物处置体积为一次通过循环方式的1/4以下。

在提高核能发展的可持续性方面,先进快堆核燃料闭式循环的优势是十分显著的,包括铀资源的充分利用和废物的最小化两大方面:铀资源的利用率可以提高到60%以上,需要长期地质处置的高放废物体积和毒性可以降低1~2个数量级,并显著减小废物处置所需空间,提高处置库容量。这意味着采用快堆及先进核燃料闭式循环,可使地球上已探明的经济可开采铀资源使用几千年,并实现废物最少化,使废物安全地质处置所需时间从十几万年缩短至几百年,从而确保核裂变能的可持续发展,并为聚变能的发展留下足够的时间。

参考文献

[1]　Paschek F. Urban sustainability in theory and practice：circles of sustainability[J]. The Town Planning Review，2015，86(6)：745 - 746.

[2]　Ramsden J. What is sustainability? [J]. Nanotechnology Perceptions，2010，6(3)：179 - 195.

[3]　Hinrichsen D. Report of the World Commission on Environment and Development：our common future[R]. New York：UN. Secretary-General World Commission on Environment and Development,1987.

[4]　GIF. Technology roadmap update for generation Ⅳ nuclear energy systems[R]. Paris：GIF，2014.

[5]　IAEA. Methodology for the assessment of innovative nuclear reactors and fuel cycles. Report of Phase 1B (first part) of the International Project on Innovative Nuclear Reactors and Fuel Cycles (INPRO)[R]. Vienna：IAEA，2014.

[6]　IAEA. Nuclear power reactors in the world[R]. Vienna：IAEA，2021.

[7]　OECD/IAEA. Uranium 2020：resources，production and demand[R]. Paris：OECD/NEA，2020.

[8]　顾忠茂. 核能与先进核燃料循环技术发展动向[J]. 现代电力,2006(5)：89 - 94.

[9]　徐銤. 第四代核能系统和快堆[C]//中国核学会 2007 年学术年会. 武汉：中国核学会,2007.

[10]　周培德,胡赟,杨勇,等. 快堆嬗变技术[M]. 北京：原子能出版社,2015.

[11]　Yoshida T，Oka Y. High breeding core of a supercritical-pressure light water cooled fast reactor [C]//International Conference on Nuclear Engineering，Proceedings ICONE2013. Chengdu：ICONE，2013.

[12]　崔超,黄晨,苏喜平,等. 快堆先进包壳材料 ODS 合金发展研究[J]. 核科学与工程,2011,31(4)：305 - 309.

[13]　Waltar A E，Todd D R，Tsvetkov P V. Fast spectrum reactors[M]. New York：Springer，2012.

[14]　Atefi B. An evaluation of the breed/burn fast reactor concept[D]. Cambridge，mA：Massachusetts Institute of Technology，1979.

[15]　Till C E，Chang Y I. Plentiful energy：the story of the integral fast reactor[M]. North Carleston：CreateSpace Independent Publishing Platform，2011.

[16]　He L Y，Xia S P，Chen J G，et al. Th-U breeding performances in an optimized Molten Chloride salt fast reactor[J]. Nuclear Science and Engineering，2021,195：185 - 202.

[17]　Someya T，Yamaji A. Core design of a high breeding fast reactor cooled by

supercriticalpressure light water[J]. Nuclear Engineering and Design, 2016, 296: 30 - 37.

[18] van Rooijen W F G. Gas cooled fast reactor: a historical overview and future outlook [J]. Science and Technology of Nuclear Installations, 2009, 2009: 965757.

[19] Yarsky P. Core design and reactor physics of a breed and burn gas-cooled fast reactor [D]. Cambridge, MA: Massachusetts Institute of Technology, 2005.

[20] 周培德. MOX 燃料模块快堆嬗变研究[D].北京:中国原子能科学研究院,2000.

[21] Koch L. Status of transmutation[C]//Proceedings of a Specialists Meeting held in Obninsk, Russian Federation. Vienna: IAEA-TECDOC-693, 1993: 13 - 17.

[22] Wakabayashi T. Status of transmutation studies in a fast reactor at JNC[C]//Fifth OECD/NEA Information Exchange Meeting on Actinide and Fission Product Partitioning and Transmutation. SCK-CEN, Mol, 1998.

[23] Varaine F, Zaetta A, Warin D, et al. Review on transmutation studies at CEA: scientific feasibility according neutronic spectrum [C]//Proceedings of GLOBAL2005. Tsukuba, Japan: CEA, 2005.

[24] Wakabayashi T. Transmutation characteristics of MA and LLFP in a fast reactor [J]. Progress in Nuclear Energy, 2002, 40(3/4): 457 - 463.

[25] 李寿枬. 高放废物的嬗变处置与不产生长寿命高放废物的先进核能系统[J].核科学与工程,1996,16(3): 269 - 283.

[26] Salvatores M. Nuclear fuel cycle strategies including partitioning and transmutation [J]. Nuclear Engineering and Design,2005, 235: 805 - 816.

[27] GNEP Technical Integration Office. Global nuclear energy partnership technology development plan[R]. Idaho: GNEP Technical Integration Office, 2007.

[28] Zabunoglu O H, Ozdemir L. Purex co-processing of spent LWR fuels: flow sheet [J]. Annals of Nuclear Energy, 2005, 32: 151 - 162.

[29] Dobson A. Spent fuel reprocessing options: melding advanced & current technology [C]//Coference of GNR2, Global Nuclear Fuel Reprocessing & Recycling. Seattle: GNR2, June 11 - 14, 2007.

[30] Laidler J J. Advanced spent fuel processing technologies for the global nuclear energy partnership[C]//9th IEM on Actinide and Fission Product Partitioning and Transmutation. Nimes, France: IEM, 2006.

[31] Laidler J J, Burris L, Collins E D, et al. Chemical partitioning technologies for an ATW system[J]. Progress in Nuclear Energy,2001, 38(1/2): 65 - 79.

[32] Yamaoka M, Ishikawa M, Wakabayashi T. Characteristics of TRU transmutation in an LMFBR [C]//Proceedings of 1st NEA International Information Exchange Meeting on Actinide and Fission Product Seperation and Transmutaion. Mito, Japan: NEA, 1990.

第 6 章

先进快堆的防核扩散性

从奥托·哈恩发现核裂变现象以来,如何和平利用裂变核能一直是人们关注的问题。当今世界一方面以核电为主的和平利用核能技术得到大发展;另一方面个别国家和恐怖组织仍积极致力于开发核武器或实施相关活动,严重威胁了世界和平。从技术上来看,获得足够的武器级核材料是制造核武器的关键,而这些可用于制造核武器的材料有可能从民用核设施中获得,这使得核电的发展必须考虑防核扩散问题。

钠冷快堆是第四代核能系统的推荐堆型之一(其他 5 种堆型为铅冷快堆、气冷快堆、超临界水堆、熔盐堆和超高温气冷堆),第四代核能系统的指标包括经济性、安全性与可靠性、可持续性、防核扩散与实物保护。所以在进行先进钠冷快堆的设计时,需要考虑其防核扩散。

6.1 防核扩散的基本概念

防核扩散是防止主权国家利用核能系统获取核武器或其他核爆炸装置所需的核材料和核技术。进行核扩散的主体是主权国家,其行为是主观故意的,行为包括但不限于进行未申报的核材料生产和滥用相关核技术。

进行防核扩散分析和评价需要全面了解国际防核扩散体系、核扩散的主要途径、核扩散敏感设施与技术、核能系统的防核扩散性几个方面。

6.1.1 国际防核扩散体系

1956 年,有 82 个国家参加的联合国会议批准了《国际原子能机构规约》。该规约包含了控制和开发核能使之只用于和平目的的责任。1957 年国际原子能机构成立。

1970 年,《不扩散核武器条约》生效。该条约的最重要一点是把核武器国家数目冻结为 5 个(美国、苏联、英国、法国和中国),这些国家有义务为实现核裁军做出努力。其他国家被划为无核武器国家,它们被坚决要求放弃核武器方案,并就其核材料与国际原子能机构签署全面保障协定。目前,全世界绝大多数国家均加入了《不扩散核武器条约》。

其后,为了国际的防核扩散体系的完善,国际原子能机构还推出了加强保障的"93＋2"计划和《附加议定书》、一体化保障方案、核武器国家的自愿保障、地区无核武器条约及其保障、核进出口自愿报告机制等工作和计划,极大地促进了防核扩散工作。

国际防核扩散体系主要是要求无核国家放弃核武器方案或计划,并就其核材料与国际原子能机构签署全面保障协定;有核国家努力实现核裁军;所有国家反对核武器的扩散。

中国一贯主张全面禁止和彻底销毁核武器,坚决反对此类武器及其运载工具的扩散。中国不支持、不鼓励、不帮助任何国家发展核武器。中国主张,既要在确保实现防核扩散目标的前提下,保障各国特别是发展中国家和平利用和分享民用核科技和产品的权利,也要杜绝任何国家以和平利用为借口从事核扩散活动。

中国 1984 年加入国际原子能机构,自愿将民用核设施置于该机构的保障监督之下。1992 年,中国加入《不扩散核武器条约》。1996 年,中国首批签署《全面禁止核试验条约》。2004 年,中国加入核供应国集团[1]。

6.1.2 核扩散的主要途径

制造核武器有三个要素,即核材料的生产、核武器的原理设计、核武器部件的加工制造。在现代科技发展和信息扩散的条件下,核武器的原理设计及其部件的加工制造对大多数主权国家而言都是较为容易的,因此,核材料(指武器级核材料)生产已成为研发核武器的最重要环节。一个国家一旦生产出一定数量的武器级核材料,不论是 ^{239}Pu 还是 ^{235}U 或者 ^{233}U,将意味着该国具备制造核爆炸装置的基本条件。

利用核能系统获得 ^{239}Pu、^{235}U 或 ^{233}U,是核扩散的主要途径。

^{239}Pu 既是一种可以用来发电的核燃料,又可以用作核武器的装料。钚不是天然核素,是由反应堆生产得到的,^{239}Pu 通过反应堆内的中子与铀燃料元件中的 ^{238}U 发生核反应而产生,其反应机理如图 6-1 所示。

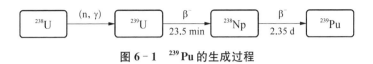

图 6 - 1　^{239}Pu 的生成过程

反应堆按其用途分类,主要分为"生产堆""动力堆"和"研究堆"三大类型。理论上,所有反应堆都能用来生产^{239}Pu,但实际上由于建堆目标和设计的不同,钚产品的品质和产出率以及产钚的经济效益大不相同。

大多数"生产堆"是专门用于生产^{239}Pu 的反应堆。这种堆型结构相对简单,造价较低,运行周期短,使用天然铀作为燃料,产品钚的纯度高,可直接用作核武器装料。

动力堆是用来发电、供热或作船舶推进使用的反应堆。其设计相对复杂,工程造价高,运行周期长,燃耗深,钚产品中^{240}Pu 含量较高,钚回收工艺相对复杂,产品钚也称为工业钚,其^{240}Pu 含量较高,影响核武器的设计、制造和效能,因此有核国家不用它做核武器装料,但是工业钚可以用作制造核爆炸装置。核供应国集团也把工业钚包括在核武器的可用材料之内,而且在其核转让准则中规定为敏感出口物项。

一般来说,小功率研究堆难以用于大量^{239}Pu 的生产。但某些较大功率的重水堆和石墨堆,则可以用于^{239}Pu 的生产。而且利用研究堆和热室,还可以进行后处理和铀钚分离纯化、部件加工的研发活动,因此研究堆(特别是大功率研究堆)也属于防核扩散应当关注的重点之一。

在反应堆上辐照过的核燃料(乏燃料)的后处理是回收^{239}Pu 的关键环节。乏燃料在后处理过程中,经分离净化就可以用作核武器装料。

浓缩铀通常分为三大类:① ^{235}U 富集度低于 20% 的称为"低浓铀";② ^{235}U 富集度大于等于 20%,但低于 80% 的称为"中浓铀";③ ^{235}U 富集度大于等于 80% 的称为"高浓铀",其中^{235}U 富集度在 90% 以上的也称为武器级高浓铀。三种类型浓缩铀的生产过程相同,只是在浓缩程度和最终产品形式上有差别。

铀浓缩是生产^{235}U 的必需环节,也是核扩散的关键性环节。^{235}U 是一种易裂变核材料,但它在天然铀中的含量仅为 0.7%,其余绝大部分为^{238}U。浓缩铀的方法有多种,国际上广泛应用的主要是气体扩散法和气体离心机法。

气体扩散法利用六氟化铀气体中^{235}UF$_6$ 和^{238}UF$_6$ 的相对分子质量及其在热运动平衡时平均运动速度不同的特性,让含有这两种同位素的六氟化铀气体通过特制多孔分离膜进行扩散。有核国家过去均采用此法生产核武器用高浓铀。

气体离心机法则利用六氟化铀气体中$^{235}UF_6$和$^{238}UF_6$相对分子质量的不同,其在超高速旋转的离心力场作用下,较轻的$^{235}UF_6$分子向转轴附近富集,而较重的$^{238}UF_6$分子向筒壁浓集,从而使^{235}U和^{238}U得以分离。气体离心机法比气体扩散法能耗低,更先进,也是现在主流的工艺技术。

^{233}U与^{239}Pu类似,由反应堆生产得到,^{233}U通过反应堆内的中子与钍燃料元件中的^{232}Th发生核反应而产生,其反应机理如图 6-2 所示。

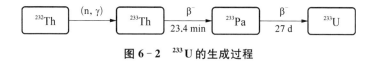

图 6-2 ^{233}U 的生成过程

由于^{232}Th不是易裂变材料,在反应堆中不能发生自持裂变反应,因而反应堆必须使用^{235}U或^{239}Pu作为燃料才能运行。

^{232}Th在反应堆中转换成^{233}U后,也需要经过后处理环节才能将^{233}U回收使用。虽然钍-铀循环体系的放射性强度更高,成分也更复杂,工艺尚不成熟,但是钍-铀循环也是可能导致核扩散的一个重要途径。

上述三种途径中,^{233}U途径由于绕不开天然铀或者浓缩铀的生产,且后处理工艺复杂、困难,因此国际防核扩散体制中未把这一途径作为防核扩散的重点,而是作为跟踪和关注的重要对象。事实上,在《不扩散核武器条约》生效后研发核武器的国家,均是通过^{239}Pu途径或^{235}U途径实现的核武器研发。

6.1.3 核扩散敏感设施与技术

核扩散敏感设施与技术是国际核出口控制领域的重要概念,包括但不限于:① 铀浓缩设施和技术;② 辐照燃料后处理设施和技术;③ 重水生产设施和技术。敏感性是指这些设施和技术的转让很容易造成核武器扩散,包括以下两个特性。

(1)能直接生产核武器装料材料,或者对装料材料生产起关键性作用(例如重水生产)。

(2)技术难度大,在核扩散途径中起瓶颈制约作用,目前仅被为数不多的国家掌握。

铀浓缩设施具有敏感性的两个特性,无疑是最为重要的敏感设施。目前国际上商业化生产厂的最终产品为浓缩过的六氟化铀,这种六氟化铀只要经过相对简单的转化还原便可以得到用来制造核武器的金属^{235}U。突破铀浓缩这个技术"瓶颈",是发展核武器计划的一个最重要的里程碑。

铀浓缩的主要方法除了前述的气体扩散法和气体离心机法之外,还有电磁法、分离喷嘴法和激光分离法。

气体扩散法的关键技术在于扩散膜,扩散膜通常由耐六氟化铀腐蚀的金属、聚合物或者陶瓷材料制造。膜很薄,薄到5 mm以下;孔要多到每厘米^{2}上有几亿到几十亿个孔;孔径要小到0.1 μm以下。这种多孔薄膜的加工工艺是现代核工业技术的核心机密。目前只有5个有核国家掌握了扩散膜制造技术和具有利用气体扩散法大规模生产^{235}U的经验。

气体离心机法则利用六氟化铀气体中^{235}UF$_6$和^{238}UF$_6$相对分子质量的不同,在超高速旋转的离心力场作用下实现分离。由于^{235}U和^{238}U的相对质量差不到1%,为了实现分离,离心机的转速非常大,小型机需要转速为1×10^5 r/min以上才能有效工作。因此离心机要用抗拉强度高、耐六氟化铀腐蚀的材料制造,而且要做到加工精密、相关系统质量分布均匀。气体离心机法比气体扩散法能耗更低,因而更受欢迎。除了5个有核国家之外,印度、巴基斯坦、朝鲜和伊朗等国均已掌握了离心机分离技术。

电磁法的基本原理是金属蒸气在电场作用下产生电离,离子在电磁场作用下运动偏转,较重的同位素离子偏转曲率小而被分离。在美国曼哈顿工程中曾使用过电磁法,但由于其产率低、耗电量大、成本昂贵而很快被放弃。

分离喷嘴法的原理与气体离心机类似,但因耗电量过大而被放弃使用。

激光分离法则是利用激光照射后原子性能变化的原理进行分离。^{235}U和^{238}U两种同位素的原子吸收光谱存在微小差别,利用适当的高单色激光照射可使其中一种原子激发到激发态,而另一种仍保持基态,由于激发态原子和基态原子在物理性能和化学性能上存在明显差别,便可以用相应的方法将两种同位素进行分离。在各种目前使用和研发的铀浓缩方法中,激光分离法是最先进的方法,其能耗小,成本低,生产规模可灵活安排,工厂便于隐蔽,会成为未来防核扩散的重点。

后处理与铀浓缩一样,具有敏感性的2个特性。后处理设施是可以直接得到核武器装料^{239}Pu的工厂,其最终产品是武器级二氧化钚或是可直接用于核武器制造的金属^{239}Pu。

后处理是核燃料循环中除铀浓缩之外又一项难度很大的关键技术。后处理的难点在于它处理的对象是极毒类放射性物质,泄漏风险高,临界事故风险高。后处理厂是迄今世界上工艺技术最复杂的工厂之一。世界上真正拥有工业规模提取^{239}Pu后处理厂的,除了5个有核国家之外,还有以色列、印度和日本等少数国家。

重水生产厂列为敏感设施的主要原因是重水中的氘与^{6}Li结合形成的氘化锂是氢弹的重要装料,重水也是产钚堆最好的慢化剂。

重水生产需要克服防腐、防毒和防止工艺流波动等多重困难,技术实施困难且复杂,但其困难和复杂程度不能与铀浓缩和后处理技术相比。

6.1.4 核能系统的防核扩散性

核能系统的防核扩散的程度取决于技术特性、运行方式、制度安排和保障措施等要素的组合。这些要素可被分类为内在特性和外加措施。

防核扩散的内在特性有4种基本类型:

第一类,核能系统减小核材料在生产、使用、运输、储存和处置过程中对核武器计划的诱惑力的技术特性。

第二类,核能系统防止或阻止核材料转用的技术特性。

第三类,核能系统防止未经申报生产直接使用核材料的技术特性。

第四类,核能系统便于核查(包括信息的连续性)的技术特性。

防核扩散外加措施可分为5类:

第一类,与核不扩散有关的国家的承诺、义务和政策,包括《不扩散核武器条约》(NPT)和无核武器区条约,全面IAEA保障协定,以及保障协定的附加议定书。

第二类,出口国和进口国之间达成的各种协定,约定核能系统将仅用于商定目的,并且服从于商定限制条件。

第三类,控制接触核材料及核能系统的商业、法律或制度安排,使用多国燃料循环设施,以及为回收乏燃料所做的各种安排。

第四类,利用国际原子能机构的核查,并酌情运用地区、双边和国家措施,以确保国家和设施运营者遵守不扩散或和平利用承诺(即核保障)。

第五类,针对违反核不扩散或和平利用承诺的法律和制度安排。

防核扩散的定义中涉及核能系统的概念。在进行防核扩散评价时,应该覆盖整个燃料循环:从铀矿采冶到最终废物处置。此外,应该认识到这些系统的寿期在几十年左右,因此需要评价核能系统在整个寿期内的防核扩散特性。

与防核扩散密切相关的一项工作是实物保护(physical protection,PP),是指防止非主权国家通过窃取核能系统的核材料获取核武器或者核辐射传播装置,或者进行核设施的破坏和运输。进行相关破坏活动的主体是非主权国家,其行为是主观故意的。在第四代核能系统的方法学报告中,防核扩散和实物保护(PR&PP)是一个整体。

表 6-1 给出了防核扩散与实物保护的对象及其活动的主要区别。进行核扩散的主体是主权国家,可以调动整个国家力量开展核扩散活动。而实物保护针对的是非主权国家的组织(如恐怖组织),这类组织的主要目的是进行社会破坏,甚至为了破坏不惜进行自杀性核爆或者自杀性放射性释放。

表 6-1　防核扩散与实物保护的针对对象及其活动的主要区别

项目	防核扩散(PR)	实物保护(PP)
活动主体	主权国家	外部人员、有内部人员勾结的外部人员、独立的内部人员和非主权国家的组织
主体的活动能力	技术技能、财力和人力、核材料、工业力量和核力量	相关知识、技术技能、常规武器力量、一定数量的人力和为进行破坏活动的自杀式行动
主体的活动目标	核武器的类型、数量、可靠性、可储备性、投递能力和生产率	社会破坏、放射性释放、核爆、辐射扩散装置和信息盗窃
主体的活动策略	秘密转移、公开转移、隐蔽设施滥用、公开设施滥用和独立的秘密设施使用	多种攻击方式和手段

6.2　防核扩散的方法学

世界主要有核国家针对防核扩散及其评价方法已经开展大量研究和国际合作。近年来,主要的方法学是国际原子能机构的 INPRO(The International

Project on Innovative Nuclear Reactors and Fuel Cycles)合作项目和第四代核能系统国际论坛(GIF)分别建立的防核扩散评价方法。图 6-3 给出了这两种评价方法的流程示意图。下面简单介绍一下防核扩散的概念和评价方法。

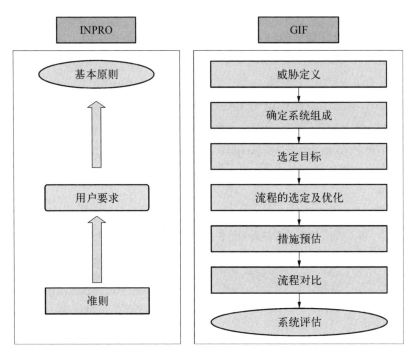

图 6-3 INPRO 与 GIF 中防核扩散评价方法的流程示意图

6.2.1 INPRO 防核扩散方法学

为了确保核能在 21 世纪的可持续应用,国际原子能机构根据俄罗斯等成员国的倡议于 2000 年通过了"组织所有感兴趣的成员国共同考虑未来创新核能系统"的决议[GC(44)/RES/21];并在此基础上于 2001 年提出了 INPRO 项目。中国积极参与了 INPRO 项目。

该项目的目的在于联合多个核电技术国家,在保证核安全、最小风险以及尽可能不影响环境的前提下,共同开发更具竞争力的创新型核能系统(innovative nuclear system, INS)。INS 包括了创新型反应堆和燃料循环体系,主要特点包括防核扩散、核安全、废物管理和可持续性等方面。通过近七年的工作,INPRO 项目组建立了一套比较成熟的针对核能系统的防核扩散、核安全、经济性、环境、实物保护、废物管理、核设施和可持续性共 8 个方面的评价方法,如图 6-4 所示。

在设计未来的核能系统时,应当考虑此类系统被滥用于生产核武器的可能性。这是国际不扩散体系—IAEA 保障体系的基本组成部分,也是其中关键考虑的事项之一。INPRO 方法学为防核扩散提供了指导。INPRO 方法学在该领域的大部分成果都建立在 2002 年 10 月在意大利科莫以及随后 2004 年 3 月在韩国济州、2004 年 9 月在奥地利维也纳召开的各次会议上所达成的国际共识的基础之上,并考虑了来自各国的反馈,建立了 INPRO 防核扩散方法学。

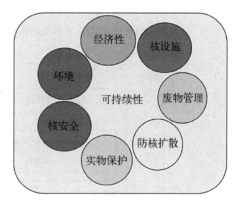

图 6-4 INPRO 方法学一览图

INPRO 评价方法主要在于评价创新型核能系统(INS)与下列诸项相符的程度: 基本原则(basic principles, BP);用户要求(user requirements, UR);准则(criteria requirements, CR),每项准则中都含有指标(indicator, IN)和可接受限度(acceptance limit, AL)。

如图 6-3 所示,在 INPRO 层次结构中,处于最高层次的是基本原则(BP),这是为开发 INS 提供广泛指导的总规则。处于第二层次的是 5 个用户要求(UR),用户要求是创新型核能系统获取用户接受必须要满足的条件。用户要求规定了确保相关基本原则得到实施所需采取的措施。最后一个层次是准则(CR),需要一套(或多套)准则来确定给定的用户要求是否得到满足以及满足的程度如何。准则由指标(IN)和可接受限度(AL)组成,指标可能基于一个单一参数、一个综合变量或者一种状态陈述。在 INPRO 评价方法中可将指标按数学分类分为 3 类:实数指标、整数指标和逻辑指标;可接受限度是定量或定性目标,可以将其与指标值进行比较,以做出是否接受的判断。

图 6-3 中用箭头指明了 INPRO 评价方法中基本原则、用户要求和准则之间的关系:INS 准则是否得到满足将通过确认指标是否满足可接受限度来加以证实;用户要求是否得到满足将通过确认相应的准则是否得到满足来加以证实;基本原则是否得到遵守将通过是否满足相关用户要求来加以判断。

图 6-5 给出了 5 个用户要求之间的内在逻辑关系。

在图 6-5 中,UR1、UR2、UR3、UR4、UR5 的含义如下:

UR1 指国家承诺。成员国有关核不扩散的国家承诺、义务和政策,以及它

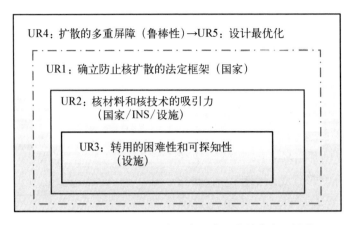

图 6 - 5　INPRO 评价方法中 5 个用户要求的内在逻辑关系

们的执行应足够满足核不扩散体系下的国际标准。UR1 是最重要的用户要求,因为进行核扩散的主体是主权国家,若主权国家没有相应的法定框架,则很有可能开展核扩散活动。

UR2 指核材料和核技术的吸引力。该用户要求描述了材料属性,在当前应用过程中,针对系统内所有扩散目标材料进行了评价,而不是针对特定目标在特定途径下的诱惑力。因此,需要在评价表中给出更加具体的等级,最好给出 UR2 材料表。扩散策略决定了表格内的等级,但需要调整以使其自洽。

UR3 指转用的困难性和可探知性。这个用户要求的评价参数与用户要求 UR2 的相同,结果也应与特定的获取途径、材料及国家能力相关。所有与屏障和转用难度有关的评价,应将特定设备、容器和监视因素考虑进去。屏障属性的等级可以细分为制造武器的难度(国家等级,与特定设施无关)、处理核材料的难度和核保障的屏障设置(设施等级)。

UR4 指扩散的多重屏障。基于国家等级和设施等级进行评价,结果基于是否能够达到核保障的目标,其关键是如何确定屏障的牢固度及与国家能力的相关度。牢固度是用户要求 UR2 和 UR3 的组合,结果基于是否能够达到核保障的目标。牢固度不是屏障数量或各自属性的函数,而是所有参数的整合。

UR5 指设计最优化。应该(在设计/工程阶段)优化与其他设计考虑相匹配的内在特性和外加措施的组合,以便提供成本效益高的防核扩散评估。

对于 INS 的防核扩散特性的评估,表 6 - 2 给出了 INPRO 防核扩散评估的基本原则、用户要求和准则,为 INS 的防核扩散评估提供指导。

表 6-2　INPRO 防核扩散评估的基本原则、用户要求和准则

基本原则(BP)：在创新型核能系统的整个寿期内都应当贯彻防核扩散的内在特性和外加措施，以便确保 INS 对核武器计划获取易裂变材料是不具诱惑力的。内在特性和外加措施两者缺一不可，不可认为只有其中之一就足够了

用户要求(UR)	准则(CR)	
	指标(IN)	可接受限度(AL)
UR1 国家承诺：成员国有关核不扩散的国家承诺、义务和政策，以及它们的执行应足够满足在核不扩散体系下的国际标准	CR1.1　法律框架	
	IN1.1：成员国有关核不扩散的国家承诺、义务和政策是否建立？	AL1.1：是，与国际标准一致
	CR1.2　体制结构安排	
	IN1.2：支持防核扩散的体制结构安排是否已经考虑？	AL1.2：是
UR2 核材料和核技术的吸引力：INS 中核材料和核技术对核武器计划的诱惑力应当较低，这包括可能在 INS 中生产或加工出来未申报核材料的诱惑力	CR2.1　核材料品质的诱惑力	
	IN2.1：核材料品质	AL2.1：在 INS 的设计中考虑了核材料的诱惑力(基于核材料特性的)，同时依据专家的判断认为该诱惑力是较低和可接受的
	CR2.2　核材料数量的诱惑力	
	IN2.2：核材料数量	AL2.2：等同于 AL2.1
	CR2.3　核材料形态的诱惑力	
	IN2.3：核材料分类	AL2.3：等同于 AL2.1
	CR2.4　核技术的诱惑力	
	IN2.4：核技术	AL2.4：在 INS 的设计中考虑了核技术的诱惑力，同时依据专家的判断认为该诱惑力是较低和可接受的

（续表）

用户要求(UR)	准则(CR)	
	指标(IN)	可接受限度(AL)
	CR3.1　测量的品质	
	IN3.1：可说明性	AL3.1：根据专家的判断相当或优于现有设计，并符合国际实际状况
	CR3.2　C/S措施和监测	
	IN3.2：C/S措施和监测的义务	AL3.3：根据专家的判断相当或优于现有设施
	CR3.3　核材料的可探知性	
UR3 转用的困难性和可探知性：核材料的转用应是相当困难和可探知的。转用包括将INS设施用于未申报核材料的生产或加工	IN3.3：核材料的可探知性	AL3.4：根据专家的判断相当或优于现有设计，并符合国际最佳做法
	CR3.4　设施用途	
	IN3.4：更改设施用途的难度	AL3.4：根据专家的判断相当或优于现有设计，并符合国际最佳做法
	CR3.5　设施设计	
	IN3.5：更改设施设计的难度	AL3.5：等同于AL3.4
	CR3.6　设施滥用	
	IN3.6：技术或设施滥用的可探知性	AL3.6：等同于AL3.4
	CR4.1　纵深防御	
UR4 扩散的多重屏障：创新型核能系统应具有多种防核扩散特性和措施	IN4.1：INS被多种内在特性和外加措施涵盖的程度	AL4.1：所有可能的获取途径都被(可以被)设施上的或国家级的外加措施，以及与其他设计要求相一致的内在特性所涵盖
	CR4.2　防核扩散屏障的强度	
	IN4.2：涵盖每一条可能途径的屏障的牢固度	AL4.2：根据专家的判断该牢固度足够强

（续表）

用户要求（UR）	准则（CR）	
	指标（IN）	可接受限度（AL）
UR5 设计最优化：应该（在设计/工程阶段）优化与其他设计考虑相匹配的内在特性和外加措施的组合，以便提供成本效益高的防核扩散	CR5.1　在 INS 设计中考虑防核扩散	
	IN5.1：在 INS 设计和发展中是否已经尽可能早地考虑防核扩散？	AL5.1：是
	CR5.2　防核扩散特性和措施的成本	
	IN5.2：将那些提供防核扩散或加强防核扩散所需要的内在特性和外部措施纳入 INS 的成本	AL5.2：在 INS（改进防核扩散的）寿期内的所有内在特性和外加措施的总成本最小
	CR5.3　核查方法	
	IN5.3：是否有一定外加措施水平的核查方法？这些外加措施由国家和核查机构（例如 IAEA、地区保障组织等）之间商定	AL5.3：是

表 6-2 中所列的防核扩散评估的指标需要通过确定一套变量来进行评价。

其中，指标 CR1.1 必须是一个针对国家的指标，可以通过审查有关核不扩散的国家承诺、义务和政策来加以评价，相关的承诺、义务和政策包括根据《不扩散核武器条约》（NPT）缔结的保障协定，出口管制政策，相关的国际公约，用以控制接触核材料和核能系统的商业、法律或制度的安排，与核材料供应与返还有关的双边安排，有关管理核能系统部件再出口的双边协定，核能系统的多国所有权、管理或控制，核查活动，国家或地区衡算与控制系统，能够探知转用或未申报生产的核能系统保障方法等。

指标 CR2.1 包含在材料和技术吸引力的评价指标中，这些指标包括同位素含量，化学形式，辐射场，产生的热，自发中子产生率，将民用 INS 用于武器生产设施必须做出改动的复杂性和所需时间，核材料目标的质量和体积，转用或生产核材料并将其转化为武器可用形式所需要的技能、专业技术和知识，转用或生产核材料并将其转化为武器可用形式所需的时间，限制接触核材料的设计特性等。

对于指标 IN4 的评价,要求对外加措施和内在特性进行审查,这包括一切潜在的适用特性和措施,以及它们的预计成本,但并不期望对所有内在特性和外加措施进行一个不漏的核查。

从上述描述可知,INPRO 防核扩散方法学对核能系统的防核扩散做出了全面的要求[2]。

6.2.2　GIF 防核扩散方法学

GIF 的防核扩散评价方法学流程(见图 6 - 3),主要流程是威胁定义、确定系统组成、选定目标、流程的选定及优化、措施预估、流程对比和系统评估,主要思路是针对威胁,进行优化和评估,给出更优的防核扩散方案。

6.2.2.1　威胁定义

威胁定义中有几个重要因素:核扩散参与者的类型和动机,核扩散的目标,核扩散国的能力,核扩散的策略。

1) 核扩散参与者的类型和动机

关于核扩散参与者的类型,就核扩散而言,其行为主体是主权国家,非法进行核扩散的国家称为核扩散国,对所评估的设施和材料拥有实际控制权。就 PR&PP 分析而言,假设申报的设施和材料受国际保障监督(除非或直到主权国家废除其《不扩散核武器条约》承诺)。

基于《不扩散核武器条约》所界定的主权国家为核武器国家的情况,有核国家获取更多核武器的目标通常不存在,因此,有核国家的 PR&PP 分析的重点放在 PP 上。

而核扩散国的动机各有不同,核扩散国可能出于不同的原因决定获取核武器。例如,可能是为了保护自己免受核或常规攻击的威胁,可能通过核武器寻求军事优势,或寻求核武器带来的地区影响力和威望。核扩散国还可能将获得的武器或裂变材料出售或交换给其他国家甚至是恐怖主义组织。

促使一个特定的主权国家开始核武器计划的动机将决定其所寻求核武器的紧迫性、类型和数量、所提供的资源和所承担的风险。所有这些都可能是 PR 威胁定义的重要方面。在确定具体方案时,主权国家的动机可能会受到主权国家对其自身能力和所能承担的资源的现实评估的影响。主权国家核武器计划的动机和特点可能会随着时间的推移而改变。不管其最终目的如何,第一件核武器的获取构成了基本的阈值,也是进一步扩展的基础,因此,第一件核武器的获取被视为分析的一个关键节点。

2）核扩散的目标

核扩散的目标也是核扩散分析的重要因素，核扩散国滥用民用核燃料循环的程度，部分取决于该国建立核武器库的最终目标。这些目标可以用多种方式描述：

（1）武器库的大小（即设备的数量）。

（2）武器库中武器的技术性能要求（如可靠性）。

（3）储存能力（如保质期和转运安全）。

（4）可交付性（如尺寸和重量）。

（5）兵工厂部署的生产率和时间表。

通常，核保障系统的设计是为了检测第一件核武器的材料获取情况。因为从一件核武器发展到几件核武器是相对容易的，所以第一件核武器是防核扩散研究中最常见的假设目标。

核武器库的技术要求与国家的技术能力决定了拟生产核材料的特性和数量。有几个属性影响核材料在核武器中的应用，包括裸球临界质量、发热率、自发中子产生率和伽马辐射。武器的可靠性、保质期、尺寸、重量，以及对负责武器库开发、制造、搬运和部署的人员的危害等都由其设计决定。

对大多数核扩散国而言，其最初目标预计是获得一至几件可由飞机运载的武器，并使后续的设计有可能得到改进，以允许通过导弹运载。可以预期，所有核扩散国都强烈希望（但不是绝对要求）这些武器在第一次核试验时能够可靠地发挥作用。

所需储存的武器数量（通常选择一件或几件武器）及其部署时间表既决定了所需裂变材料的数量，也决定了材料获取的速度。武器库部署的总体时间表影响与获取核武器有关的战略。

3）核扩散国的能力

核扩散国的能力是威胁防核扩散的一个重要方面。尽管多种资源（工业、技术、一般基础设施、经济）将影响核扩散国的总体扩散能力，但其中一部分资源特别重要，应在威胁定义中加以说明。这些资源包括一般技术技能和知识、一般资源、铀资源和钍资源、一般工业能力、核能力。

与能力有限的主权国家相比，拥有广泛技术储备和经济发达的国家更容易进行核扩散。

将核能系统引入主权国家将在一定程度上提高其核扩散能力。这取决于国家现有能力的性质、引进的新核能系统的特点以及部署核能系统的体制框架。

一个国家的核能力主要与下面的几个方面有关：

（1）一般技术技能和知识——在两个主要领域具有重要意义。① 从处于核保障下的民用核能系统中秘密获取核材料；② 制造核武器。技能水平可能会对核扩散国的目标产生重大影响。

（2）一般资源——进行核武器计划将需要相当多的资源。这些资源包括劳动力和资本。资源的可用性将影响核扩散战略的选择。

（3）铀资源和钍资源——可靠的铀或钍供应对具体战略非常重要。本地供应是最好的，主要是对于那些涉及秘密建造核设施的战略。因此，在评估核扩散风险时，威胁定义必须考虑到本地铀资源和钍资源。

（4）一般工业能力——核设施的部署需要广泛的工业能力。这些资源的重要性将取决于核扩散国的目标和战略。例如，如果要建设专门的秘密设施，核扩散国就需要工业资源来设计、建造和运营设施，而这种方式很难被发现。武器制造也可能需要大量的工业资源。

（5）核能力——尽管上述各项涵盖了技术和工业能力，但核能力（核物理和工程知识、核设施和核技术）在确定潜在核扩散国的总体能力方面尤其重要。这些技能的优势将为核扩散国提供实施各种核扩散战略的机会。

根据美国能源部的研究，按照非核武器国家（no nuclear weapon state，NNWP）的行为和能力，将其分为 4 类：

（1）具有商用核能系统的国家，核能系统包括核燃料浓缩或后处理设施。

（2）具有核材料和核武器方面的技术储备，拥有商用核能系统，但没有核燃料浓缩或后处理设施的国家。

（3）拥有商用核能系统，但没有核材料和核武器方面的技术储备，也没有核燃料浓缩或后处理设施的国家。

（4）没有商用核能系统，也没有核材料和核武器方面的技术储备的国家。

图 6-6 显示了这些分类在威胁定义中的应用。在这种方法下，应在研究开始时对国家的能力做出初步评估假设，这些假设的影响随着研究的进行而确定，允许在必要时对能力的描述进行细化。

4）核扩散的策略

不同核扩散国的核扩散策略是不同的，核扩散国可根据其具体情况采取不同的策略，包括动机和目标、工业能力和技术技能以及被发现的风险。这些

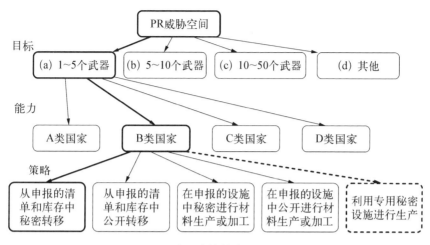

图 6-6　四类国家的核威胁、能力与策略

策略包括如下几种：

（1）从申报的清单和库存中秘密转移。

（2）从申报的清单和库存中公开转移。

（3）在申报的设施中秘密进行材料生产或加工。

（4）在申报的设施中公开进行材料生产或加工。

（5）利用专用秘密设施进行生产。

有些策略实际上可能包含这些单独策略的组合。例如，转移战略可能涉及一些用于材料加工的秘密设施，而转移也是获取材料的方法。

核扩散国可以从民用核能系统中获得一些切实的好处，包括：① 获得技能、知识和经验；② 获得建设核设施所需的专门技术、部件和建筑材料；③ 服务于未报告的核设施；④ 获得核材料。其中每一项都可以对一个特定的项目做出重要的贡献。

在确定 PR 威胁评价时，必须考虑 4 个主要的扩散策略。

（1）从申报的清单和库存中秘密转移。在这一扩散策略中，核扩散国企图在未被发现的情况下将核材料从申报的清单和（或）库存中转移出去，并在秘密设施中进行额外加工后，利用这些核材料制造核爆炸物。这一策略可能涉及直接从设施中提取典型成分的材料，或在申报材料被改变后转移用途，或生产更具吸引力的裂变材料。在这种情况下，检测问题、生产的核材料的吸引力以及所需的后处理能力将在评估中占据非常重要的位置。

（2）在申报的设施中秘密进行材料生产或加工。这一策略不是利用燃料循环中的核材料,而是利用民用核能系统设施为核武器计划生产更多的裂变材料。一个例子是利用动力反应堆进行未申报的铀靶辐照。与转移策略一样,检测问题和生产的核材料的质量在这种情况下显得尤为重要。

(3)未申报的明显转移和/或设施滥用。在这种情况下,核扩散国根本不关心探测问题,而是寻求在其武器计划中使用现有的材料和设施。

(4)仅使用专用秘密设施进行生产。在这种策略下,公开的燃料循环被完全绕过。核扩散国决定通过建造秘密专用设施,生产可用于核武器的材料,而不是直接使用公开的燃料循环提供的材料或服务。这一策略可能涉及滥用已申报的设施或技术,制造已申报设备或设施的复制品,例如动力反应堆或离心机系统。在这种情况下,滥用申报的燃料循环涉及复制设施的设计和运作,在某些情况下,还涉及滥用某些通过网络获取的技术。如果使用新的设施,这种滥用仍然可能涉及未经授权获取所申报燃料循环的一般技能和技术专长。

如上所述,PR威胁可以通过定义核扩散国的目标、能力和策略来描述。

按照GIF防核扩散的流程,进行威胁定义后,下一步是评估系统响应。

6.2.2.2 评估系统响应

评估系统响应的第一步是确定要研究的系统元素。此外,必须确定和分析目标,确定完善路径,估计评价指标。

系统元素辨识的目标是将核能系统分解为一系列便于识别、可细化和可分析的目标。核能系统可能是由多个复杂的设施和操作间组成的。此外,第四代核能系统可能不是单独存在的,而是与核燃料循环系统布置在一起的。因此,PR&PP与其他系统的边界和接口必须明确。

核能系统一般由核设施、控制装置等组成。对于核电厂,该系统可能仅包括反应堆、新燃料库和乏燃料水池。对于其他核燃料循环设施,铀浓缩设施也可包括在内。

将系统响应细分为设施后,根据分析的细节和目标,可以进一步将设施细分为更精细的元素,以达到可操作的水平。另外,必须考虑操作间的位置和材料来定义系统元素,以及其特性对核材料衡算、关键测点、核保障和实物保护的作用。设施之间的运输也可导致核材料的转移和盗窃,因而重要的运输环节必须确定为单独的元素或作为系统元素的一部分。

为确保评价的完整性,应随着设计的进展和系统过程的深入对库存、流出物进行越来越详细的定义和识别,应定期更新目标标识和安全危害识别。每个与威胁关联的目标或目标集必须至少有一个防核扩散策略,而路径可以根据目标和目标的特性进行分类。

评估系统响应之后是目标识别和目标分类。

6.2.2.3　目标识别和分类

PR 目标识别根据扩散策略的不同分别进行。

针对隐藏和公开的转移策略,每次盘存都需要检查核材料库存,如果核扩散国的战略包括隐蔽的、长期的转移,那么即使是少量的材料库存和流动也必须加以检查。

对于隐藏或公开的滥用策略,在一次检查一个系统元素,以确定以下目标:与策略相一致的任何设备,与策略相一致的技术(信息和设备),这些目标可能在秘密核设施中用于核扩散。

PR 目标分类主要基于目标属性进行。对于任何一类特定的威胁目标和策略,系统的目标识别将产生大量的目标或目标集,其中不少有很多的相似性。

目标分类的方法基于威胁、目标属性、扩散策略及其主要途径。例如,针对隐蔽物资转移策略,物资目标按采集、处理和制造等重要环节进行分类。对于核材料目标,通过物理属性和位置属性的组合检查进行分类,应采用系统的过程,包括回顾早期的研究,以确保在分类时考虑了所有重要的属性目标。

6.2.2.4　路径识别和细化

路径识别和细化也是 PR 的一部分。路径是核扩散国获得目标的方式,对 PR 来说,核扩散国获得核爆炸装置的全部途径可分为三个主要阶段:

(1)获取:为获取任何形式的核材料而进行的活动,从决定购买核材料开始,到得到可用的核材料结束。除非获得现成的核武器装料材料(例如,分离的金属钚),否则在开始制造核武器装料前需要进一步加工核材料。

(2)加工:将获得的核材料转化为可以装料的核材料的过程。加工可能包括目标辐照、钚分离、铀分离和氧化还原等活动。

(3)制造:为制造和组装核武器而进行的活动。制造从加工阶段开始,或在某些情况下直接从核材料的获取阶段开始,最终获得一个或多个核爆炸装置。

核材料获取途径是由分开的段组成的。在核电厂或者生产研究堆边界内的段称为内部段;其他段称为外部段,如钚提取、铀浓缩。在 PR 工作中,每个段的 PR 核查系统都可以检测到异常。在 PP 工作中,每个段的 PP 核查系统可以检测、延迟和消除未经授权的操作。使用分段方式有助于系统设计者与 PR 和 PP 专家引入并完善 PR 措施和 PP 措施。

6.2.2.5 措施度量及评估

PR 措施可分为两类：内在措施和外加措施。内在措施如核材料本身的吸引力,核材料转移的可探知性等。然而,内在措施也受到外加措施的影响。由内在措施确定的度量有核扩散的技术难度、核扩散成本、增殖时间和核材料类型 4 个指标。由内在措施和外加措施共同确定的度量有探测概率和检测资源效率 2 个指标。

在所有度量指标中,核材料类型需要评估生产核材料的完整的路径,而其他度量指标则需要对每个段进行评估。

可以选择适当的量化指标来比较具体威胁。分析师可以选择具有代表性的近似度量,使用以下过程评估每项 PR 措施：

(1) 给定一个通路片段或一个完整通路,特定的 PR 值可以根据选定的度量指标来估计度量,从而生成估计度量值。

(2) 为估计度量值定义范围。PR 定性描述的评级包括非常低(VL)、低(L)、中(M)、高(H)和非常高(VH)5 个等级。

每一个 PR 措施的度量指标和相应的评估如表 6-3 所示[3-4]。

表 6-3　PR 措施的度量指标及其评估

度量指标	评估值(中位数)	防核扩散等级描述
核扩散难度/%	0～5(2.5)	VL
	5～25(15)	L
	25～75(50)	M
	75～95(85)	H
	95～100(97.5)	VH
核扩散经费/%	0～5(2.5)	VL
	5～25(15)	L
	25～75(50)	M
	75～100(87.5)	H
	>100(>100)	VH

（续表）

度量指标	评估值（中位数）	防核扩散等级描述
核扩散时间	0～3 个月（1.5 个月）	VL
	3 个月～1 年（7.5 个月）	L
	1 年～10 年（5 年）	M
	10 年～30 年（20 年）	H
	＞30 年（＞30 年）	VH
核材料类型	HEU	VL
	WG‑Pu	L
	RG‑Pu	M
	DB‑Pu	H
	LEU	VH
探测概率/%	0～5（2.5）	VL
	5～25（15）	L
	25～75（50）	M
	75～95（85）	H
	95～100（97.5）	VH

注：HEU 指高浓铀，WG‑Pu 指武器级钚，RG‑Pu 指反应堆级钚，DB‑Pu 指深燃耗钚，LEU 指低浓铀。

通过比较路径，可确定核扩散国最有可能选取的途径，为决策者开展保障措施提供依据。系统评价则是利用路径比较的结果来得出防核扩散的结论。结论呈现对系统设计者、政策制定者和外部利益攸关方（如 IAEA 核查人员）做出决策有重要意义。系统设计者根据评估结论对核能系统进行可行的优化设计。政策制定者则根据结论对核能系统的扩散途径采取更高级别的防范措施。外部利益攸关方也会根据结论采取相应的措施。

6.2.3　INPRO方法学与GIF方法学的比较与评价

INPRO防核扩散方法学是战略角度的方法学,其给设计者指引正确的战略方向。GIF的PR&PP方法学则是给成员提供强有力的战术工具,确保设计没有走向错误的方向。

两种方法结合使用对核能系统的防核扩散优化设计和评价有较大的益处。

6.3　先进快堆的防核扩散评价

对先进快堆的防核扩散进行全面的评价是防核扩散的重要工作。本节以CFR1000(China Fast Reactor,中国商业钠冷快堆)的设计和防核扩散为例进行说明。评价方法采用INPRO防核扩散方法。

CFR1000是由中国原子能科学研究院设计的商业快堆,处于概念设计阶段。

CFR1000为钠冷快中子反应堆,热功率为2 350 MW,电功率为1 000 MW。CFR1000以混合铀、钚氧化物(MOX)作为燃料,以液态金属钠作为冷却剂。堆芯布置如图6-7所示,堆芯装有316个燃料组件,其中内堆芯装184个组件,外堆芯装132个组件,易裂变材料在内外堆芯的富集度(易裂变同位素在所有重同位素总量中所占的比例)分别为15.3%和19.0%。

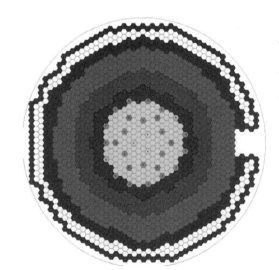

示意图	组件名称	数量
	内区燃料组件/个	184
	外区燃料组件/个	132
	转换区组件/个	255
	反射层组件/个	446
	补偿棒/根	19
	安全棒/根	6
	碳化硼/根	390

图6-7　CFR1000堆芯布置图(彩图见附录)

CFR1000 主热传输系统包括三个回路。一回路系统为池式结构,所有一回路设备均位于主容器内。一回路由三个环路组成,每个环路各有一台主泵和两台中间热交换器,连同一回路主管道、栅板联箱、堆芯和钠池组成一次钠循环系统。主容器内还有三台非能动余热排出系统的独立热交换器。主热传输系统二回路也由三个环路组成,每个环路包括一台二次钠泵、一台蒸汽发生器、一个钠缓冲罐、两个位于主容器内的中间热交换器、连接管道。水-蒸汽回路由三台并联的蒸汽发生器和一套透平发电机组组成,每台蒸汽发生器由一台给水泵供水,产生的过热蒸汽汇集到一个主蒸汽管道供给涡轮发电机组发电。

CFR1000 燃料组件全长为 4 430 mm,组件套管外对边距为 162 mm。每个组件内有 271 根燃料棒,按正三角形排列,燃料棒直径为 7.8 mm,相邻两个燃料棒中心距为 9.2 mm,燃料为 MOX,包壳材料为 ODS。燃料组件主要参数如表 6-4 所示。MOX 的钚为工业钚,成分组成如表 6-5 所示。

表 6-4　燃料组件主要参数

	参数名	参数值
燃料组件	全长/mm	4 430
	外套管外对边距/mm	162
	外套管内对边距/mm	156
	外套管壁厚/mm	3.0
	外套管材料	ODS
	一盒组件内燃料棒数/根	271
	排列方式	正三角形
	相邻两燃料棒中心距/mm	9.2
燃料棒	全长/mm	2 490
	燃料棒直径/mm	7.8
	包壳管外径/mm	7.8

(续表)

参数名		参数值
	包壳管内径/mm	6.8
	包壳管壁厚/mm	0.5
	包壳管材料	ODS
	燃料段全长/mm	850
	燃料芯块直径/mm	6.5
	燃料芯块中心孔直径/mm	1.8
	燃料	$(U，Pu)O_2$
燃料棒	燃料芯块密度/%TD	95①
	燃料富集度(PuO_2质量含量)/%	15.3/19.0
	燃料有效密度/%TD	80
	燃料理论密度/(g/cm^3)	11.09
	上轴向转换区长度/mm	250
	下轴向转换区长度/mm	350
	转换区芯块直径/mm	6.5
	转换区芯块密度/%TD	95
	转换区芯块材料	UO_2(贫铀)

① 业内常用%TD表示相对密度,其为材料的实际密度与理论密度之比。

表6-5 工业钚的成分组成

核素	质量组成/%
^{238}Pu	1.4
^{239}Pu	59.7
^{240}Pu	22.3

（续表）

核素	质量组成/%
^{241}Pu	11.5
^{242}Pu	4.6
^{241}Am	0.5

6.3.1　国家承诺评价

根据 INPRO 评价原则,我国的防核扩散承诺评估如表 6-6 所示,具体各项参数的评价结果在表中以阴影项表示,后续评价以相同方法表示。

表 6-6　我国的防核扩散承诺评估

用户要求 UR1:有关不扩散的国家承诺、义务和政策及其应用应是充分的,并满足不扩散的国际标准。

指标(IN)	评估参数(EP)	评估等级		
		弱	强	N/A[①]
IN1.1:有关不扩散的国家承诺、义务和政策应符合国际标准	EP1.1.1:NPT 缔约国	—	是	—
	EP1.1.2:核武器自由地区条约(NWFZ)缔约国	—	是	—
	EP1.1.3:NPT 核保障协议有效	—	是	—
	EP1.1.4:附加议定书有效	—	是	—
	EP1.1.5:非 NPT 缔约国,但其他核保障协议(如 INFCIRC/66)有效	—	—	是
	EP1.1.6:核材料与核技术出口管制政策	—	是	—
	EP1.1.7:地区性核材料衡算与控制系统有效	否	—	—
	EP1.1.8:国家核材料衡算与控制系统有效	—	是	—
	EP1.1.9:相关国际公约/协定有效	—	是	—
	EP1.1.10:违反防核扩散承诺的记录	—	是	—

（续表）

指标（IN）	评估参数（EP）	评估等级		
		弱	强	N/A①
IN1.2：机制公约	EP1.2.1：核能系统由多方所有，管理或管制（多方/国）	否	—	—
	EP1.2.2：易裂变材料和核技术的国际依赖性	否	—	—
	EP1.2.3：对核材料和 INS 相关的商业，立法或制度公约	—	是	—

① N/A，全称为 No/Available，指可用但不行使。

中国广泛参与多边防核扩散机制建设，积极推动这一机制的不断完善和发展，签署了与防核扩散相关的所有国际条约，并参加了大多数相关国际组织。

中国于 1984 年加入国际原子能机构，自愿将自己的民用核设施置于该机构的保障监督之下。1992 年，中国加入《不扩散核武器条约》。中国积极参与了日内瓦裁军谈判会议有关《全面禁止核试验条约》的谈判，为该条约的达成做出了重要贡献，并于 1996 年首批签约。1997 年，中国加入"桑戈委员会"。1998 年，中国签署了关于加强国际原子能机构保障监督的附加议定书，并于 2002 年初正式完成该附加议定书生效的国内法律程序，成为第一个完成上述程序的核武器国家。中国积极参加了国际原子能机构和"全面禁止核试验条约组织筹备委员会"等国际组织的工作，支持国际原子能机构，为防范潜在的核恐怖活动做出贡献，积极参加《核材料实物保护公约》的修约工作，并发挥了建设性作用。2004 年，中国加入了核供应国集团（NSG）。中国积极支持有关国家建立无核武器区的努力。中国签署并批准了《拉丁美洲及加勒比禁止核武器条约》（《特拉特洛尔科条约》）、《南太平洋无核区条约》（《拉罗通加条约》）和《非洲无核武器区条约》（《佩林达巴条约》）、《中亚无核武器区条约》的相关议定书。中国已明确承诺将签署《东南亚无核武器区条约》（《曼谷条约》）相关议定书。

具体指标的评价依据如下：

（1）EP1.1.1：加入《不扩散核武器条约》。《不扩散核武器条约》（NPT）是核不扩散体制的基石。条约于 1968 年开放签署，1970 年生效；1995 年，该条约无限期延长。条约定义了核武器国家是指在 1967 年 1 月 1 日前制造并爆炸核武器或其他核爆炸装置的国家，包括中国、法国、俄罗斯（条约生效时为苏联）、英国和美国。核武器国家承诺就及早停止核军备竞赛和核裁军方面采取有效措施，以及就在严格和有效国际监督下的全面彻底核裁军条约真诚地进行谈判。NPT 的主要目的是防止核武器向无核武器国家扩散，每个无核武器的缔约国承诺不直接或间接从任何让与国接受核武器或其他核爆炸装置或对这类武器或装置的控制权的转让，不制造或以其他方式取得这类武器或装置；也不寻求或接受在制造这类武器或装置方面的任何协助。

我国于 1992 年加入 NPT，因此对该项的回答为"是"。

（2）EP1.1.2：加入无核武器地区条约。目前世界上有关地区无核武器区的条约包括《拉丁美洲及加勒比禁止核武器条约》（《特拉特洛尔科条约》）、《南太平洋无核区条约》（《拉罗通加条约》）、《非洲无核武器区条约》（《佩林达巴条约》）和《东南亚无核区条约》（《曼谷条约》）。

中国积极支持有关国家建立无核武器区的努力。中国签署并批准了《拉丁美洲及加勒比禁止核武器条约》《南太平洋无核区条约》和《非洲无核武器区条约》的相关议定书。中国已明确承诺将签署《东南亚无核区条约》相关议定书，并支持建立中亚无核区的倡议。对该栏的回答为"是"。

（3）EP1.1.3：依照《不扩散核武器条约》制定的核安全保障协定。全面保障协定是对一个国家内所有核活动中的所有核材料实行保障的协定。全面保障协定（CSAs）分为以下几种类型：

① 依据 NPT 第 III.1 条的要求，由 IAEA 与一个无核武器缔约国之间根据 NPT 缔结的保障协定。这种类型的保障协定基于 INFCIRC/153 号文件订立。这种协定全面地规定了 IAEA 的权利和义务，以确保对当事国领土范围内的、受其管辖或在其控制下的任何地方进行的一切和平核活动中的一切原料或特殊裂变物质实施保障。全面保障协定的适用范围没有仅限定于当事国实际申报的核材料，也包括应向 IAEA 申报的任何核材料。

② 根据《特拉特洛尔科条约》或一些其他无核武器区（NWFZ）条约订立的保障协定。这类协定的大多数缔约国也是 NPT 的缔约国并且各国已经订立对应于 NPT 和相关的无核武器区条约两者的单一保障协定或该协定随后被确认适用于这两类条约的要求。

③ 另一类保障协定，例如阿尔巴尼亚与 IAEA 之间的特殊协定，以及由阿根廷、巴西、阿根廷-巴西核材料衡算与控制机构（ABACC）和 IAEA 四方参加的保障协定。

我国是核武器国家,与 IAEA 签有有效的自愿提交协定,自愿提交协定通常参考 INFCIRC/153 号文件的格式,但其使用范围不是全面的,因此对该项的回答为"是"。

(4) EP1.1.4:附加议定书。我国是有核国家,2002 年附加议定书生效,但附加议定书的范围仅限于进出口和对外科技合作的申报,因此对该项的回答为"是"。

(5) EP1.1.5:INFCIRC/66 号核保障协定。这个核保障协定是最早一个,创建于 1965 年,1966 和 1968 年得到延伸。它是 IAEA 和一个国家的协定,而不是 NPT 的部分。它规定核材料和非核材料或者装置若通过任何的商业合同从一个国家买入,则卖出国必须是 NPT 的签约国。目前,大部分的协定都已经暂停使用,大多数的无核武器国家也都建立了全面的核保障协定。

INFCIRC/66 型核保障协定适用于非 NPT 缔约国,它可以分为如下几种:

① 根据 IAEA 与一个不具有全面保障协定的国家之间的项目和供应协定订立的协定,规定对由 IAEA 或通过 IAEA 向该国供应的核材料、服务、设备、设施以及信息实施 IAEA 的保障。

②)由 IAEA 与一国或多国之间订立的保障协定,规定对由各国之间订立的合作安排所提供的核材料、服务、设备或设施实施保障;或对已经接受保障,又转运至一个没有全面保障协定的国家的物项实施保障。

③ 根据一国的请求,由该国单方面向 IAEA 递交并缔结的协定,对该国在核能领域的一些活动实施保障措施。

此条针对非 NPT 缔约国提出,我国是 NPT 缔约国,因此对该项的回答是"否"。

(6) EP1.1.6:核材料与核技术的出口管制政策。国际核出口控制机构包括桑戈委员会和核供应国集团。桑戈委员会根据 NPT 条约第 III.2 条(每个缔约国承诺不向无核武器国家出口用于和平目的的核材料和专为处理、使用或生产特殊裂变物质而设计或配备的设备或材料)制订了准则。准则包括原料和特殊裂变物质以及专为处理、使用或生产特殊裂变物质而设计或配备的设备或材料的"触发清单"。

核供应国集团准则阐述了核供应国集团的成员国家在考虑向无核武器国家转让用于和平目的的核材料、设备和技术以及核两用设备、材料、软件和相关技术的出口政策与实践。

我国于 1997 年加入桑戈委员会, 2004 年加入核供应国集团。我国于 1997 发布了《中华人民共和国核出口管制条例》, 建立了比较完整的核出口管制体系, 因此对该项的回答为"是"。

(7) EP1.1.7：地区性核材料衡算与控制系统。

地区核材料衡算和控制系统是由地处一个地区的一些国家组建的组织机构。欧洲原子能共同体(EURATOM)和阿根廷-巴西核材料衡算与控制机构(ABACC)就是这样的组织。

我国没参加这样的机构, 因此对该项的回答为"否"。

(8) EP1.1.8：国家核材料衡算与控制系统。

国家核材料衡算与控制系统是国家级的组织安排。它有国家目标, 即对国家的核材料进行衡算和控制, 又有国际目标, 即在机构和该国之间的协定下为机构实施 IAEA 保障提供基础。

我国建立了完整的国家核材料衡算与控制系统, 因此对该项的回答为"是"。

(9) EP1.1.9：相关国际公约/协定。

我国主张全面禁止和彻底销毁核武器, 坚决反对任何形式的核扩散, 积极参与旨在加强国际防核扩散和核保安能力的活动。我国已参加了几乎所有的国际核不扩散控制机制, 因此对该项的回答为"是"。

(10) EP1.1.10：违反防核扩散承诺的记录。

我国不存在违反防核扩散承诺的问题, 也就没有相应记录, 因此对该项的回答为"否"。

(11) EP1.2.1：核能系统由多方所有进行管理或管制。

将民用核燃料置于多边安排之下, 可能成为既有助于加强核武器扩散, 又能保证核燃料供应的一种国际机制。国际原子能机构通过多种途径探讨建立地区核燃料供应中心, 美国和俄罗斯也提出过类似倡议。由于涉及复杂的政治、技术、经济等方面的问题, 此类倡议尚无结果。

我国未将民用核燃料置于多边安排之下, 因此对该项的回答为"否"。

(12) EP1.2.2：易裂变材料和核技术的国际依赖性。

我国有独立的核燃料循环体系, CFR1000 的燃料及相关燃料循环将通过国内的 MOX 燃料生产厂来实现, 因此对该项的回答为"否"。

(13) EP1.2.3：对核材料和 INS 相关的商业, 立法或制度公约。

中国对核材料和 INS 相关的商业活动有立法, 为《核安全法》, 因此对该栏的回答为"是",相应的评估应该修改为"强"。

6.3.2 核材料和核技术的吸引力评价

用户要求 UR2(核材料和技术的吸引力)的要求是在一个 INS 中,核材料与核技术被用于核武器的吸引力必须是低的。

核材料的吸引力可以归纳为两个内在特性,转换时间和显著量(SQ)。转化时间是指从不同形式的核材料转化成一个核爆炸装置的金属组分所需的估计时间。显著量指制造核爆炸装置的可能需要的核材料近似量。转换时间越短,显著量越小,那么这种核材料的吸引力就越大。另外还应当考虑使用一定类型和质量的材料来制造核武器的技术难度。表 6-7 中给出了核材料向金属钚和金属铀的转换时间与显著量。首先可见,钚和^{233}U 是最具吸引力的核材料,因为他们的转换时间和显著量都是最小的;其次是高富集金属铀,它具有同样的转换时间,但是显著量要大一些。除了显著量和转换时间之外,其他的与武器技术相关的参数也影响着核材料的吸引力。

表 6-7　核材料向金属钚和金属铀的转换时间与显著量

类型	初始状态	转换时间	显著量(SQ)
直接可用核材料	钚,高富集铀(^{235}U≥20%),金属铀(^{233}U)	7～10 天	Pu:8 kg ^{233}U:8 kg 高富集铀(^{235}U≥20%):25 kg
	PuO$_2$,Pu(NO$_3$)$_4$ 或其他纯钚 高富集铀,^{233}U 的氧化物或者纯铀	1～3 星期	
	MOX 或其他未辐照过的纯钚的混合物,铀(^{233}U+^{235}U≥20%)	1～3 星期	
	钚,高富集铀和(或)^{233}U 废料或者其他不纯的混合物	1～3 星期	
	辐照过的钚,高富集铀或^{233}U	1～3 月	

（续表）

类型	初始状态	转换时间	显著量（SQ）
间接可用核材料	低富集铀,天然铀,贫铀	3～12 月	^{235}U：75 kg（10 t 天然铀或 20 t 贫化铀）
	钍	3～12 月	钍：20 t

直到目前,还没有关于核材料吸引力的定量标准,只能从以下几个方面做出定性的评价：材料类型、同位素富集度、自发中子发生率、释热率、辐射和化学形式等。

CFR1000 是一座钠冷快堆,增殖比为 1.19。由于快堆中子能谱较硬,平均裂变截面较小,所需的富集度较高,因此其吸引力要比压水堆大得多。

CFR1000 使用 MOX 燃料。堆芯装有 316 个燃料组件,下面分别对 MOX 新燃料和乏燃料的吸引力进行具体分析。

MOX 新燃料为后处理阶段分离出的铀、钚氧化物的混合物,其成分如表 6-8 所示。转换区材料为贫铀,^{235}U 的含量为 0.3%,吸引力比堆芯材料要小很多,因此在下面的分析中不予考虑。

表 6-8　CFR1000 堆芯 MOX 新燃料的同位素组成

新燃料/（wt%）	内堆芯/%	外堆芯/%
富集度（^{235}U+^{239}Pu+^{241}Pu）/M	15.3	19.0
PuO$_2$ 在 MOX 中所占比例	20.6	25.7
^{235}U 的含量	0.3	0.3
钚内 ^{239}Pu 的含量	60	60
钚内 ^{238}Pu 的含量	0.01	0.01
钚内 ^{240}Pu+^{242}Pu 的含量	26	26

注：表中 M 指铀和超铀核素重金属之和。

CFR1000 所使用的 MOX 材料为铀、钚氧化物的混合物,此项的防核扩散评估等级为"强"。

MOX 燃料组件生产及快堆运行都涉及大量的易裂变核材料,因此,材料数量的吸引力为"很高"。

表 6-9 给出了 CFR1000 新燃料吸引力的防核扩散评价结果。

表 6-9　CFR1000 新燃料吸引力的防核扩散评价结果

用户要求 UR2:INS 对核武器计划获取易裂变材料和技术没有诱惑力

指标 (IN)	评估参数 (EP)		评估等级				
			很弱	弱	中等	强	很强
IN2.1:材料品质	EP2.1.1:材料类型		UDU	IDU	LEU	NU	DU
	EP2.1.2:同位素成分	$(^{239}Pu/Pu)/$ $(wt\%)$	>50			<50	
		^{233}U 被 ^{232}U 污染程度/ ppm	<400	400~ 1 000	1 000~ 2 500	2 500~ 25 000	>25 000
	EP2.1.3:辐射场	1 m 处吸收剂量/ (mGy/h)	<150	150~ 350	350~ 1 000	1 000~ 10 000	>10 000
	EP2.1.4:释热	$(^{238}Pu/Pu)/$ $(wt\%)$	<20			>20	
	EP2.1.5:自发中子产生率	$[(^{240}Pu+ ^{242}Pu)/Pu]/$ $(wt\%)$	<1	1~10	10~20	20~50	>50
IN2.2:材料数量	EP2.2.1a:组件质量/kg		10	10~100	100~500	500~ 1 000	>1 000
	EP2.2.1b:SQ/kg		10	10~100	100~500	500~ 1 000	>1 000
	EP2.2.2:SQ(组件)/个		1	1~10	10~50	50~100	>100
	EP2.2.3:SQ 数量(材料库存或流动)		>100	50~100	10~50	1~10	<1

（续表）

指标 （IN）	评估参数 （EP）		评估等级				
			很弱	弱	中等	强	很强
IN2.3： 材料分类	EP2.3.1： 化学/物理状态	铀	金属	氧化物/溶液	铀混合物	乏燃料	废物
		钚	金属	氧化物/溶液	钚混合物	乏燃料	废物
		钍	金属	氧化物/溶液	钍混合物	乏燃料	废物

新燃料经过 3 个辐照周期后，从堆芯取出放入乏燃料储存井内，至少要存放 1 年时间，以衰变短寿命高放裂变产物。之后，将 MOX 乏燃料与转换区材料送到后处理厂进行分离。表 6 - 10 所示为 CFR1000 的堆芯乏燃料的同位素成分。

表 6 - 10　CFR1000 堆芯乏燃料的同位素组成

乏燃料/（wt%）	堆芯材料/%	转换区材料料/%
^{235}U 的含量	0.15	0.22
^{239}Pu 的含量	58.5	91.5
^{238}Pu 的含量	0.83	0.04
^{240}Pu 与 ^{242}Pu 的含量	33.4	6.69

CFR1000 乏燃料吸引力的防核扩散评价如表 6 - 11 所示，总体来看，乏燃料组件吸引力比新组件吸引力略弱。

CFR1000 反应堆运行阶段的乏燃料对于核扩散最具吸引力，经过后处理即可分离得到武器级钚。因此，材料品质的吸引力为"很高"。

钚的 SQ 和转换时间都很小，而反应堆内的乏燃料总量比较大，可以获得足够的材料。但是乏燃料的放射性极强，为核扩散带来很大困难。因此，材料数量的吸引力为"中等"。

表 6-11 CFR1000 乏燃料吸引力的防核扩散评价表

用户要求 UR2：INS 对核武器计划获取易裂变材料和技术没有诱惑力

指标 (IN)	评估参数 (EP)		评估等级				
	EP2.1.1：材料类型		UDU	IDU	LEU	NU	DU
IN2.1： 材料品质	EP2.1.2： 同位素成分	$(^{239}Pu/Pu)/$ $(wt\%)$		>50		<50	
		^{233}U 被 ^{232}U 污 染程度/ ppm	<400	$400\sim$ $1\,000$	$1\,000\sim$ $2\,500$	$2\,500\sim$ $25\,000$	$>25\,000$
	EP2.1.3： 辐射场	1 m 处吸收 剂量/ (mGy/h)	<150	$150\sim350$	$350\sim$ $1\,000$	$1\,000\sim$ $10\,000$	$>10\,000$
	EP2.1.4： 释热	$(^{238}Pu/Pu)/$ $(wt\%)$		<20		>20	
	EP2.1.5： 自发中子产 生率	$[(^{240}Pu+$ $^{242}Pu)/Pu]/$ $(wt\%)$	<1	$1\sim10$	$10\sim20$	$20\sim50$	>50
IN2.2： 材料数量	EP2.2.1a：单个组件质 量/kg		10	$10\sim100$	$100\sim500$	$500\sim$ $1\,000$	$>1\,000$
	EP2.2.1b：SQ/kg		10	$10\sim100$	$100\sim500$	$500\sim$ $1\,000$	$>1\,000$
	EP2.2.2：SQ(组件)/个		1	$1\sim10$	$10\sim50$	$50\sim100$	>100
	EP2.2.3：SQ 数量(材料 库存或流动)		>100	$50\sim100$	$10\sim50$	$1\sim10$	<1
IN2.3： 材料分 类	EP2.3.1： 化学/物理 状态	铀	金属	氧化物/ 溶液	铀混合物	乏燃料	废物
		钚	金属	氧化物/ 溶液	钚混合物	乏燃料	废物
		钍	金属	氧化物/ 溶液	钍混合物	乏燃料	废物

在整个快堆燃料循环体系中,比较敏感的核设施包括铀浓缩工厂、乏燃料后处理厂及增殖堆。它们涉及的核技术对于核扩散具有较高的吸引力。例如,浓缩设施可以把间接可用材料(如天然铀)转换成直接可用材料(如高富集铀)。而在后处理设施中,可以通过化学分离,从乏燃料中得到直接可用核材料(如钚和^{233}U)。中国的铀浓缩与后处理工业体系本身源自军工的需要,具有武器级核材料的生产能力。因此,这两项的防核扩散评估等级为"弱"。

反应堆具有生产武器材料的能力。普通压水堆通过辐照特定的靶件或缩短循环周期以获得低燃耗的乏燃料等方法,可以得到钚等材料。而快堆由于中子能谱较硬,可以实现增殖,生产武器级钚。另外,快堆可以有效地去除反应堆级钚中的偶数核素,生产武器级钚。中国目前正在大力发展核电,发展自己的快堆技术,但是这些都是属于和平利用核能,不存在秘密辐照增殖材料等核扩散行为。因此,该项的防核扩散评估等级为"强"。

快堆燃料循环的核技术吸引力的防核扩散评价如表 6 - 12 所示。

表 6 - 12　快堆燃料循环的核技术吸引力的防核扩散评价表

用户要求 UR2:INS 对核武器计划获取易裂变材料和技术没有诱惑力

指标 (IN)	评估参数 (EP)	评估等级	
		弱	强
IN2.4: 核技术	EP2.4.1:浓缩	是	否
	EP2.4.2:提取易裂变材料	是	否
	EP2.4.3:未公开的辐照材料增殖能力	是	否

6.3.3　转用的困难性和可探知性评价

INPRO 的 PR 评价方法中用户要求 UR3 要求核材料具有合理的可探知性及转用难度。在防核扩散能力中,一方面需要评价核材料所在设施在物理上的转用难度,另一方面需要评价假定发生转移而被探知的能力。根据 INPRO 防核扩散评价中有关核材料转用的监测选项,表 6 - 13 列出了对 CFR1000 的核材料转用的难度和可探知性进行初步的分析,并分别给出简要介绍。

表 6-13　CFR1000 的核材料的转用难度和可探知性评价表

用户需求 UR3：核材料转用的难度和可探知性须合理

指标（IN）	评价参数（EP）		评估等级				
			很弱	弱	中等	强	很强
IN3.1：核材料的衡算	EP3.1.1：MUF/SD,%	钚或²³³U（钍或 ^{233}U）	>2	2~1	1~0.5	0.5~0.1	<0.1
		含 HEU 的 ^{235}U	>2	2~1	1~0.5	0.5~0.1	<0.1
		含 LEU 的 ^{235}U	>2	2~1	1~0.5	0.5~0.1	<0.1
	EP3.1.2：检测员的测量能力		仅存量清算(IC)	仅有损检测	无损测量/采样	活化无损测量	无源无损测量
			弱		强		
IN3.2：密封/监督与监控系统的有效性	EP3.2.1：密封措施的有效性		否		是		
	EP3.2.2：监督措施的有效性		否		是		
	EP3.2.3：其他监控系统的有效性		否		是		
			很弱	弱	中等	强	很强
IN3.3：核材料的可探知性	EP3.3.1：利用 NDA 鉴别核材料的可能性		否		是		
	EP3.3.2：辐射信号的可检测性		不可靠信号		可靠信号		
			很弱	弱	中等	强	很强
IN3.4：工艺修改的难度	EP3.4.1：自动控制水平		N/A	手动操作	N/A	半自动	全自动
	EP3.4.2：提供给核查人员的数据有效性		仅操作员记录的数据有效				接近实时统计
						否	是

（续表）

指标 （IN）	评价参数 （EP）	评估等级				
		很弱	弱	中等	强	很强
IN3.4： 工艺修 改的难 度	EP3.4.3：流程透明度	否			是	
	EP3.4.4：材料对于核查 人员的可接近性		弱		强	
IN3.5： 设施设 计修改 难度	EP3.5.1：对设施设计的 核查	否			是	
IN3.6： 滥用设 施与技 术的可 探知性	EP3.6.1：滥用 INS 设施 和技术进行未申报核材料 的生产而被探知的可能性	否			是	

1）指标 IN3.1 核材料的衡算

为了给材料衡算数据提供证明，IAEA 必须能够得知物料去向不明损失量（MUF）及其统计误差限值（LEMUF）。IAEA 定义 MUF 为账面存量与实际存量的差额。在大批处理设施中，如果 MUF 可能超过 1 SQ（8 kg 钚和富集度超过 20 wt%的^{233}U），则 MUF 成为一个关键因子。表 6‐14 给出了 IAEA 对不同核材料 SQ 值的定义。

表 6‐14　IAEA 定义的显著量(SQ)

材　　料		SQ
直接使用的核材料	钚	8 kg 钚
	^{233}U	8 kg ^{233}U
	HEU（^{235}U>20%）	25 kg ^{235}U
间接使用的核材料	LEU（^{235}U<20%）	75 kg ^{235}U （或 10 t 天然铀或 20 t 贫铀）
	钍	20 t 钍

指标 IN3.1 有两个评价参数,即 MUF/SQ 和检测员的测量能力。

(1) EP3.1.1:MUF/SQ。MUF 表示去向不明的材料的量,用于材料衡算期间分析材料平衡分布(MBA),使用的材料平衡式如下:

$$MUF = (PB + X - Y) - PE$$

式中,PB 为初始实际存货量,X 为增加的存货总量,Y 为减少的存货总量,PE 为最终实际存货量。

如果账面存量是 PB、X 和 Y 的代数和,那么 MUF 就是账面存量与实际存量的差额。在项目计算 MBA 中,MUF 应该为零,若 MUF 非零,显然出现了问题需要调查(如衡算错误)。在进行大量 MBA 处理时,由于测量的不确定性及实际工艺一般得到非零 MUF,这与每种材料衡算领域相关的操作员测量的不确定度、该材料的量加权求和得到衡算的总不确定度有关。

(2) EP3.1.2:检测员的测量能力。核查机构利用测量方法来查证国家公布的核材料衡算情况。为此,破坏性分析(DA)或非破坏性检验(即无损检测,NDA)可用来测量核材料的成分和/或元素、同位素的富集度。DA 一般用于核材料加工的过渡阶段,先进行采样再在实验室做最后分析,通常 DA 方法需要相当长的时间。无损检测不会破坏或改变材料,首先通过破坏性分析进行定标,然后通过射线探测或测量元素的响应进行分析,最后将结果与定标比较。以下为两类广义的 NDA:

① 被动分析,测量中涉及自发中子、γ 光子及衰变能;

② 活化分析,测量涉及受激辐射(如中子或光子引发裂变)。

为了说明,建议将核查人员的测量能力按以下等级划分:

① 无源 NDA 方法,比活化方法更易于实施,且通常比较经济,等级为很强(VS);

② 活化 NDA,核查人员利用放射源进行 NDA 验证核材料,等级为强(S);

③ NDA/采样,核查人员能够依照取样计划选择样本,且必须用统计方法得出结论,等级为中等(M);

④ 仅有 DA,核查人员只能通过采样并送到实验室分析,复杂且费时,等级为弱(W);

⑤ 仅有 IC,核查人员只可能通过情报分析计算,等级为很弱(VW)。

我国已具有先进的无源 NDA 检测设备可以对主要核材料进行监测。因此核查能力的防核扩散评价为"很强"。

2）指标 IN3.2 密封/监督与监控系统的有效性

这项指标通过三个相关评估参数来监控核材料的转移：密封措施的有效性，监督措施的有效性及其他监控系统的有效性。密封措施的有效性指是否对系统实施了有效密封。监督措施的有效性指是否对系统实施了有效监督。其他监控系统的有效性指是否需要其他监控系统，如无人监控、远距离监控、堆芯卸料监控(CDM)、乏燃料计数器、反应堆功率监控器和辐射通道监控器、移动传感器、自动测量系统、近似实时衡算、工艺监控、环境监控或其他形式的以核查为目的的数据采集等。C/S 措施用来查证核材料或其他材料，设备和样本的转移，或相关保障资料保存的完整性。密封与监督测量在以下情况中投入使用：

（1）核查材料库存及流通过程，确保每个项目没有被复制及样本保存的完整性。

（2）确保检查过的库存没有变化，减少复查的工作量。

（3）保证 IAEA 的设备、工作文件和供给没有被改动。

（4）如有必要，将经过测量后才算核查完毕的核材料进行隔离（冻结）。

我国对核材料的管理采用实物保护、衡算管理以及视察监督等措施。根据核材料实物保护等级划分的规定，我国将核材料划分为一级、二级和三级，并将核材料固定场所划分为控制区、保护区和要害区。一级核材料库要建立两道完整、可靠的实体屏障；二级核材料库要建立两道实体屏障，其中一道必须是完整、可靠的实体屏障；三级核材料库必须建立一道完整、可靠的实体屏障。按照核材料实物保护的要求，对控制区、保护区和要害区出入口的人员及车辆实行凭有效证件出入的管控。同时，设置实物保护监控中心，下设三个系统，即有线防盗报警系统、电视监控系统和红外无线防盗报警系统。它设有多路报警，包括集中显示、图像复核、监控、记录打印、声光报警等功能。设置的监控中心对一级核材料库区实施了有线防盗报警和电视监控。对二级核材料库实施了红外无线防盗报警监控。监控实行 24 小时双人值班制度。

综合而言，CFR1000 所涉及的核材料监控的有效性的防核扩散评价为"强"。

3）指标 IN3.3 核材料的可探测性

本指标通过探测系统和核材料的探测机理评价。可探测性的评估参数包括通过 NDA 识别核材料的可能性,辐射信号的强度以及是否需要投入被动/活化方式。利用 NDA 识别核材料的可能性指如果核材料可以利用 NDA 识别,则其防核扩散能力为强,其他为弱。辐射信号的可探测性指如果核材料的辐射信号强,则其防核扩散能力为强,其他为弱。

CFR1000 采用的铀钚氧化物燃料有较强的核辐射方便进行非破坏性探测,因此该项选择为"强"。

4) 指标 IN3.4 工艺修改的难度

工艺修改的难度依赖于修改的复杂程度、花费、相关安全问题及所需时间。评估参数包括以下四类:

(1) EP3.4.1:自动控制水平。工厂的自动控制水平影响着它可以修改的程度。自动控制水平越高,防核扩散能力越强,越不容易在不被发现的情况下转用成功。

(2) EP3.4.2:为核查人员提供的数据的有效性。如果核查人员能够及时有效地从工厂中得到数据,则核保障机构可以随时检查其与操作员公布的数据的一致性。伪造数据变得更加复杂,且很容易对工厂的修改或滥用做出判断,所以它的防核扩散能力为"很强"。

(3) EP3.4.3:流程的透明度。透明的流程会增大修改和滥用的难度,因为更容易被核查人员发现。

(4) EP3.4.4:材料对于核查人员的可接近性。让核查人员难以接近核材料可能是转用策略的一部分,但可以通过更强大的 C/S 方法来补偿。

CFR1000 系统为大型快堆电站,遵守我国核电厂建造和运行的所有规定,接受国家核材料管理部门的监督和管理,同时也按相关规定接受国际原子能机构的视察和监督。而堆电站的技术工艺一旦确立很难更改。因此修改难度的防核扩散评价为"强"。

5) 指标 3.5 设施设计修改的难度

EP3.5.1:对设施设计的核查。

修改燃料循环设施的难度依赖于修改的复杂程度、花费、引发的安全问题、所需时间及核查人员对修改的探知能力。这些修改可能被设计信息核查(DIV)方法所探知。

CFR1000 的设施很难进行非法修改,因此该项选择为"强"。

6) 指标 3.6 滥用设施与技术的可探知性

EP3.6.1:滥用 INS 设施和技术进行未申报核材料的生产而被探知的可

能性。

滥用 INS 设施及技术生产未申报的核材料会造成核材料生产过剩,系统成分中出现未经申报的核材料,高于申报的富集度及辐射水平。对这些滥用现象的探知能力取决于设施设计与工厂流程的透明度及数据的有效性。

CFR1000 中生产和使用的核材料按照国家衡算管理等规定得到了严格的监督和管理,因此,该项选择为"强"。

6.3.4　多重屏障评价

INPRO 的 PR 评价方法中用户要求 UR4 要求 INS 应包含多种防核扩散特性和措施。一般而言,材料属性、技术障碍和制度管理等是防止民用核材料扩散的屏障。其中材料属性和技术障碍是内在特性,而制度管理是外加措施。在保证核材料安全方面,这两方面的手段要相互补充,才能较好地提高防护屏障的多样性和牢固性。INS 应包含多种防核扩散特性和措施,这需要技术开发者和防核扩散专家合作完成。在进行核材料获取/转移途径分析的基础上,在设计和管理中建立多重屏障与防护措施。要进行多重屏障的评价,主要应包括三部分内容。

(1) 选择核材料最有可能的获取途径。首先假定扩散的目的,包括核材料的性能和数量,通过扩散获得核材料必需的时间,潜在扩散国的能力等。其次研究潜在扩散国最有可能采取的扩散策略,主要包括未经申报在整个燃料循环流程中转移核材料以及通过设施改造或转用获得核材料来实现扩散用途所要进行的处置。最后对整个燃料循环中的核材料获取/转移的可能途径进行系统研究。在分析中要尽可能全面涵盖可能的途径,这点很重要,并且要开发有关扩散途径选择的系统分析方法。

(2) 针对具体的燃料循环过程进行获取途径的分析评价。比如对整个燃料循环流程进行获取途径的评估,包括铀矿开采、富集、堆内的燃烧、乏燃料储存、乏燃料转移、MOX 燃料制造、燃料装载和在快堆内的消耗、二次乏燃料的最后处置等。为了评估途径,可以考虑运用定性方法、专家指导和运用概率论分析等手段。

(3) 评价 INS 的内在和外在屏障对各种可能的获取途径的阻止能力。在确定了 INS 可能面临的各种获取/转移途径之后,针对 INS 本身的屏障特点进行涵盖这些途径的分析,确定这些屏障是否能有效阻止所有潜在的核材料转移。

由于我们目前开展的这方面的技术研究工作还不多,缺乏足够的技术数据,因此这里只进行定性判断,对 CFR1000 多重屏障的评价如表 6 - 15 所示。

表 6 - 15　CFR1000 的防核扩散的多样性及牢固性评价表

用户需求 UR4:INS 应包含多种防核扩散特性和措施

指标 (IN)	评价参数 (EP)	等　级	
		弱	强
IN4.1:INS 被多种内在特性和外加措施涵盖的程度	EP4.1:所有可能的获取途径都(可以)被设施上的或国家级的外加措施,以及与其他设计要求相一致的内在特性所涵盖	否	是
IN4.2:涵盖每一条可能的获取途径的屏障的牢固度	EP4.2:根据专家的判断该牢固度足够强	否	是

6.3.5　设计最优化评价

用户要求 UR5:应该在设计/工程阶段,优化与其他设计考虑相匹配的内在特性和外加措施的组合,以便提供成本效益高的防核扩散。

虽然国际合作和足够的资源能使每个 INS 得到充分保障,但是实施核查措施所需要的努力却是各不相同的。内在特性与外加措施之间存在成本平衡,因而鼓励对它们进行优化,以求获得更高的成本效益。这项用户要求还认为,内在特性和外加措施必须是与系统的安全性和经济性之类的其他设计考虑相匹配的,核查成本必须是合理的。

在这项用户要求中,"优化"一词指的是一个在设计和工程阶段综合考虑后的优化结果,而不是一个单纯数学上的优化。在 INS 的开发过程中,应考虑那些会降低外加措施(尤其是核查)成本的内在设计特性。设计中应纳入专门用来增强 INS 防核扩散的内在特性,且这些特性与其他设计考虑要相适应,在 INS 的寿期内适用外加措施的预期成本节省将大于纳入内在特性的成本。

这项用户要求的第一个指标是在 INS 的设计中尽早考虑防核扩散。在新型 INS 的开发中,开发者就应在获得足够技术信息之后立即考虑防核扩散,不应晚于概念设计阶段,而应作为基本概念设计优先讨论。预先考虑可为在重要设计决策定稿前防核扩散方面的设计指导提供机会,政府应该在做出开发 INS 既定计划时就考虑防核扩散。

在获得将开发和技术准备充分的既定计划的同时,核查机构应该开发初步核查手段,这些初步的手段可以发展成为可行的附加设计细节。较早的考虑给开发者提供了一个有用的反馈,为有效的核查手段的发展奠定基础。

这项用户要求的第二个指标是纳入防核扩散所需的内在特性和外加措施的成本。某些提供防核扩散的技术特性可能会被纳入 INS 的设计中,但这样做主要是出于安全性或功能性之类的其他考虑。在对该指标的评价中,重要的是只包括为提供防核扩散所做的技术选择的增量成本。当存在两种选择,而成本较高的那种选择因其能够提供更强大的防核扩散能力而被选定时,两种选择成本之间的差应被视为纳入内在特性的成本。

新的内在特性和外加措施的引入或现有内在特性和外加措施的改进都应考虑成本。设计者应给出成本效益分析,保证成本效益目标的实现,以保持装置与核查的成本平衡。

成本效益评估的步骤如下:

第一步,根据国家需求和法规,确保经济安全运行,定义核装置基本的设计特征。

第二步,为提高防核扩散能力和支持执行实物保护,考虑获取与转移途径,定义附加内在特性。

第三步,评估附加设计特征的成本和执行实物保护的成本(基于当前经验)。

第四步,确定内在特性和外加措施联合的 PR 最小总成本。

第五步,对被提议设计的 INS 进行 PR 总成本比较,以最佳方法实现第四步。

该指标的可接受限度是在 INS 的寿期内所有内在特性和外加措施的最低总成本,同时 INS 必须达到一个可接受的防核扩散水平,正如其他用户要求所要求的那样。“最低”一词应该被理解为该项用户要求中规定的优先过程的结果,而不是一个真正数学意义上的最低结果,即 INS 内部特性和外加措施总成本的优化。

这项用户要求的第三个指标是,INS 必须拥有满足核查机构与国家之间商定的外加措施水平的核查方法。该指标为 INS 的最大核查工作量确定了一个灵活的限度。这个限度将由核查机构在其拟定核查方法的过程中与国家磋商确定。该指标只有在设计和建造过程的最后才进行评估。核查手段无论如何应在装置试运行之前得到批准。必须声明,被批准的核查手段不会给装置的运行强加不适当干涉,同时核查途径不妨碍安全和治安需求。

我们的 INS 研究刚处于起步阶段,正在收集技术信息,并开始了一些初步的设计工作(主要是基础的快中子反应堆的物理设计)。

结合 CFR/1000 的设计特性,针对 UR5 进行评估,结果如表 6‑16 所示。

表 6‑16　对 CFR1000 在设计中考虑防核扩散的评价表

基本原则(BP):在创新型核能系统的整个寿期内都应当贯彻防核扩散的内在特性和外加措施,以便有助于确保 INS 对核武器计划获取易裂变材料是不具吸引力的。内在特性和外加措施两者缺一不可,不可认为只有其中之一就足够了

用户要求 UR5:应该(在设计/工程阶段)优化与其他设计考虑相匹配的内在特性和外加措施的组合,以便提供成本效益高的防核扩散

指标 (IN)	评估参数 (EP)	评估等级	
		弱	强
IN5.1:在设计开发 INS 时应尽早考虑 PR	—	否	是
IN5.2:包括提供和改善 PR 所需的内在特性和外加措施联合的成本	EP5.2:INS 寿期内为提高 PR 所需内在特性和外加措施的最小总成本	否,分析尚未完成即将完成	是,分析已经完成
IN5.3:具有核查机构(如 IAEA,区域核保障组织等)与国家商定的外加措施水平的核查方法		否	是

（1）指标 IN5.1：在 INS 的设计中，尽早考虑防核扩散。

可接受限度 AL5.1：是。

本 INS 计划在基本概念设计初期，已经考虑到防核扩散问题，在收集了技术信息之后，结合防核扩散的相关问题，开发者制定了以上的一些基本要求，因此认为满足 AL5.1 的要求。

（2）指标 IN5.2：包括那些提供防核扩散所需的内在特性和外加措施在内的成本。

可接受限度 AL5.2：在 INS 寿期内为增强防核扩散所需的内在特性和外加措施的最低成本。

本 INS 计划还处在基本概念设计初期，还未形成比较完整的成本核算体系，还不具备完成整个分析的条件，因此对本项指标的分析尚未完成。

虽然具体的成本分析尚未完成，但是在本 INS 的设计中已经考虑到防核扩散的问题，在定义了 INS 相关设施的基本设计特征后，为提高防核扩散能力和支持执行实物保护，在获取和转移途径等方面进行了一些初步的分析，并针对这些方法定义了一些附加的内在特性。

这其中包括针对快中子反应堆电站，使用品质较低的工业钚作为燃料，尽可能延长循环周期，增加含钚核材料在堆内的辐照时间，增加^{240}Pu 等毒物的含量，降低钚的品质；设计一个较低的增殖比，在保证核燃料供应的同时，不生产过剩的核材料，使其对潜在扩散者具有较低的吸引力；燃料循环设施集中布置，减少运输环节，降低核材料在运输过程中被转运的危险等。

由于对 INS 进行成本评估还不具备条件，对上述附加设计特征的成本也无法进行评估，因此也无法对被提议设计的 INS 进行 PR 总成本的比较。因此，最后判定为不满足 AL5.3 的要求。

（3）指标 IN5.3：具有国家和核查机构共同通过的核查方法。

可接受限度 AL5.3：是。

本 INS 计划还处在基本概念设计初期，还不能提供可行的核查方法，针对本项指标，还不具备被评估的条件，因此判定不满足 AL5.3 的要求。

6.4　先进快堆防核扩散的优化设计

根据前述，核能系统的防核扩散特性由内在特性和外加措施共同决定。进行先进快堆的防核扩散设计也要综合考虑内在特性和外加措施。

外加措施主要是国家承诺、政策,IAEA 的核查,出口国和进口国之间的协定。中国是《不扩散核武器条约》中规定的合法有核国家,整个快堆核能系统符合相关承诺、政策和协定。需要注意的是若进行先进快堆核能系统的出口,则需要与相应的进口国达成约定,约定核能系统将仅用于商定目的并且服从于商定限制条件,并将整个核能系统纳入 IAEA 的核查范围。还需注意的是核能系统的前端(主要是铀浓缩厂)和后处理厂是敏感设施,不应该出口。

先进快堆的防核扩散优化设计的重点在于优化其内在特性。

核能系统防核扩散的内在特性有 4 种基本类型:

第一类,核能系统减小核材料在生产、使用、运输、储存和处置过程中对核武器计划的吸引力的技术特性。

第二类,核能系统防止或阻止核材料转用的技术特性。

第三类,核能系统防止未经申报生产直接使用核材料的技术特性。

第四类,核能系统便于核查(包括信息的连续性)的技术特性。

根据钠冷快堆的技术特性,可以采用以下 4 种方法提高其防核扩散性:

(1) 采用一体化快堆方案,降低核材料及其运输、处置过程中对核武器计划的吸引力。

(2) 采用行波堆方案,降低核材料及其运输、处置过程中对核武器计划的吸引力。

(3) 采用无增殖层的堆芯方案,降低乏转换区组件对核武器计划的吸引力。

(4) 采用含次锕系核素的燃料方案,降低核燃料对核武器计划的吸引力。

一体化快堆(integral fast reactor, IFR)是美国阿贡国家实验室在 1984 年到 1994 年十年间开发出的快堆系统。IFR 是一个完整的体系,包括反应堆、燃料循环与废物管理。反应堆是革新化设计,一体化快堆和与之配套的燃料循环是一个封闭的系统:发电的同时新燃料不断产生来补充消耗掉的燃料;乏燃料经新开发的干法后处理技术处理,实现再循环;同时将废物整备成适宜最终处置的形式。这些都是在线完成的。

一体化快堆及其燃料循环的一个重要优势在于其燃料本身,其燃料是后处理过程的产物。IFR 乏燃料处理得到的钚产品含有次锕系核素(镎、镅和锔)、铀以及一些残留的裂变产物,含有各种锕系核素并且仍具有很高的放射性,不能用于武器制造,但用作快堆燃料则完全没问题。用这种后处理工艺,不能从一体化快堆乏燃料里提取纯钚。一体化快堆技术决不会对核武器扩散有任何贡献,实际上不仅不会,而且用一体化快堆技术替代现有后处理技术将大大降低核扩散的风险[5]。

此外,一体化快堆的后处理厂与反应堆建在一起可以取消场外运输过程,进一步降低了核扩散的风险。

这样,一体化快堆方案降低了核材料及其运输、处置过程中对核武器计划的吸引力。

行波快堆是一种具有革新性焚烧模式的新概念快堆,堆芯内的可转换核素可实现原位增殖焚烧,行波快堆可以直接有效地利用天然铀、贫铀或者经过简单处理的压水堆乏燃料。一次通过的燃料循环方式就可以实现燃料的深度焚烧,大大简化了核燃料循环系统,提高了燃料循环的经济性,并且可以有效防止核扩散[6]。

在防核扩散方面,行波堆有如下优点:

(1) 长堆芯寿命,寿期内无须换料,核材料运输次数只有一次。

(2) 简化核燃料循环系统,核燃料一次通过,不需要后处理过程直接进行地质处理,并极大地减少了对浓缩铀的需求。行波快堆以独特方式进行即时原位增殖燃烧,整个燃料循环系统都在一个堆中。仅仅在点火阶段用到浓缩铀或者钚作为点火源,前一个行波快堆的燃料还可供其他行波快堆的点火使用,铀的浓缩或者钚的提取分离可随行波快堆的建成逐步减少。

(3) 改进防核扩散体系,一方面可以消耗武器用大量储存的乏燃料和武器级核燃料;另一方面燃料深燃耗地一次通过,不需分离铀钚,可以减少燃料循环中可能出现核扩散的环节,最大限度地防止核扩散。

由于快堆的能谱特点,增殖层的乏转换区组件的钚属于^{239}Pu含量较多的钚,甚至达到武器级钚,所以无增殖层的堆芯方案可降低乏转换区组件对核武器计划的吸引力。以韩国的原型快堆为例(见图6-8),可降低乏转换区组件对核武器计划的吸引力。

次锕系核素的燃料方案与一体化快堆的燃料方案类似,即在MOX燃料制造时没有专门的铀钚分离或者钚提取过程,而只是将乏燃料中的裂变产物去除,必要时添加铀,这样的燃料具有很高的放射性,不能用于武器制造,有利于核能系统的防核扩散。

需要特别说明的是,核能系统的防核扩散设计是整个核能系统设计的一部分,在设计时还需要综合考虑核能系统的安全性、经济性和可持续性等方面。

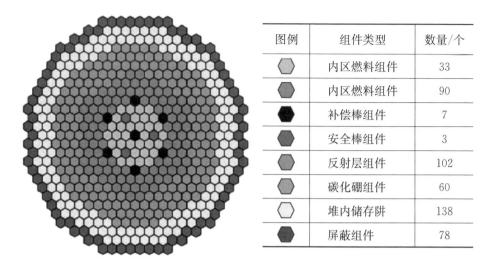

图例	组件类型	数量/个
	内区燃料组件	33
	内区燃料组件	90
	补偿棒组件	7
	安全棒组件	3
	反射层组件	102
	碳化硼组件	60
	堆内储存阱	138
	屏蔽组件	78

图 6-8　韩国 PGSFR 快堆堆芯装载图(彩图见附录)

参考文献

[1] 杨大助,傅秉一. 核不扩散和国际保障核查[M]. 北京：中国原子能出版社,2012：30－65.

[2] IAEA. Guidance for the application of an assessment methodology for innovative nuclear energy systems INPRO manual proliferation resistance [R]. Vienna Austria：IAEA，2008.

[3] The PR &PP Expert Group of GIF. Addendum to the evaluation methodology for proliferation resistance and physical protection of generation IV nuclear energy systems[R]. Paris France：the OECD Nuclear Energy Agency，2007.

[4] The PR &PP Expert Group of GIF. Evaluation methodology for proliferation resistance and physical protection of generation IV nuclear energy systems [R]. Paris France：the OECD Nuclear Energy Agency，2011.

[5] 蒂尔 C E,张润一. 无尽的能源一体化快堆[M]. 霍兴凯,林如山,刘利生,译. 北京：中国原子能出版社,2020：193－210.

[6] 张坚. 行波快堆堆芯中子学计算分析的初步研究[D]. 北京：中国原子能科学研究院,2011：2－16.

第7章

基于先进快堆的闭式燃料循环

快堆因堆芯物理特性决定了其具有核燃料增殖和核废物嬗变的特点。快堆配合核燃料闭式循环可以实现铀资源的最大化利用和核废物的最小化产生。

同位素^{233}U、^{235}U 和^{239}Pu,其原子核在遭受任何能量的中子轰击时都能够发生核裂变反应,称为易裂变同位素。^{235}U 是唯一在自然界存在的易裂变同位素,在天然铀中仅占约 0.7%,天然铀中其余的 99.3% 基本都是^{238}U。同位素^{238}U 在俘获一个中子后,经过几次衰变,可以转换成相应的易裂变同位素^{239}Pu。因此,把^{238}U 称为可转换同位素。如果从可转换同位素里可以产生比链式反应中消耗的还要多的易裂变同位素,人们就有可能利用丰富的可转换同位素去生产更多的易裂变材料。先期的研究已经证明,这个过程是可能的,并把这个过程命名为"增殖"。如果将乏燃料中的钚进行回收,并在热堆中利用一次,可以节省 10%~15% 的天然铀资源,即将铀资源的利用率提高 10%~15%;如果将回收钚在快堆中多次循环复用,理论上可以将铀资源利用率提高 60 倍左右,甚至可以实现钚材料的增殖,彻底解决核能所需的易裂变材料的供应。正是出于这种考虑,乏燃料后处理和快堆技术始终是铀钚燃料循环过程中最受关注的热点之一。

7.1 闭式燃料循环概述

核燃料循环(本书指铀/钚燃料循环)指从铀矿开采到核废物最终处置的一系列工业生产过程,它以反应堆为界分为前、后两段。核燃料在反应堆中使用之前的工业过程,称为核燃料循环前段;核燃料从反应堆卸出后的各种处理过程,称为核燃料循环后段。

7.1.1 两种核燃料循环方式

核燃料循环有闭式循环和一次通过循环两种方式。两种循环方式在核燃料循环前段没有差别，均包括铀矿勘探开采、矿石加工冶炼、铀转化、铀浓缩和燃料组件加工制造。两种循环方式的差异在燃料循环后段：闭式循环包括从反应堆中卸出的乏燃料中间储存、乏燃料后处理、回收燃料（铀和钚）再循环、放射性废物处理与最终处置。回收燃料可以在热堆或快堆中循环使用，如图7-1所示，图中左侧表示热堆[主要是轻水堆（LWR）]闭式循环，右侧表示快堆（FR 或 ADS）闭式循环。对于一次通过循环，乏燃料从反应堆卸出后，经过中间储存和包装之后直接进行地质处置。

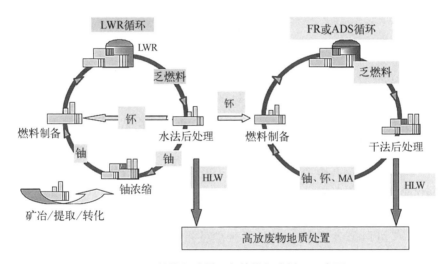

图 7 - 1　热堆闭式循环与快堆闭式循环示意图

关于两种核燃料循环方式，当前国际上大体可分为两大流派：一派以法国、俄罗斯为代表，从核裂变能可持续发展的角度，主张核燃料闭式循环的技术路线；另一派是以美国为首的一些西方国家，从防止核扩散的角度，主张核燃料一次通过循环。美国是最早研究并掌握了后处理技术的国家，半个多世纪以来，美国的核燃料循环政策经历了"闭式循环——一次通过—闭式循环——一次通过"的摇摆。一方面，对核扩散和恐怖主义的担忧使美国难以重启核电站乏燃料的后处理。另一方面，碳减排、能源安全和处置库难以服役的现实压力又让美国必须仰仗于核能并希望减少乏燃料的库存问题。所以，虽然美国目前仍然没有核燃料后处理的实际动作，但是对核燃料循环的科研却始终保持着很大的灵活性,在闭式循环的基础科研方面也投入了大量经费用于铀钚的提取、分离和再循环研究。

7.1.2　闭式循环和一次通过循环两种方式的比较

早在 1983 年 6 月,国务院科技领导小组主持召开专家论证会,就提出了中国核能发展"坚持核燃料闭式循环"的方针。这是因为与一次通过循环相比,闭式循环明显更符合我国核能可持续发展的需要。

1) 核燃料一次通过循环方式不能满足核能可持续发展需要

核燃料一次通过循环是最为简单的循环方式,但该方式存在如下问题。

(1) 铀资源不能得到充分利用。一次通过循环方式的铀资源利用率约为 0.6%,而乏燃料中约占 96% 的铀和钚被当作废物进行直接处置,造成严重的铀资源浪费。根据"铀红皮书"的数据,全球可经济开采的铀资源仅在 700 万吨左右。按一座百万千瓦压水堆 60 年寿期需约 1 万吨天然铀计算,目前全球总装机容量约为 390 GW,全部铀资源仅可供使用约 100 年,考虑到中国等国家的新增核电容量,该时间还会更短。

(2) 需要埋入地球的放射性毒物量太大。将乏燃料中的废物(裂变产物和次锕系核素)与大量有用的资源(铀、钚等)一起直接处置,将把具有极高放射性毒性的钚和次锕系核素埋入地球环境。即使按照全世界目前的核电站乏燃料卸出量(约 1.05 万吨/年)估算,一次通过循环方式将使得约 4 600 吨钚,以及近 500 吨的镅、锔等次锕系核素通过地质处置库进行深地质处置并保持与地球生物圈隔离。只要全世界核电装机容量增加 1 倍,就需要极多的地质处置库,造成极大的环境压力。

(3) 乏燃料安全处置所需的时间跨度太长。由于乏燃料中包含了所有的放射性核素,其长期放射性毒性很高,要在处置过程中衰变到天然铀矿的放射性水平,将需要 10 万年以上,如此漫长的时间尺度将带来诸多不可预见的不确定因素。所以,一次通过循环方式对环境安全的长期威胁极大。

2) 核燃料闭式循环是核能可持续发展的保证

核裂变能可持续发展必须解决两大主要问题,即铀资源的充分利用和核废物的最少化。只有采取核燃料闭式循环方式,才能实现上述目标。如果采用快堆核燃料闭式循环方式,优势将更加明显:充分利用铀资源,实现废物最少化。

3）两种核燃料循环方式的经济性比较

在讨论核燃料循环经济性之前必须指出，核燃料循环的成本仅占核电总成本的25%以内。所以，核燃料循环成本的变化对核电总成本的影响不大。另外，比较两种燃料循环的经济性，必须对全循环进行比较，而不是仅对某一环节进行比较。

自20世纪90年代以来，国际上已发表不少研究论文或报告，分析核燃料一次通过循环与基于热堆的闭式循环的经济性，表7-1所示为不同研究者进行的一次通过与基于热堆的闭式循环的经济性比较。由表7-1可见，大多数研究者的经济性分析的结果表明，基于热堆的闭式循环，其成本比一次通过循环高出3.2%～22%，因而是可接受的。唯有哈佛大学的研究结果与众不同。

表7-1　一次通过与基于热堆的闭式循环的经济性比较

研究者	与一次通过循环相比， 闭式循环成本提高百分数/%
OECD/NEA	14
日本，Suzuki（AEC）	13
韩国，Ko（KAERI）	22
中国，周超然（PKU）	3.2
美国，波士顿咨询公司	5
美国，Bunn（哈佛大学）	80

7.1.3　快堆核燃料闭式循环的特点

快堆核燃料闭式循环包括热堆乏燃料后处理、快堆燃料制造、快堆乏燃料后处理、高放废物地质处置等过程，如图7-2所示。

经过多次循环周期（后处理—MOX燃料制造—快堆运行），铀资源的利用率可大幅度提高。由此可见，只有发展快堆及其燃料循环系统，才能充分利用铀资源，实现核能的大规模可持续发展。

快堆不仅可以焚烧钚的各种同位素，而且可以嬗变MA。LLFP的嬗变依

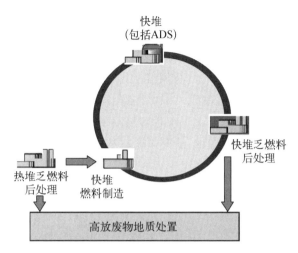

图 7-2　快堆核燃料闭式循环示意图

赖于热中子俘获反应,在快堆包裹层中建立热中子区即可实现 LLFP(如^{99}Tc 和^{129}I)的嬗变。由此可见,通过快堆核燃料闭式循环(包括分离-嬗变),不仅可以实现铀资源利用的最优化,还能最大限度地减少高放核废物的体积及其放射性毒性,实现核废物的最少化。

7.1.4　国内外快堆燃料循环发展情况

快堆燃料形式对快堆核燃料循环和乏燃料后处理技术路线有非常重要的影响。世界各国已开展过对多种不同形式快堆燃料的研究,包括 UO$_2$、PuO$_2$-UO$_2$、U-Pu-Zr、U-TRU-Zr、UN、PuN-UN、PuN-UN-MA、UC。早期的快堆使用的燃料主要是金属燃料,虽然金属燃料具有更高的增殖比,但在堆内辐照过程中发现金属燃料存在严重变形等问题,随后快堆越来越多地使用混合氧化物燃料(MOX 燃料),MOX 燃料中使用的钚可以为动力堆钚。快堆中 MOX 燃料的使用已相对成熟。目前,全世界有 20 多个快中子堆装载了 MOX 燃料,最高燃耗已达到 13% 的裂变消耗的原子分数,即相当于金属燃料燃耗 120 GW·d/kg,积累了 300 多堆·年的快堆运行经验。

俄罗斯政府于 2000 年发布了核电发展战略报告,明确未来核能方向是发展快堆及其闭式燃料循环。为此,俄罗斯国家原子能公司于 2011 年制定了长期发展战略,通过"突破"项目计划,发展快堆闭式燃料循环,实现核能可持续发展。俄罗斯政府计划到 2050 年,大幅增加快堆数量,实现核电占比 45%~50%,到 21 世纪末实现核电占比 70%~80%。

欧盟委员会认为新型反应堆以及先进核燃料循环技术是清洁、安全、高效的能源系统的关键,需对其进行持续的研发投资。2007 年,欧盟委员会提出了旨在保证欧盟能源技术领导地位,实现 2020—2050 年能源及气候目标的战略能源技术计划。该计划于 2014 年发布的整体路线中提出了"支持核能系统的安全高效运行,开发新型反应堆,研究裂变材料及放射性废料管理的可持续解决方案"。重点行动包括开发高优先级的四代快堆论证装置,测试各种核燃料循环方案。

日本于 1999 年启动商用快堆燃料循环的可行性研究计划(1999—2005年),其开发思路是,打通快堆循环系统的所有环节,为快堆核能系统的商用化铺平道路[1]。印度正在推进其宏伟的快堆核能系统发展战略,在核燃料闭式循环技术的自主研究开发方面取得了瞩目的成就。印度于 2003 年建成并运行 CORAL 后处理设施,用于 FBTR 和 PFBR 乏燃料后处理技术的研发,该设施从 2003 年运行以来,成功采用 PUREX 水法流程处理了 25 GW·d/t、50 GW·d/t、100 GW·d/t、155 GW·d/t 的混合碳化物燃料,运行状态一直比较稳定。

快堆 MOX 乏燃料与压水堆乏燃料相比,具有燃耗高(可达 80~120 GW·d/t)、比功率高(一般为普通动力堆的数倍)、钚含量高(UO_2 – PuO_2体系中 PuO_2 占 25%~30%)等特点。对快堆 MOX 乏燃料后处理大体有两种技术路线:水法工艺和干法工艺,两种技术都有其各自特点。水法后处理是一种溶剂萃取过程,主要是利用不同元素在两相中的分配比差异来实现元素分离。20 世纪 60 年代以来,法国、英国、美国、德国、苏联、日本、印度等国相继开展了快堆 MOX 乏燃料水法后处理研究。所使用的流程是改进的水法 PUREX 流程,英国的唐瑞后处理厂,法国的阿格、马尔库尔等后处理厂处理了数十吨的快堆乏燃料,积累了许多经验,也证明采用水法工艺流程来处理长冷却时间的快堆 MOX 燃料是可行的。干法后处理是一种高温化学过程,主要是在熔融无机盐介质中利用锕系核素与裂片元素的热力学、电化学等性质的差异来实现两者的分离。干法后处理的优点在于试剂耐辐照性能好、流程设备简单、成本较低、有利于防核扩散等。干法后处理被视为下一代乏燃料后处理的候选技术,但多数国家的研发仍处于实验室研究阶段,美国、俄罗斯两国已达到中试规模或半工业规模而处于世界领先地位。

我国核能发展的总体战略是"热堆—快堆—聚变堆"三步走。其中,热堆以压水堆为主,主要解决以东部地区为代表的能源短缺问题,主要利用^{235}U;快堆以钠冷快堆为主,可支撑核能大规模可持续发展,同时嬗变压水堆乏燃料中的长寿命锕系核素,减少废物量,主要利用^{238}U,远期可利用^{232}Th。

为实现核能从^{235}U 到^{238}U 的跨越,需从快堆、燃料、后处理等方面综合考虑,突破技术和商用型号开发,达到商用推广的目的。

2010 年 12 月 21 日,我国第一座动力堆乏燃料后处理中间试验工厂热调试取得成功。中试厂的处理对象为燃耗 33 GW·d/t(铀)的动力堆核电站乏燃料,采用 PUREX 流程工艺,设计铀处理能力为 300 kg/d。我国 MOX 实验线处于热调试阶段。

我国乏燃料后处理工业示范厂、示范快堆 MOX 组件生产线建设项目已由国家批准建设,乏燃料后处理工业示范厂的乏燃料后处理能力为 200 t/a(以辐照前铀计),示范快堆 MOX 组件生产线年产快堆 MOX 燃料组件 20 t(以铀和钚氧化物总量计)。

7.2　后处理技术的选择和发展现状

核燃料从反应堆卸出后的各种处理过程,称为核燃料循环后段,它包括乏燃料中间储存、核燃料后处理、回收燃料的制备和再循环、放射性废物处理与最终处置,其中,核燃料后处理是最关键的一个环节。

7.2.1　乏燃料后处理概述

后处理的主要目的是将乏燃料中的铀、钚以及核裂变产物(FP)相互分离,将回收的铀、钚等作为燃料再利用,同时减少放射性废物的排放。后处理技术可分为使用水溶液的水法和不使用水溶液的干法。水法主要有溶剂萃取法(液液萃取法)、离子交换法、沉淀法等。由于具有较高的安全性、可靠性以及废物产生量相对较少等优点,1954 年最早在美国开发成功的基于溶剂萃取技术的 PUREX 法成为当今后处理的主流技术,曾被美国、法国、俄罗斯、英国、日本等主要核电国家采用为大规模工业后处理流程。干法后处理采用熔盐或者液态金属作为介质,主要有电解精炼法、金属还原萃取法、沉淀分离法、氟化物挥发法等,具有装置规模较小,耐辐照性强,临界安全性高等优点。但由于操作温度高(数百摄氏度),干法存在材料耐用性以及操作可靠性等方面的问题,尚未发展成工业规模。近年来干法作为金属燃料后处理以及超铀元素嬗变燃料处理的分离技术,重新受到重视。

核能发电不可避免地产生放射性废物,地球上大约 95% 的放射性废物来自核电。公众能否接受核能在很大程度上取决于放射性废物对环境的影响。反应堆产生的放射性废物包含多种不同半衰期的放射性核素,其中绝大部分的长寿命核素为锕系核素。PUREX 萃取法作为乏燃料后处理技术已有 60 余年的开发和应用历史,并被世界上多个核能国家作为第一代工业后处理技术广泛采用。乏燃料经过现有的 PUREX 流程后处理可将 99.5% 以上的铀和钚分离回收,但放射性废物的放射毒性仅降低 1 个数量级,这是因为决定高放废物玻璃固化体的长期放射性毒性的次锕系核素(镎、镅、锔)和一些长寿命裂变产物(^{99}Tc、^{129}I、^{79}Se、^{93}Zr、^{135}Cs)等得不到有效的分离回收。并且该技术本身存在萃取工艺流程复杂,设备规模大,产生大量的难处理有机废液等问题。多年来世界主要核能国家在致力于改良 PUREX 流程的同时,也在开展更先进的其他后处理技术的研发工作。

自 20 世纪 80 年代以来,美国、法国、英国、印度、日本等主要核能国家投入了大量的人力和资金,开展先进的水法后处理技术研究,包括从乏核燃料及高放废液中分离回收长寿命次锕系和锝,以及强放射性及高发热性的铯和锶、铂族等裂片元素。基于改进 PUREX 流程的萃取技术主要包括美国的 UREX+流程、法国的 COEX 流程、日本的 NEXT 流程。这些流程仍然使用磷酸三丁酯(TBP)为萃取剂,主要通过进一步使用高选择性的化学试剂来强化价态调整,以提高铀、钚等的分离效率,同时尽可能回收镎和锝。或者先用简便的方法回收大部分的铀(NEXT 流程),通过简化萃取流程来提高工艺的可靠性和经济性。利用新型萃取剂的萃取技术主要有日本 JAEA 开发的 ARTIST 流程和法国 CEA 开发的 GANEX 流程。这些流程采用新型萃取剂(主要是酰胺类)取代 TBP,通过使用不同构造的萃取剂以及具有选择性的反萃剂,分别分离铀和所有的超铀元素。这些流程的优点之一是使用由碳、氢、氧和氮组成的无磷试剂,可将使用后的萃取剂进行燃烧处理降低废物量。液液萃取法以外的水法后处理新技术研发主要在日本开展,包括阴离子交换分离技术(ERIX 流程)、沉淀分离技术(NCP 流程)、ORIENT 循环(在盐酸或硝酸溶液中通过离子交换及电解还原进行分离),超临界萃取分离技术(Super-DIREX 流程)。

使用混合铀、钚氧化物(MOX)燃料的轻水堆以及快堆的乏燃料中,次锕系(尤其是镅和锔)的含量显著增加,是现行轻水堆氧化铀乏燃料的 5～10 倍。因此在今后充分利用铀、钍资源以实现核能可持续发展的先进燃料循环体系中,将长寿命核素从乏燃料或者高放废液中分离回收,在快中子反应堆中焚烧或进行核嬗变处理是极为重要的技术环节。近年国外提出的先进后处理技术,都包括了次锕系核素的分离回收。长期以来多数核能国家都有分离与嬗变的研究计划,甚至在曾长期停止后处理研究工作的美国,也深入开展了从不同类型废物中分离次锕系核素的研究工作。国外代表性的次锕系分离技术有 TRUEX‐TALSPEAK 流程(美国)、DIAMEX‐SANEX 流程(法国、欧盟)、四群分离流程(日本)、SETFICS‐TRUEX 流程(日本)、萃取色层分离(MAREC)流程(日本)。2006 年日本启动的"快堆循环实用化研究开发战略(FaCT)"中,萃取色层分离法被选择作为今后次锕系核素分离的主力候选技术纳入长远的研发计划。由于三价次锕系(镅和锔)与三价镧系元素的化学性质非常类似,相互分离难度很大,同时由于大多数的有机分离试剂都存在不同程度的不耐酸性以及不耐辐照性的问题,次锕系核素的分离技术尚未达到工业应用的技术水平,各国都在致力于更先进可行的技术改良与研发。

乏燃料中锔的主要核素^{244}Cm 的半衰期较短(18.1 a)且发热性高,经 α 衰变可转化为^{240}Pu,因此最好能将其与长寿命的镅进行分离以便分别处理。但镅和锔的化学性质非常接近,一般需要采用特殊的化学试剂或电化学方法改变价态后进行分离。裂片元素虽然在乏燃料中含量不高,水堆乏燃料中占 4 wt%～5 wt%,快堆乏燃料中占 7 wt%～8 wt%,但元素多达 30 多种,其中有^{99}Tc、^{129}I、^{79}Se、^{93}Zr、^{135}Cs 等长寿命裂片核素,以及半衰期约为 30 a 的^{137}Cs、^{90}Sr 等放射性强且发热性高的中长寿命核素,对高放废液的处理以及地质处置将产生重要的影响。另外,钌、铑、钯等铂族裂片元素中多数为半衰期很短的核素(除长寿命的^{106}Pd 外),如将其分离回收,有望作为贵金属资源加以有效利用。针对不同的元素,需要根据其化学特性采用不同的分离法,主要有离子交换吸附法、溶剂萃取法、电解还原法、沉淀法等,其中大多数技术都还处在小规模的基础研究阶段。

高温冶金流程对"水法"来说是一个主要的可代替流程,其一般原理是,在高温(几百摄氏度)下的熔盐(熔融氯化物、氟化物等)槽中熔解元件,然后在特定条件下采用诸如液体金属萃取、电解或选择性沉淀等技术分离所需的核素。这些流程引起人们关注的主要原因是所用的无机盐对辐照不敏感(适合于高燃耗以及冷却期间短的燃料处理),难以单独分离钚(可防核扩散),设备和流程紧凑。关于干法电解后处理技术,早年美国阿贡国家实验室(ANL)和俄罗斯国家科学中心原子反应堆科学研究院(RIAR)分别就金属和氧化物燃料进行了卓有成效的研发工作。此后日本 CRIEPI 等与 ANL、RIAR 以及欧盟的超铀元素研究所(ITU)合作,在日本政府资助的协作框架下做了进一步的验证和改良研究。近年韩国以 KAERI 为核心,举国协力开展乏燃料的干法后处理技术研发,以回收 TRU 及大幅度减少乏燃料储存量。印度也在积极开展金属燃料以及碳化物燃料的干法后处理技术研发,明确提出对今后的高燃耗快堆燃料,将以基于熔盐电解的干法流程替代水法流程的方案。法国 CEA 也对氧化物燃料处理进行了研究,例如在熔融氟化物中用液态铝还原萃取锕系核素和裂变产物。

但干法后处理技术仍然存在不确定性,尤其是分离性能、材料腐蚀问题、高通量下运行模式的可能性等方面。主要研发目标是确认这些概念流程用于工业规模乏燃料再循环处理的潜力。虽然多年来已经完成很重要的实验和开发研究,但目前关于钚回收、次锕系核素回收和废盐处理的可用结果较少,还需进行大量的基础研究以及技术研发工作。

7.2.2　快堆乏燃料水法后处理技术

快堆燃料形式对快堆核燃料循环和乏燃料后处理技术路线有非常重要的影响。世界各国已开展过多种不同形式快堆燃料的研究工作,其中 MOX 燃料的使用已相对成熟。目前,全世界有 20 多个快中子堆装载了 MOX 燃料,最高燃耗已达到13%裂变消耗的原子分数,即相当于 120 GW・d/kg,积累了300 多堆・年的快堆运行经验。当前法国、俄罗斯、日本和印度的快堆仍在运行之中。

国外快堆 MOX 乏燃料水法后处理有两种方案:① 单独为快堆建设后处理厂,与堆同址,这样不仅可以避免快堆乏燃料的运输问题,而且可以缩短钚的循环周期,如印度、日本就采取了这种方案;② 利用现有动力堆后处理厂,这种情况下将会涉及快堆乏燃料的长途运输问题,同时动力堆后处理厂首端需要单独的快堆乏燃料元件解体溶解设备,工艺流程要有足够的灵活性,如法国、俄罗斯就采取了这种方案。

目前国外快堆 MOX 乏燃料水法处理技术路线主要可以分为多循环流程、单循环流程及动力堆 PUREX 工艺。

7.2.2.1　多循环流程

多循环流程即在 PUREX 流程的基础上,简单增加共去污循环次数以强化裂片去污,通过在线电解或选择性沉淀实现铀钚完全分离;得到铀钚氧化物产品;高放废液直接固化处理。如印度的工艺流程,其乏燃料单独处理,不用热堆乏燃料稀释。快堆后处理厂与堆同址。

1) 组件解体和剪切

乏燃料组件从反应堆中卸出之后,将其运输转移到剪切热室内(图 7-3 所示为乏燃料组件盒转移进入剪切热室的过程图)。在热室内通过轮式切割或激光剪切对组件进行解体。然后单棒通过专门的容器转移至 CORAL 内的热室,在转移操作机构设计上避免了转移容器外部的 α 污染。

图 7-3　乏组件盒转移进入剪切热室的过程图

在元件剪切中,考虑到快堆乏燃料元件与热堆燃料元件包壳材料不同以及释热量的不同,因此采用单棒剪切。该剪切机由后处理研发实验室(RDL)开发,剪切机实现远程自动控制,前期进行了大量严格的非放试验,结果非常满意。之后将其安装于 CORAL 剪切热室,用于把燃料棒剪切成燃料段。剪切过程中产生的火花用惰性气体如氩气冲洗法熄灭。之前切割过程中出现了金属丝缠到刀片上的问题,后来通过适当选择切割参数得以解决。在这些技术的基础上,为了更高生产能力的设计建设,正在进行单刀片、多棒同时剪切的剪切机研制。

2）首端溶解和澄清

高钚含量的快堆乏燃料较难溶解,同时 FBTR 采用混合碳化物燃料,由于其在溶解过程中会产生有机化合物,会干扰后续溶剂萃取和反萃过程[2-3],溶解快堆混合碳化物乏燃料存在很多问题。因此,RDL 研发了先进的溶解过程,如银离子催化溶解、臭氧氧化溶解等,同时研发了二级钛材料加工的电化学溶解器,不同界面接口采用钛基不锈钢连接,另外配备了热料液中碳含量测量装置,安装了液晶屏显示系统实时监测溶解器内的溶解状况、剩余残渣状况;研发了用于溶解器检查的激光三角测量系统。将该溶解器安装于 CORAL 溶解热室,采用热元件进行了硝酸溶解试验。结果表明,在采用回流溶解的条件下,加或不加电解制备的溶解液,对后续萃取和反萃过程影响不明显,因此溶解工艺仍然采用回流溶解工艺。尽管监测到溶解液中未破坏碳的存在,但经研究发现对后续萃取过程无影响。因为在剪切过程中包壳没有出现过多卷曲现象,因此废包壳中钚的残留量达到要求。

剪切过程会产生大量细小碎屑带入溶解液,同时在高燃耗乏燃料元件溶解过程中会产生裂变产物残渣。因此采用高速气动涡轮离心机,设置转速为15 000 r/min,可产生 125 倍的重力加速度进行料液离心澄清。

3）溶剂萃取工艺

(1) 共去污:表 7-2 给出了不同燃耗的乏燃料元件溶解液在共萃循环段中一些重要核素的净化系数。洗涤酸度从 4 mol/L 提高到 5.5 mol/L 会提高钌的净化系数。由于锆在 155 GW·d/t 的乏燃料溶解液中初始浓度很低,因此低酸洗涤条件下锆的净化系数在 10 左右。

表 7-2　裂变产物的典型净化系数

裂变产物	燃耗（GW·d/t）		
	25	50	100
^{106}Ru	3.83×10^3	2.95×10^3	2.88×10^3
^{137}Cs	1.86×10^5	1.02×10^5	2.59×10^4

(2) 铀钚分离:热堆乏燃料后处理工艺流程中一般采用 U(IV)-肼作为铀钚分离还原剂,但对于快堆乏燃料,由于其钚含量要比热堆乏燃料中的高很多,若采用 U(IV)-肼做还原剂,要求所需 U(IV)的量是其所需化学计量的 10

倍多,这个量是非常大的。因此最初在铀钚分离段采用电解还原混合澄清槽作为设备,通过在线电解实现铀钚分离,其采用钛作阴极,新型的钛基不溶性材料做阳极,通过优化工艺条件,电极效率可达 72% 以上,该技术有很多优点,可能是由于工程放大规模设备存在一些问题,CORAL 后处理厂并没有采用该工艺。

(3) 废溶剂处理:由于快堆乏燃料燃耗高、钚含量高,使得燃料的放射性水平非常高,采用高酸、高钚的水法流程处理时溶剂的辐照损伤问题要比热堆流程严重得多,尤其是在处理高燃耗乏燃料时,会出现有机相废液中钚的较多保留,同时钌也会伴随钚保留到有机相。为了回收有机相中的残留钚,使用碳酸铵、碳酸肼、碳酸钠和 U(Ⅳ)/0.1 mol/L N_2H_4 进行了大量相关的实验研究。开发了先高酸洗涤后四价铀洗涤的工艺[4]。

CORAL 厂安装了一个单级混合装置,使用不同试剂处理用过的废溶剂。研究发现与使用碳酸钠相比,碳酸铵和碳酸肼可以从水相中定量回收铀和钚,含铀和钚的洗涤水相经酸化以后,采用溶剂萃取方法进一步纯化返回到工艺流程中。因此该厂采用碳酸铵优化工艺流程。这些实验表明,快堆水法流程产生的污溶剂可以在工厂循环使用。进一步研究了碳酸肼工艺流程,结果也令人满意。

7.2.2.2　单循环流程

单循环流程即单循环铀、镎、钚共回收,适当降低产品中裂片元素的净化要求,通过结晶、加还原剂或络合剂实现铀、钚部分分离;产品为 U+TRU 和 U。U+TRU 产品返回堆内使用。高放废液采用溶剂萃取或萃取色层等方法实现 TRU/Sr、Cs/Am、Cm 的组分离,次锕系核素和长寿命裂片元素回收制靶返回快堆或用 ADS 进行嬗变。单循环流程如日本的 NEXT 工艺、英国的单循环工艺等。乏燃料可单独处理,不用热堆乏燃料稀释。

日本于 1999 年启动了商用快堆燃料循环的可行性研究计划(1999—2005年),其开发思路是,打通快堆循环系统的所有环节,为快堆核能系统的商用化铺平道路[5-7]。2006 年开始实施 FaCT 计划,该计划的主要观点是优先发展最具商业化前景的技术,即集成发展钠冷快堆、氧化物燃料、先进水法后处理和简化的燃料制造等技术。FaCT 计划的先进后处理流程目标在于发展先进的快堆乏燃料水法后处理 NEXT 流程,于 2002 年启动研发。2009 年和 2011年进行了快堆乏燃料处理的热试验,确认了工艺性能并已开始快堆后处理厂的概念设计。图 7-4 为日本学者针对快堆燃料循环采取的乏燃料后处理和燃料加工的结合体系,其中乏燃料后处理除了对铀钚产品进行净化外,很重要的一个目的是结合燃料加工综合工厂在液态下进行钚含量的调整,调整钚含量的钚主要来源于 Tokai 后处理厂,加工成含 50% 钚的 MOX 燃料。

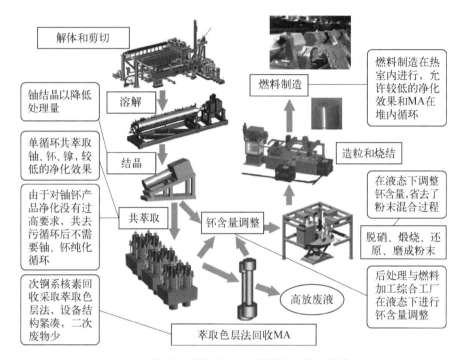

解体和剪切

铀结晶以降低处理量

单循环共萃取铀、钚、镎,较低的净化效果

由于对铀钚产品净化没有过高要求,共去污循环后不需要铀、钚纯化循环

次锕系核素回收采取萃取色层法,设备结构紧凑,二次废物少

溶解

结晶

共萃取

燃料制造

燃料制造在热室内进行,允许较低的净化效果和MA在堆内循环

造粒和烧结

钚含量调整

在液态下调整钚含量,省去了粉末混合过程

脱硝、煅烧、还原、磨成粉末

后处理与燃料加工综合工厂在液态下进行钚含量调整

萃取色层法回收MA

高放废液

图 7-4　先进乏燃料后处理和燃料加工的结合体系

7.2.2.3　动力堆 PUREX 工艺

采用现有动力堆后处理厂工艺流程,加还原剂实现铀、钚分离,需改变工艺参数,产品为铀和钚,镎进入钚产品;高放废液用 DIAMEX/SANEX 分离回收次锕系核素和长寿命裂片元素返回快堆进行嬗变,如法国快堆 MOX 乏燃料利用现有后处理厂进行单独处理,或将热堆乏燃料稀释后处理。

法国快堆燃料后处理主要在位于阿格和马尔库尔的中试厂进行,第一个中试厂是位于阿格的 AT1 厂(Atelier de Retraitement des combustibles Rapides, Atelier Traitement 1),第二个中试厂是位于马尔库尔的 APM 厂(Atelier Pilote de Marcoule),APM 厂拥有 TOP(Traitement d'Oxydes Pilote)和 TOR(Traitement d'Oxydes Rapides)两条生产线,这两个中试厂都由 CEA 运行。法国利用阿格 AT1 厂设施,对狂想曲快堆燃料进行了处理。处理能力为 1 kg/d。该设施 1969 年开始使用,1979 年停用,总计处理 910 kg

的狂想曲快堆燃料,并且还处理了 180 kg 凤凰堆氧化物燃料。马尔库尔在 1974 年对 TOP 生产线进行更新后开始处理来自狂想曲快堆的燃料。TOP 的设计处理能力是 10 kg/d。还有一些快堆乏燃料于 1979 年至 1984 年被混在天然铀燃料中在阿格的 UP2 厂进行了处理。同时,1968 年至 1985 年在 Cyrano 实验室处理了 20 kg 来自狂想曲快堆和凤凰堆的乏燃料。从 1988 年 1 月至 1991 年 1 月,APM 厂处理了大约 5 t 凤凰堆燃料和德国 KNK-Ⅱ 的快堆燃料。法国 AT1 厂在 20 世纪 70 年代采用了三循环共去污法,萃取剂为 30% 的 TBP,进料酸度为 4 mol/L,进料铀钚总浓度为 80～100 g/L,反萃剂为 0.05 mol/L 和 0.5 mol/L 两股酸,铀饱和度不超过 55%,第一循环加氟离子,三循环的去污系数:Zr 为 1×10^7、Nb 为 3.5×10^6、Ru 为 1.5×10^6,最后加氨共沉淀铀钚。

7.2.3　快堆乏燃料干法后处理技术

干法后处理技术是指在非水介质中处理乏燃料的一类技术。干法后处理技术的发展始于 20 世纪 50 年代,作为同期正在发展的水法后处理技术的替代技术,具有耐辐照,低临界风险,防核扩散,放射性废物少,更适宜处理高燃耗、短冷却期的各种形式的辐照燃料等优点,在 20 世纪 50 年代末至 70 年代末发展最为活跃。随着轻水堆和水法 PUREX 流程普及之后,干法后处理技术的研究基本处于低潮。直到 20 世纪 90 年代以后,随着快堆工程技术的发展,快堆铀钚混合燃料的使用使燃耗提高,传统的水法 PUREX 流程因介质易辐射分解难以满足分离需要,干法后处理技术再次受到关注,各个核大国纷纷结合燃料循环发展策略推出本国的干法后处理流程与发展路线。与水法后处理技术相比,干法后处理技术具有以下几个特点:

(1) 以熔融盐为介质,无水法后处理使用的有机试剂,不易被辐照降解。

(2) 工艺过程简单,流程简短。

(3) 设备紧凑。

(4) 体系中不引入中子慢化剂,降低了临界风险。

(5) 废物量小,且为易于处理的固体形式。

(6) 不分离纯钚,具有很好的防核扩散性能。

美国和俄罗斯早在 20 世纪 50 年代开始就进行了高温熔盐干法后处理技术的研究,已采用此法处理了部分乏燃料并重新制造成为核燃料用于反应堆。近年来欧盟、日本和韩国等正在大力发展高温熔盐电解干法后处理技术,以处理快堆产生的乏燃料,并实现核燃料的闭式循环。目前,高温熔盐电解法主要有电解精炼和氧化物电化学沉积法等,美国、欧盟和日本等主要研究前一方法,俄罗斯等则主要采用后一方法处理氧化物乏燃料。

自 20 世纪 50 年代末开始进行乏燃料干法后处理技术研究以来,干法处理乏燃料技术已经发展 60 多年,取得了许多成果,但是基于熔盐的高温操作、熔盐的腐蚀性较强等方面对设备和工艺提出了许多要求,成为研究的难点。

7.2.3.1 技术进展

纵观国际干法后处理发展路线,多集中于三大类技术,即挥发技术、萃取技术和电化学分离技术。挥发技术的基本原理是利用待分离物质与其他成分在特定条件下挥发性的差异进行分离。萃取技术是基于待分离物质在两相之间分配比的不同实现分离。电化学分离则利用物质之间氧化还原性的差异,通过施加电流实现分离。

1) 挥发技术

氟化挥发分离是挥发技术中发展较为成熟的一种分离方法,它的分离对象为铀燃料。利用氟气与二氧化铀或四氟化铀反应生成挥发性的六氟化铀(UF_6),实现铀与其他元素的分离。在乏燃料后处理中,通过氟气与粉碎后的乏燃料或溶解于熔盐中的铀反应生成挥发性的六氟化铀,实现铀与裂变产物的分离。虽然辐照材料的成分复杂,导致在挥发过程中有少量其他种类的易挥发性物质伴随六氟化铀挥发出来,但不可否认的是氟化挥发具有反应时间短、回收效率高、去污系数高等显著优点。在 20 世纪 50—60 年代,美国橡树岭国家实验室(ORNL)在研发空间堆(ARE)和熔盐堆(MSRE)时,采用氟化挥发方法在不同的氟盐($KF-ZrF_4$,$LiF-BeF_2-ZrF_4$)中实现了辐照后乏燃料中铀的分离与回收。同时期,俄罗斯也一直致力于发展氟化挥发技术,并将该项技术发展到一定规模,但从未见有关研究进展的相关报道。进入 21 世纪,仅有两个国家(捷克与日本)研发氟化挥发分离技术。捷克一直致力于熔盐堆的研究,在该项目中,采用氟化挥发方法分离回收水堆乏燃料中的铀以用于熔盐堆。日本也在发展相类似的分离技术,但其目的仅为了回收核燃料。

氟化挥发技术在近年来俄罗斯与日本合作开展的 FLUOREX 流程中得到新的应用。处理氧化物燃料的 FLUOREX 流程如图 7-5 所示。在 FLUOREX 流程中,乏燃料脱壳后首先经氟化过程将大部分的铀转化为挥发性的 UF_6,而控制钚为不可挥发的形态,从而实现铀与钚和 FP 的分离。钚、FP 等与残留的铀一起转化为氧化物,用硝酸溶解后,采用水法 PUREX 流程进行分离处理。氟化过程可除去乏燃料中 90％ 以上的铀,使后续 PUREX 流程大大减少了处理量。由于在氟化过程中,钚保持为不可挥发的形态,在后续的 PUREX 流程中得到分离,从而解决了氟化挥发法中钚收率低的问题。

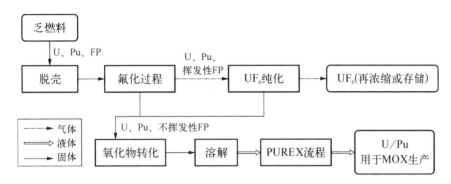

图 7‑5　处理氧化物燃料的 FLUOREX 流程示意图

2) 萃取技术

金属-熔盐还原萃取分离是萃取技术中研究最为广泛的方法。与水法处理中的有机相-油相萃取分离类似,采用金属-熔盐作为两相,利用待分离元素在金属相与熔盐相分配比的差异实现分离。但是,由于分配系数过低,萃取分离通常需要多级串联。在采用高温介质的条件下,这大大增加了该技术的难度。该技术只有 ORNL 在发展 MSBR 时用于从燃料盐中分离裂变产物与增殖中间产物 ^{233}Pa,随着美国熔盐堆项目的停止,该技术基本停止发展。近十几年来,法国和德国开始发展此技术,主要用于锕系核素和镧系元素(Ln)的组分离,但目前仅限于实验室基础研究。金属-熔盐还原萃取流程如图 7‑6 所示。由于锕系核素在熔盐/液态金属体系中相互之间的分配比差异较小,该技术更

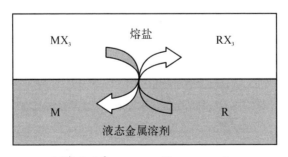

$$M^{n+}_{(盐)} + n Li^0_{(镉或铋金属相)} \Leftrightarrow M_{(镉或铋金属相)} + n$$

图 7‑6　金属-熔盐还原萃取流程示意图

适合于分离-嬗变(P&T)体系的锕、镧组分离。随着分离-嬗变技术的发展,近年来,日本、欧盟等对氯化物和氟化物体系的金属-熔盐还原萃取技术进行了报道。

金属-熔盐还原萃取技术是干法后处理重要的备选技术之一,但此技术仍处于实验室研究阶段,基础数据和工艺过程的发展经验均需大量完善。

3) 电化学分离技术

电化学分离技术是世界范围内研究得最为广泛、最成功的干法后处理技术[8],其典型代表是美国阿贡国家实验室(ANL)提出的金属锂还原-电解精炼技术和俄罗斯国家科学中心原子反应堆科学研究院(RIAR)提出的氧化物电沉积技术,均已完成工程规模试验研究[9-11]。ANL 和 RIAR 的干法后处理流程原理如图 7-7 所示,图中左支为 RIAR 开发的氧化物沉积流程,右支为 ANL 开发的熔盐电解精炼流程。

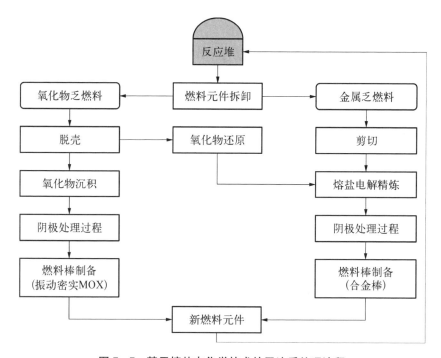

图 7-7　基于熔盐电化学技术的干法后处理流程

(1) 熔盐电解精炼。熔盐电解精炼(ER)过程是 ANL 开发的一种针对金属燃料的后处理方法。熔盐电解精炼过程的原理如图 7-8 所示。熔盐电解精炼技术回收锕系核素的原理是利用锕系核素(An)与裂片元素(FP)的热力学、电化学等性质的差异来实现两者的分离。熔盐电解精炼过程在 500 ℃ 和氩气保护下进行。熔盐电解精炼过程以 LiCl＋KCl 混合熔盐为电解质,合金燃料经剪切后置于阳极吊篮中作为电解精炼槽的阳极,不锈钢或固体铀作为固态阴极,镉为液态阴极。通过控制阳极电位,锕系核素及较活泼的金属(如碱金属、碱土金属、镧系元素金属等)被溶解在 LiCl＋KCl(含少量 UCl$_3$ 和PuCl$_3$)的熔盐电解质中,而不活泼的裂片元素(如锆、钼、锝、钌等)则留在阳极吊篮中。在电场的作用下,溶解于熔盐中的铀和超铀元素金属离子电迁移到阴极。在阴极,通过控制阴极电位选择性地将铀和超铀元素金属离子还原为金属,从而实现锕系核素与裂片元素的分离。

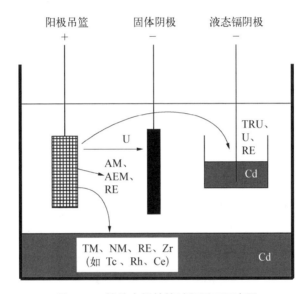

图 7 - 8 熔盐电解精炼过程原理示意图

此过程利用不同金属离子在阴极析出电位的差异,通过控制阴极电位来实现金属的分离与纯化。

20 世纪 80 年代初美国 ANL 提出并发展的一体化快堆计划 IFR 就是对熔盐电解精炼技术的应用。熔盐电解精炼技术随后用于 EBR - II 实验快堆的乏燃料后处理中。EBR - II 乏燃料后处理流程如图 7 - 9 所示,其关键技术是熔盐电解精炼技术。分离后所得产品经阴极处理除去附着盐分和镉,最终得到金属铀锭和铀、TRU 及少量稀土的混合金属。电解精炼过程产生的废盐可经处理后回收复用,最终产生陶瓷废物和金属废物。

电解精炼技术自 1996 年以来一直用于整备 EBR - II 反应堆的金属乏燃

料。在该工艺中,辐照金属燃料通常是高浓度铀和少量锆的合金,被剪切并在LiCl-KCl熔盐中的阳极溶解。铀被电迁移至金属阴极,超铀元素与活跃金属裂变产物留在盐中,以便最终包容入陶瓷废物。贵金属裂变产物(包括锝)与不锈钢废包壳一起熔化,形成金属废物。

由图7-9可以看出,应用高温工艺再循环快堆金属乏燃料需要开发正在用于EBR-Ⅱ燃料整备中的超铀元素的回收步骤。涉及超铀元素沉积在流态金属(镉)阴极中的工艺已经得到工程规模(1~2 kg TRU沉积物)的验证,但镧系元素裂变产物必要的去污效果尚未确定。目前ANL的开发计划进度与预期日期一致,到2025年的某个时间,将有卸出的快堆乏燃料用于处理。

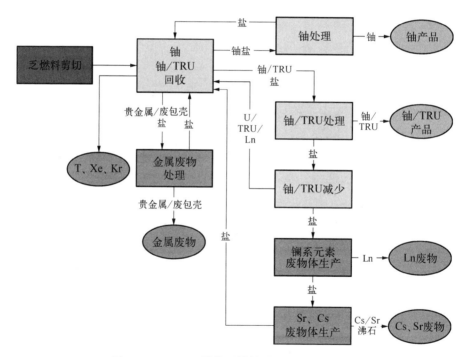

图7-9 EBR-Ⅱ快堆乏燃料后处理流程示意图

电解完成后采用ICP-AES测定阳极吊篮中各元素的质量,得到铀、钚和锆的熔解率分别为99.6%、99.9%和0。RUN1和RUN2电解完成后,固态铁阴极上主要的沉积物为金属铀(纯度分别为99.93%和99.68%),而钚和锆的含量较低,RUN1中铀对钚和锆的去污系数(508和11)小于RUN2(3 470和64)。

采用电解精炼法可用于回收 5 种 MOX 乏燃料中的锕系元素和 FP 元素的分离。加入 8.28 g 贫化铀金属于阳极吊篮中,采用恒电位(−1.65 V)回收锕系元素。在美国能源部(DOE)的发起下,该方法于 1996—1998 年进行了三年的示范工程验证,获得成功。随后获得美国能源部乏燃料处理许可证,至 2007 年,美国爱达荷国家实验室(INL)使用熔盐电解精炼流程已成功处理了 3.4 t 的 EBR - Ⅱ 乏燃料,其中 830 kg 为驱动燃料,其余为增殖层燃料。在电解精炼过程中,阳极的乏燃料中铀钚的熔解率分别为 99.8% 和大于 99%,电流效率最高达到 80%。液态阴极得到的产品中铀的含量在 25%~60%,基本满足将液态阴极的混合 TRU 产物进行快堆嬗变的需要。经过处理,液态阴极混合物中 99% 的镉可以得到分离,减小了阴极废物体积。完成 EBR - Ⅱ 金属乏燃料处理的论证项目后,INL 对 EBR - Ⅱ 的乏燃料处理的情况如表 7 - 3 所示,截至 2012 年已处理了约 4.62 t 的乏燃料,尚有约 74% 的驱动燃料和 84% 的包层燃料需进行处理。

表 7 - 3　INL 的高温冶金后处理的乏燃料库存

燃料类型	EBR - Ⅱ 驱动层 (MTHM)	FFTF 驱动层 (MTHM)	EBR - Ⅱ 包层 (MTHM)	总计 (MTHM)
原有乏燃料/t (1996 年)	3.1	0.25	22.4	25.75
已处理乏燃料/t (截至 2012 年)	0.8	0.22	3.6	4.62
尚未处理乏燃料/t	2.3	0.03	18.8	21.13

金属乏燃料的熔盐电解干法后处理流程主要包括乏燃料的脱壳、电解精炼和阴极处理三步。金属乏燃料的电解精炼过程为铀通过电解法与包壳和耐腐蚀金属元素的分离过程。目前采用的高通量 Mark - Ⅳ 和 Mark - Ⅴ 型电解精炼装置(electrorefiner,ER)如图 7 - 10 所示,ER 设计和使用中所涉及的主要问题包括电流效率、锕系元素的回收率、锆的回收和镉池系统与其他元素的相互作用等。电解精炼的目标是最大化地回收锕系核素,而锆和其他耐腐蚀的 FP 元素则不会被熔解而以金属形式分离。乏燃料于阳极熔解,该过程为扩散控制,铀的熔解率与耐腐蚀元素的保留率成反比,采用分段电流技术可消除锆的熔解。Mark - Ⅳ 型 ER 在阳极电位高时,几乎可氧化熔解全部的铀

(99.7%),但锆和耐腐蚀的 FP 元素的熔解率也分别达 81.8% 和 23%~27%,电解效率约为 50%,通过阳极搅拌法可提高至 65%~76%。

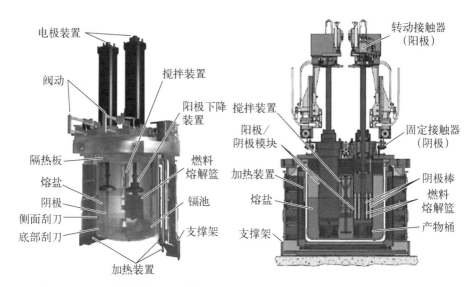

图 7-10　INL 的燃料处理设施中 Mark-Ⅳ(左)和 Mark-Ⅴ(右)型电解精炼装置

ER 中回收的铀通常附着 20 wt% 的氯盐,需在阴极处理装置(Cathode processor)中除去氯化物熔盐,处理温度为 1 200 ℃,真空度为 27 Pa。阴极处理装置研究的主要问题涉及蒸馏效率、铀的污染和坩埚选择等。处理 EBR-Ⅱ 的驱动燃料时,蒸馏效率为 98.6%~99.96%。

20 世纪 90 年代,日本的电力工业中央研究院(CRIEPI)参与了美国 ANL 的一体化快堆项目,从中获得了许多经验,为日本发展基于熔盐电解精炼技术的高温化学后处理研究奠定了基础,随后日本 CRIEPI 与 ITU 及日本国内的一些研究所合作对熔盐电解精炼技术进行了广泛研究。

法国 CEA 的电解精炼技术研究具有特色。由于氟化物熔盐比氯化物熔盐更易进行直接玻璃固化,CEA 综合研究并比较了 LiCl-KCl 和 LiF-CaF₂ 两个熔盐体系的电解精炼技术,认为在 An/Ln 分离方面,LiF-CaF₂ 体系更具有优势。同时采用液态铝代替镉作为阴极材料,因为前者可获得更高的分离因子。

2000 年前后,英国核燃料公司(BNFL)建造了一个 1 L 处理量的氯化物熔融盐电解精炼槽和配套还原萃取装置,并进行了 U-Pu-MA 模拟燃料的电精制实验。结果表明,固态阴极得到的铀对钚和 RE 的去污系数分别大于

1 000 和 500;但是液态阴极中 U - Pu - Am 与液态镉的分离系数低于预期;使用金属锂可以将 LiCl - KCl 熔盐中的铀、钚、镅、钕去除,有利于熔盐复用。

金属基核燃料快中子增殖堆效率高、耐增殖,有望用于处理长寿命的核素对环境的影响。欧盟的联合研究中心(JRC)和超铀元素研究所(ITU)合作发展的高温冶炼的目的是论证金属基核燃料的闭式循环的可行性。这一项目的主要内容如图 7 - 11 所示,包括金属基 U - Pu - MA - Zr 核燃料的制造、辐照(法国 Phénix 堆),辐照后的检查及最终的乏燃料后处理这一闭合过程。

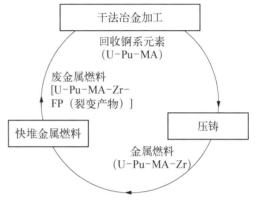

图 7 - 11　金属燃料快增殖堆的闭式循环

(2) 氧化物还原。经过几十年的发展,熔盐电解精炼技术已具有半工业化工厂规模运行的成功经验,是一种发展较成熟,并被认为是最有希望的干法后处理技术。为将熔盐电解精炼技术应用于氧化物燃料的后处理,美国 ANL 发展了氧化物燃料的电解还原技术。ANL 和 INL 均对氧化物燃料的还原技术进行了深入的研究[10]。早期进行的是金属锂还原法的研究,即氧化物燃料在 650 ℃ 的 LiCl 熔融盐中与具有强还原性的金属锂反应。生成的金属、氯化物和复合氧化物的量取决于各元素在 Li/LiCl 熔盐体系中的相对稳定性。还原所得混合金属通过过滤从盐相中分离出来,并经过加工制备成电解精炼槽的阳极进行分离。经过滤后的熔盐进入锂和 LiCl 的回收过程,它们都将在氧化物燃料的金属化阶段得到重复利用。

为提高氧化物燃料的还原率,减少废物量,美国 ANL 发展了熔盐体系中处理氧化物燃料的电化学还原法。氧化物燃料电化学还原的原理如图 7 - 12 所示。电化学还原过程在 650 ℃ 下进行,所用熔盐电解质为 LiCl,向 LiCl 熔盐中添加 1% 的 Li_2O 作为电解产生还原剂金属锂的引发剂和还原乏燃料氧化物的活化剂。氧化物燃料经切割后放入不锈钢吊篮中浸没在 LiCl - Li_2O 熔盐体系中作为阴极,一段铂丝浸没在熔盐中作为阳极。在此一体化阴极上发生两个反应:电解 Li_2O 制备金属锂和氧化物乏燃料被金属锂还原。因 LiCl 和

Li$_2$O 的标准还原电位不同,可选择性地电解 Li$_2$O。为避免金属锂迁移到阳极与铂丝反应,在阴极吊篮上又增加了次级电流回路。

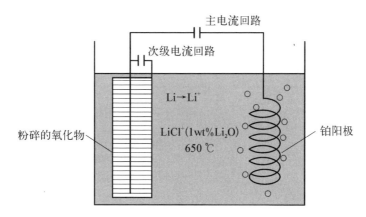

图 7-12 氧化物燃料电化学还原的原理示意图

INL 使用 Belgium Reactor 3 (BR3)轻水堆乏燃料进行了实验室规模的电化学还原验证。试验在 650 ℃,含有 1 wt% Li$_2$O 的 LiCl 熔盐中进行,在不更换电解液的情况下连续处理了 3 批乏燃料,每批乏燃料约为 45 g。结果表明,乏燃料中超过 98% 的铀被还原成金属铀,而铯、锶和钡进入熔盐,TRU、稀土和贵金属仍留在阴极吊篮中,大部分稀土和锆仍然以氧化物的形式存在。首端氧化物乏燃料的电还原结果基本达到了 PYROX 流程处理轻水堆的氧化物乏燃料的要求。

在韩国,氧化物的电化学还原技术作为其先进燃料整备流程(ACP)的核心技术得到了深入的发展。韩国原子能研究院(KAERI)已经进行了 20 kg 规模的未受辐照的氧化铀的电解还原示范验证。日本的一些机构也对氧化物的电化学还原技术进行了研究。

(3)氧化物沉积。RIAR 开发的 DDP 流程是处理氧化物燃料的典型高温化学后处理流程,DDP 流程处理 MOX 燃料生产 UO$_2$/PuO$_2$ 和 MOX 的过程如图 7-13 所示。在此流程中,氧化物乏燃料首先经氯化熔解于熔盐中,随后氯氧化物在熔盐电解质中被还原为氧化物(UO$_2$、PuO$_2$ 或 MOX),沉积在电解槽的阴极上。具体操作条件依处理对象和目标产品而异。实验所用熔盐根据目标产物不同而不同,生产 UO$_2$/PuO$_2$ 时为 NaCl-KCl,而制备 MOX 燃料时为 NaCl-2CsCl。氯化-电解装置结构材料和电极均为热解石墨。氯化和电解温度根据不同的工艺步骤在 600~700 ℃ 范围内变化。RIAR 利用此高温化学流程生产晶状 UO₂ 和 MOX 燃料,用于制造振动密实燃料棒,目前已发展至半工业规模。

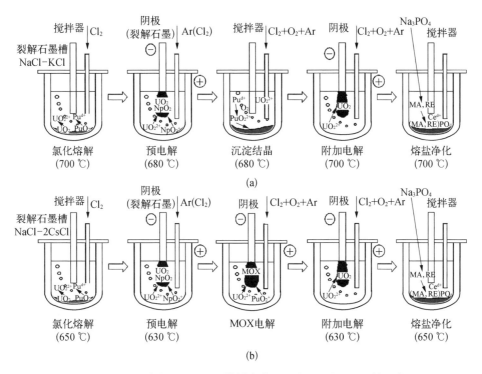

图 7 - 13　DDP 流程处理 MOX 燃料生产 UO₂/PuO₂ 和 MOX 的示意图
(a) DDP 流程 1:MOX $\longrightarrow$ UO₂/PuO₂;(b) DDP 流程 2:MOX $\longrightarrow$ MOX

在 20 世纪 70 年代,俄罗斯 BOR - 60 反应堆中卸出的 UO₂ 辐照燃料(燃耗为 7.7%,冷却 6 个月)就是用此氧化物电解沉积流程处理的。

RIAR 在 20 世纪 70—80 年代在手套箱中生产了 1 265 kg 的 UO₂ 燃料,随后在热室中生产了约 795 kg 的 PuO₂ 和(U, Pu)O₂ 燃料,20 世纪 80 年代末期至 21 世纪初期在半工业化大楼(OIK)中生产了 3 324 kg 的 UO₂ 和(U, Pu)O₂ 燃料,随后在 OIK 中处理了军用钚并生产了 381 kg 的(U, Pu)O₂ 燃料。实验室所使用的乏燃料的燃耗深度从 1%~24% 不等,使用量约为 30 kg;铀回收率达 99%,对裂变产物的去污系数达 500~1 000。在 PuO₂ 和 MOX 的电解沉积中,电解沉积时还需向阴极表面喷射 Cl₂＋O₂ 混合气体使钚离子氧化为 PuO₂²⁺,并最终在阴极以 PuO₂ 晶体或 MOX 沉积。经过数十年发展,已成功将该技术用于处理 BOR - 60 快堆乏燃料。至 2005 年,累积处理 5.8 t 真实乏燃料,并实现了再生燃料回堆使用。

美国汉福特原子能工厂早期发展的盐循环流程的基本原理与氧化物电解沉积流程是基本一致的。此流程主要针对 MOX 燃料的处理,所得紧密的晶体沉积物为含 $1\%\sim35\%$ PuO_2 的 UO_2。与熔盐相比,沉积物中的钚浓度最大可以富集 40 倍。

近年来,印度英迪拉·甘地原子研究中心(IGCAR)化学部开发了一种处理氧化物燃料的 RIAR 流程的一个新变体流程。由于印度卡尔帕卡姆的原型快中子增殖堆将使用氧化物燃料作为首批堆芯燃料,因此氧化物燃料的高温化学后处理备受关注。鉴于 UO_2 在高温时具有相当好的导电性,IGCAR 化学部探索了直接电解精炼 UO_2(与处理金属燃料的电解精炼流程一样)的可行性。在电解精炼槽中,UO_2 燃料芯块作为阳极,石墨棒作为阴极,含有少量氯化铀酰的熔盐作为电解质。用这种方法实现了直接电解精炼 UO_2,与铀金属的情况一样,以 UO_2 的形式沉积在阴极上,整个过程一步实现。IGCAR 化学部还将进一步确定这种 RIAR 变体流程是否能够扩展应用于混合铀、钚氧化物燃料的处理。此变体流程的一个重要问题是使用热解石墨,这种材料在高达 500 ℃ 的高温下也能够耐空气氧化,已用于氧化物燃料的处理流程中,但热解石墨非常昂贵,必须找到替代材料。

日本结合氧化物沉积技术和电解精炼技术提出了处理氧化物乏燃料的新型概念流程。在此流程中,氧化物燃料经首端处理后首先经氧化物沉积除去约 75% 的 UO_2,留下的铀和超铀氧化物经电化学还原后作为电解精炼的阳极进料,在电解精炼过程中得到铀和锕系元素两种产品。由于大量的铀在氧化物沉积过程中被除去,为后续的电化学还原和电解精炼过程大大减轻了负担。熔盐中所含少量锕系核素可经还原萃取进一步回收。

(4)首端处理。美国分离计划的概念基于开发分离和回收乏燃料组分所需的工艺。这样的工艺可以再循环和复用,因此能有效管理废物和回收能源。图 7-14 所示为一种正在考虑中的干法首端处理和后续氧化物燃料粉末溶解工艺。将燃料棒进行标准机械解体并剪切成 $25\sim50$ mm 的短段(初始步骤),然后将挥发成分从燃料中释放并在尾气捕集器或洗涤器使其回收(氧化挥发步骤)。氧化挥发工艺也可将陶瓷燃料芯块转化为易在硝酸中快速溶解的细碎氧化铀粉末。

氧化挥发是在水法处理之前将氚从乏燃料中除去的干法首端方法。这可避免把氚引入水相系统,在水相系统,氚会积累或可能释放到环境中。

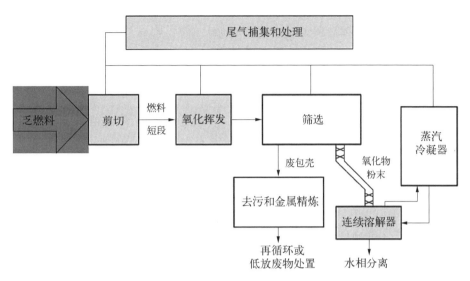

图 7-14　干法首端处理和后续氧化物燃料粉末溶解工艺示意图

在氧化挥发过程中,在氚挥发的条件下,挥发性物质部分释放,半挥发性物质痕量释放。预计其他挥发性物质的部分释放不会产生问题。氚可以以氚化水的形式很容易地从氧化挥发器尾气中除去,其余尾气可与溶解器废气合并进行处理,以捕集碘、^{14}C(以二氧化碳的形式)和放射性惰性气体(氪、氙)。

最近的研究包括利用高温或替代反应物(例如臭氧、蒸汽)或温度控制和替代反应物组合,以完全除去其他挥发性和半挥发性裂变产物的先进氧化挥发工艺。目标物质取决于工艺的目的,取决于下游工艺中可获得的利益和工艺实施成本之间的权衡。

在氧化挥发期间,二氧化铀与氧气反应生成八氧化三铀,这导致晶体重组并伴随有粒子破碎。破碎使反应的可用表面积增大并使燃料从包壳短段中释放。氚可能以元素形式存在于燃料中,扩散至粒子表面,与氧气反应生成水后进入气流。氧化挥发工艺通常在 480～600 ℃ 的温度下进行,高温会使反应速率增大。480 ℃ 下的反应速率,可在大约 4 h 内使大于 99.9% 的氚从燃料中释放,超过 99% 的燃料粒子的粒径减小至 20 μm 以下。

氧化物再循环燃料的电化学还原工艺具有满足需要的所有再循环燃料要求的灵活性,再循环燃料在短期内可在现有和新建的轻水反应堆中再循环,长期看可在第四代反应堆,尤其是快堆中再循环。预计快堆在未来的几年是经济的,尤其是在低成本的天然铀供应变得困难时。

如果未来的快堆需要金属形式的再循环燃料,则通过将氧化物再循环燃料在熔盐中溶解并电化学还原为金属形式。通过电解还原可有效地实现 U-Pu-Np 氧化物再循环燃料的转化,因为较难还原的镧系元素裂变产物已经被预先去除。

同时,美国正在开发另一种替代流程,以处理快堆金属燃料,而不使用水法工艺。这个概念流程如图 7-15 所示。该流程最引人注目的部分是用于分离锕系核素和裂变产物的铀的电解精炼工艺和 U/TRU 回收工艺。该处理工艺的产品包括铀金属和铀-超铀元素合金,用于在金属燃料快堆中再循环。废物流包括储存衰变废物(Cs-Sr 废物)的陶瓷和两种高放废物体——镧系元素硼硅酸盐玻璃以及含有锝和其他贵金属裂变产物的金属合金。

7.2.3.2　国内外比较和发展趋势展望

美国与俄罗斯作为干法后处理技术发展的领先者,分别采用本国发展的技术进行过吨级真实乏燃料的示范性处理。通过与美国或俄罗斯合作,英国、韩国、日本以及欧盟均在发展符合本国策略的干法后处理技术。

我国第一座快堆已于 2010 年 7 月在中国原子能科学研究院实现首次临界,预计 2023 年前后将建成示范快堆。由于乏燃料后处理的复杂性、操作难度和对可靠性及安全性的高要求,以及相关关键技术的壁垒和基础数据的缺乏,决定了我国的熔盐电解干法后处理技术的研究和商业化是一个循序渐进的过程,需要集中相对稳定的队伍进行长期研究和开发。

我国的干法后处理技术研究始于 20 世纪 70 年代,相继开展了熔盐/金属还原萃取技术和氟化挥发技术的基础研究,验证了工艺可行性,后因设备腐蚀严重、工程放大方面存在较多问题,研究工作未能继续。20 世纪 90 年代初期,我国开展了熔盐电化学分离技术的基础研究,积累了一些基础数据。

进入 21 世纪,我国干法后处理技术的研究得到了较快的发展,针对快堆乏燃料、ADS 嬗变靶和熔盐堆燃料的后处理开展了相关前期研究,并提出了适合我国核能发展规划的干法后处理技术路线,目前仍处于研究平台的完善和基础数据的积累阶段。

快堆核能系统(快堆及其闭式燃料循环)可将铀资源利用率提高数 10 倍,放射性废物管理年限从原来的 300 000 年缩短至 300 年,地质处置负担降低 1 到 2 个数量级。快堆燃料循环是建立快堆核能系统的关键步骤。但对于快

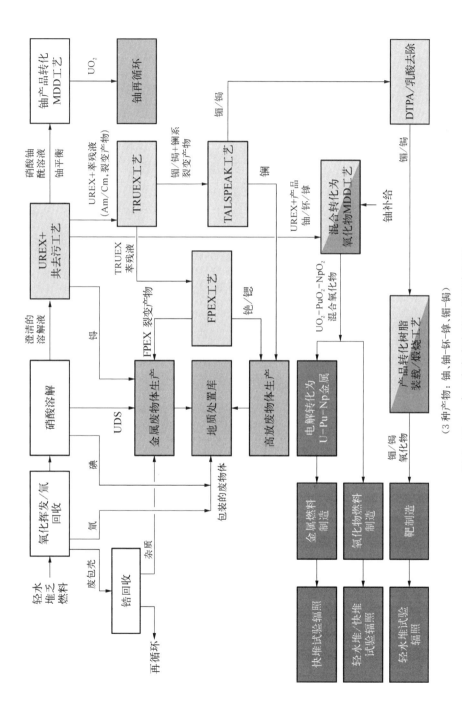

图 7 - 15 一个正在考虑中的替代概念流程

（3 种产物：铀、铀-钚-镎、镧-镉）

堆乏燃料,由于其燃耗深、冷却时间短以及释热率高等特点,传统的水法可能难以胜任。而干法流程具有如下优点:采用无机盐熔盐,耐辐照分解;没有水相的存在,临界安全性能好;锕系核素集中回收,能防止核扩散;废物量少且毒性小,对环境友好;过程紧凑,能很好地和反应堆整合在一块,大大减少了数目相当大的运输费用。因此,激发了世界范围内的研究热情。

以高温熔盐电解为主的干法后处理技术在处理快堆乏燃料方面具有显著的优势,受到美国、日本、韩国等的高度重视。其中美国 50 多年前就开始利用熔盐电解技术处理其第二代实验增殖堆(EBR-Ⅱ)金属乏燃料的研究工作,目前已经通过工程规模的一体化验证。

美国国家科学研究委员会(NRC)经过对 ANL 的干法技术进行 3 年跟踪调查后,于 2001 年得出以下结论:该项技术的进一步应用不存在任何技术障碍。NRC 的专家还建议 DOE 考虑将干法后处理技术用于处理除含钠金属燃料以外的乏燃料。

虽然干法后处理技术目前还没有实现工业化应用,但其很多关键步骤都已经完成实验室规模,乃至工程规模的验证。根据美国 IFR 乏燃料处理经验,干法技术无疑是快堆乏燃料后处理的最佳途径。

7.2.4 水法技术和干法技术的应用比较

快堆乏燃料后处理可以采用水法技术或干法技术,两种后处理技术因技术原理和流程有所区别,其应用特点也各不相同。

7.2.4.1 快堆乏燃料的特点

由于可裂变材料含量、燃耗深度等不同,快堆和热堆的乏燃料成分有较大不同。

1) 热堆和快堆乏燃料的不同组成成分

反应堆按照中子能量可分为热中子堆(简称热堆)和快中子堆(简称快堆)。在反应堆发展过程中,热堆采用过金属、弥散体、陶瓷氧化物等多种燃料。针对核电站反应堆(热堆),UO_2 陶瓷氧化物是目前采用的主要燃料类型。现行快中子堆中所用的铀、钚混合燃料也主要是氧化物。除混合氧化物而外,也有金属、碳化物、氮化物等形式的燃料。金属燃料的主要优点是密度高、导热性好、易于加工,乏燃料后处理方便;但它辐照稳定性差,易肿胀和相变,通常加入锆、铌等合金来稳定其形态。氮化物和碳化物燃料有着类似的特点,与氧化物燃料相比,碳化物燃料主要是有着更高的密度和铀原子密度,较高的导热率。

快堆乏燃料与热堆有着很大的区别。燃耗(铀)为 30 GW·d/t 的轻水堆乏燃料中裂变产物含量为 3.5%,钚含量为 1% 左右;而在 MOX 快堆乏燃料中,由于燃耗更深,则两者含量分别为 8.5% 和 15.3%(燃耗为 70 GW·d/t)。快堆中不同的燃料类型,其乏燃料组成成分也有着很大的不同。

对于不同堆芯燃料,其乏燃料中锕系核素的组成大不一样。因为初始原料就有钚,加之堆内增殖,使用 ^{239}Pu 驱动、^{238}U 增殖的快堆比使用 ^{235}U 驱动、^{238}U 增殖的热堆产生的乏燃料中钚和其他超铀元素(TRU)含量更多,一般约高 1 个数量级。TRU 的总量越多,乏燃料的放射性和毒性越强,对后处理越不利。

2) 后处理分离钚和分离铀的用途和指标要求

乏燃料后处理产生大量的分离钚和分离铀。在现阶段,除少量分离钚得到储存外,大部分分离钚用来制造混合氧化物燃料(MOX);至于分离铀,因其所含 ^{232}U 的衰变子体(^{208}Tl)为强 γ 辐射体(γ 能量达 2.6 MeV),使得分离铀的转化与浓缩需要屏蔽;另外,其所含 ^{236}U 是一种中子毒剂,使得铀浓缩过程需将 ^{235}U 丰度提高 10%,这样,尽管分离铀的 ^{235}U 丰度(约 0.9%)比天然铀(^{235}U 丰度约 0.7%)高,但分离铀价值仅相当于天然铀的二分之一。所以,国外仅再循环了少部分分离铀(不到 2.5 万吨),大部分分离铀作为战略资源储存。这是由于核燃料循环前端铀浓缩过程会产生大量贫化铀,使得 MOX 燃料制造原料 ^{238}U 的量十分充足,故将分离铀储存是个相对更合理的选择。

分离钚和分离铀储存或者制造热堆 MOX 燃料,需要较高的净化系数。这是因为次锕系核素(MA)和裂片元素(FP)的存在,使得分离钚和分离铀的放射性大增,增加了储存和燃料制造操作中的放射性防护难度。若用分离铀和分离钚制造热堆 MOX 燃料,存在的 MA、FP 等可能会毒化燃料的热中子反应。因此,制造热堆 MOX 燃料和分离产品储存均需要较高的净化系数。一般分离铀的放射性要求小于天然铀的 2 倍。由于分离钚必须在手套箱中完成后续操作,要求钚辐射出的 γ 射线的放射性比度小于 3.7×10^4 Bq/g。这就要求铀、钚对放射性杂质 γ 和 β 的去污系数分别大于 10^6 和 10^7。

而若用分离铀和分离钚在远距离操作下制造快堆混合燃料,净化系数要求就较低。在快中子的轰击下,长寿命锕系核素发生裂变,生成短寿命核素。低度净化的 MOX 燃料中允许含有最多 2 wt% 的 MA 和少量的 FP。

7.2.4.2　水法技术特点及适用乏燃料

PUREX 流程以磷酸三丁酯(TBP)为萃取剂,饱和烷烃为稀释剂,利用铀、钚以及裂片元素相互之间被萃行为的差异来实现铀钚的分离与净化。在处理低燃耗乏燃料时,铀中去钚的分离系数大于 10^6,钚、铀的净化系数大于 10^7,铀、钚的回收率分别大于 99.9%。正是由于 PUREX 流程具有的这些优点,使它得到了普遍认可和广泛应用。对于标准的氧化物燃料,现在全世界每年的处理能力大约为 4 000 t,目前已经对 80 000 t 动力堆乏燃料进行后处理。国际上已积累的运营经验表明,热堆乏燃料水法后处理技术已是一种成熟的工业技术。

采用水法后处理技术具有技术成熟、回收率高、净化系数高、易于连续化操作、处理量大等优点。相对于热堆乏燃料的处理,采用水法技术路线处理快堆 MOX 乏燃料需解决许多技术难题,如裂片元素含量高,导致溶解残渣多、界面污物生成加剧,需要采取措施进行强化溶解、采用超级过滤方法除去难溶残渣;钚含量高,萃取过程中易出现三相,需对萃取体系及工艺进行调整优化;放射性强,溶剂辐解加剧,并造成铀、钚等元素难以反萃等问题,需建立相应的溶剂循环使用技术、钚的强化反萃技术。同时,水法后处理技术不宜处理短冷却时间 MOX 燃料,因而无法满足缩短快堆燃料倍增时间的要求。

7.2.4.3　干法技术特点及适用乏燃料

干法后处理采用无机非水介质,具有较高的辐照稳定性,能避免水法后处理流程中出现的溶剂辐解问题,可及时处理压水堆与高燃耗快堆乏燃料,大幅缩短快堆燃料循环时间;干法后处理体系不引入中子慢化剂,降低了临界安全风险;干法后处理工艺流程较短,设备紧凑,使得干法后处理设施规模较小。此外,干法后处理工艺产生废物量小,主要为固体形式。干法后处理技术特别适合处理快堆金属乏燃料、短冷却时间的快堆 MOX 乏燃料。

目前干法后处理技术还存在以下不足:尚未进入工业化应用,设备材料可靠性需进一步提高;技术路线未集中,已知的干法后处理流程有 8 种以上,但这些技术路线具有各自不同的缺点;批式操作造成处理量小;产品净化系数较低,得到的分离铀、分离钚只能用作对杂质含量要求较低的快堆燃料。

7.3　快堆先进闭式燃料循环废物处理处置技术

快堆先进闭式燃料循环废物处理依据后处理方法,主要包括水法后处理产生的废物和干法后处理产生的废物的处理技术。废物处理技术与废物物理状态和核素组成紧密相关。

7.3.1　水法后处理废物处理技术

水法后处理流程会产生较多的低、中放射性水平废物和一定量高水平放射性废物,具体废物种类如下。

7.3.1.1　水法后处理废物种类

根据我国 2017 年颁布、2018 年 1 月 1 日执行的放射性废物分类方法,放射性废物分为极短寿命放射性废物、极低水平放射性废物、低水平放射性废物、中水平放射性废物和高水平放射性废物 5 类(见图 7-16)。

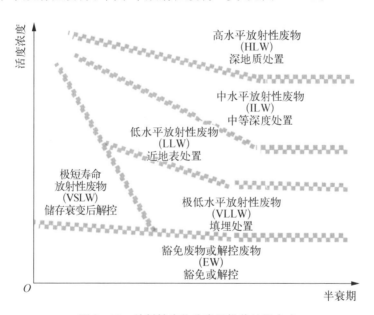

图 7-16　放射性废物分类及推荐处置方式

水法后处理工艺流程较多,萃取法中常用的有雷道克斯(REDOX)流程、布特克斯(BUTEX)流程、普雷克斯(PUREX)流程等。其中 PUREX 流程应用最为广泛。以 PUREX 流程为例,后处理过程产生的中低放射性废物大部分属于短寿命低中水平放射性废物,一般在 1 t 动力堆乏燃料后处理之后产生:

(1) 0.5 m³ 高放废物,包含乏燃料中大于 95% 的放射性。

(2) 1 m³ 中放废物,包含乏燃料中小于 3% 的放射性。

(3) 4 m³ 低放废物,包含乏燃料中小于 1% 的放射性。

水法后处理产生的废溶剂包含:0.01~0.1 m³/t 燃料,含铀小于

10 mg/L，含钚小于 0.5 mg/L，总 α 放射性小于 37 MBq/L，总 β/γ 放射性小于 37 GBq/L。

对于上述高放废液、中放废液和低放废液以及有机废液的处理方法将分别根据废物放射性水平开发相应的处理工艺流程。

7.3.1.2 放射性废液处理方法

快堆先进闭式燃料循环过程中产生的低、中、高水平的放射性废物、放射性有机废物的处理方法与压水堆闭式燃料循环过程中产生的同类废物的处理方法类似，可参考相关资料，本章不再赘述。

7.3.2 干法后处理废物处理技术

随着反应堆燃耗加深，干法后处理技术逐步受到重视，目前干法后处理主要有三种流程：氟化物挥发法流程，电化学分离技术，金属熔融萃取流程，三种流程产生的废物略有不同。

7.3.2.1 干法后处理流程废物种类

几种干法后处理流程主要产生的废物类别存在一定差别，以下分别介绍不同流程产生的主要废物种类。

1）氟化物挥发法流程废物种类

挥发流程以近年来俄罗斯与日本合作开展的 FLUOREX 流程为例，处理氧化物燃料的 FLUOREX 流程示意图参见前述图 7-5。在 FLUOREX 流程中，乏燃料脱壳后产生废包壳，在氟化过程中将大部分的铀转化为挥发性的 UF_6 后，钚、FP 等与残留的铀一起转化为氧化物，用硝酸溶解后，采用水法 PUREX 流程进行分离处理，此后的工艺流程产生的废物与水法类似，分高、中和低水平放射性废物，处理方法也类似水法后处理工艺流程产生的废物处理技术。其他废物还包括非金属和废包壳。

2）金属熔融萃取流程废物种类

干法萃取流程采用与水法后处理中有机相-油相萃取分离类似原理，利用金属-熔盐作为两相，通过待分离元素在金属相与熔盐相分配比的差异实现分离。该流程中主要废物为金属及熔盐。熔盐根据工艺不同主要包括氯化物和氟化物体系的熔盐，由于该熔盐中含有少量锕系核素、裂片核素等，需要按照高放废物处理的要求进行。

3）电化学分离流程废物种类

电化学分离技术作为世界范围内研究得最为广泛、最成功的干法后处理技术,针对不同源项和目标产物,主要包括三种技术方法:① 熔盐电解精炼法;② 氧化物还原-电解精炼法;③ 氧化物电沉积法。

(1) 熔盐电解精炼法:熔盐电解精炼是针对金属燃料的后处理方法,通过利用锕系核素(An)与裂片元素(FP)的热力学、电化学等性质的差异来实现两者的分离。金属电解精炼过程在 500 ℃ 和氩气体的保护下进行,熔盐电解精炼过程以 LiCl+KCl 混合熔盐为电解质,合金燃料经剪切后置于阳极吊篮中作为电解精炼槽的阳极,不锈钢或固体铀作为固态阴极,镉为液态阴极。通过控制阳极电位,不活泼的裂片元素(如锆、钼、锝、钌等)留在阳极吊篮中,固态阴极上得到金属铀,液体阴极中得到铀、TRU 和少量稀土的混合物。该流程废物主要包括废包壳,留在阳极篮中的惰性金属废物,以及含有铀、TRU 和少量稀土的混合熔盐。

(2) 氧化物还原-电解精炼法:为将熔盐电解精炼技术应用于氧化物燃料的后处理,美国 ANL 发展了氧化物燃料的电解还原技术,主要是在 LiCl 盐中加入 Li_2O,以金属锂为催化剂提高反应效率。INL 使用 BR3 轻水堆乏燃料进行了实验室规模的电化学还原验证。乏燃料中超过 98% 的铀被还原成金属铀,而铯、锶和钡进入熔盐,TRU、稀土和贵金属仍留在阴极篮中,大部分惰性金属和锆仍然以氧化物的形式存在于阳极。该流程主要废物包括废包壳,含有少量铀、稀土、铯、锶和钡的 $LiCl/Li_2O$+KCl 熔盐,以及阳极惰性废金属。

(3) 氧化物电沉积法:氧化物电沉积法用于处理 MOX 燃料并生产 UO_2/PuO_2 和 MOX。在此流程中,氧化物乏燃料首先经氯化熔解于熔盐中,随后氯氧化物在熔盐电解质中被还原为氧化物(UO_2、PuO_2 或 MOX),沉积在电解槽的阴极上。实验所用熔盐根据目标产物不同而不同,生产 UO_2/PuO_2 时为 NaCl - KCl,而制备 MOX 燃料时为 NaCl - 2CsCl。因而,该流程产生的废物不同于上述两种流程之处主要在于熔盐的组分发生变化。

由上述可知,不同干法后处理过程中主要产生的废物类别有废金属和废熔盐,下面介绍具体处理方法。

7.3.2.2 废金属处理技术

废金属通常去污后进行金属熔炼。20 世纪 80—90 年代,针对大量被污染的钢铁、铝、镍、铜、铅等废金属研发了金属熔炼技术。在金属熔炼过程中,放射性核素主要进入熔渣,少量挥发性核素进入尾气,在金属铸锭中,放射性核素分布较为均匀并被固定,稳定性好。美国阿贡国家实验室对金属铸锭进行了化学稳定性测试[12],显示其化学稳定性较好,放射性核素在金属铸锭中的存在较稳定。目前,100 t 污染废钢铁被熔炼后产生大约 3 t 炉渣,炉渣可以直接处置,金属铸锭在核领域循环使用。熔炼废金属的工艺如图 7-17 所示。废金属熔炼实现了放射性去污、金属再循环、再利用和废物减容三个目的。

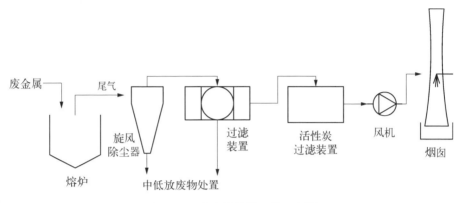

图 7-17　废金属熔炼工艺示意图

7.3.2.3　废熔盐处理技术

废熔盐是干法后处理流程中的主要废物,通常有三种处理方法[13-18]。① 沸石离子交换后陶瓷固化法,由于 A 型沸石(Zeolite A)具有"笼形"晶体结构,能将含盐废物完全容纳进这些"笼"内。因此在废熔盐与沸石的反应过程中,首先将含盐废物结合进铝硅酸盐沸石结构(4A 沸石,$Na_{12}Al_{12}Si_{12}O_{48} \cdot 27H_2O$)中,然后将该沸石与少量硼硅酸盐在高温高压下固化生成陶瓷废物体。② 磷酸盐沉淀法,利用磷酸盐进行过滤将熔盐中的过渡金属、锕系核素分离出来并包容进磷酸盐结构中,形成不溶于氯盐的沉淀,并形成稳定性较好的磷酸盐玻璃体。③ 氯化物转变为氧化物后再进行固化,由于废熔盐中的氯含量很高,很难将所有氯都包容进硼硅酸盐玻璃结构中,通常采用优化玻璃配方或脱氯的方法提高玻璃固化体的包容量,并保证固化体的稳定性。

随着技术的发展以及对最终处置废物量最小化的要求,为提高上述废熔盐固化体的废物包容量,保证固化体的长期性能稳定,人们对废熔盐处理技术进行了改进。主要针对含氯和钠组分较高的电解精炼废熔盐,含锕系和镧系组分较高的电解精炼废熔盐以及锂含量较高的电解还原废熔盐等。

1) 针对高氯高钠的电解精炼废熔盐

电解精炼的废熔盐主要包含铀、TRU 和少量稀土等,美国阿贡国家实验室研发的陶瓷固化技术可以包容镧系、锕系、活泼金属的比例分别为 13.7%、

9.8%和 16.9%。主要采用 4A 沸石同废熔盐在 500 ℃条件下反应,将废熔盐中氯离子包容进陶瓷结构中。该方法还可以将铯、锶、钡等包容进陶瓷结构中,形成铯榴石、钡长石和锶长石等晶相。针对钠含量较高或氯含量较高的废熔盐,通过优化上述陶瓷固化工艺,钠离子的包容量可以达到 15%左右,盐的包容量也可以达到相应水平[19]。

对于高氯废熔盐,韩国 KAER[20] 采用除氯固化的工艺流程,在 500～650 ℃条件下采用磷酸盐作为除氯剂同熔盐进行反应,可以达到 99%以上的氯的去除率,然后在 1 100 ℃左右利用二氧化硅和氧化铝完成废熔盐的固化。除氯工艺流程如图 7－18 所示。

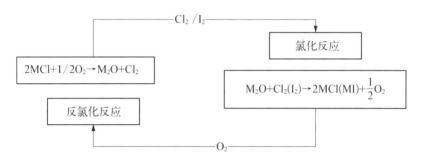

图 7－18　韩国原子能研究院的除氯工艺流程示意图

2) 针对含锕系和镧系组分较高的电解精炼废熔盐

美国橡树岭国家实验室在 20 世纪 80 年代就研发出针对镧系和锕系核素含量较高废物的固化基材 LABS(镧系硼硅酸盐玻璃)。这种固化体的主要组分为 49.8%SiO$_2$、41%Al$_2$O$_3$、16.9%B$_2$O$_3$,对于镧系元素的包容量可以达到 60%,化学稳定性好。俄罗斯采用钠铁磷酸盐在 1 250 ℃条件下与含镧系较高的废熔盐反应,最终可以获得镧系元素包容量为 20%左右的陶瓷固化体,并具有良好的长期化学稳定性。

3) 针对锂含量较高的电解还原废熔盐

电解还原流程中的废熔盐中含有较高锂离子及 Li$_2$O 组分,美国的 Riley 等人[21]研发了溶液基方钠石法,采用二氧化硅胶体悬浮液、铝酸钠溶液和模拟废液进行反应,形成的方钠石含量为 88%左右,高于经典的方钠石法,但仍然存在少量硅酸锂,对固化体稳定性带来负面影响。具体反应过程如下:

$$6SiO_2 + 6NaAlO_2 + xNaCl + (2-x)BaCl_2 \rightarrow Na_{(6+x)}Ba_{(2-x)}(AlSiO_4)_6Cl_{4-x}$$

7.3.3 放射性废物处置技术

快堆先进闭式燃料循环过程中产生的低、中、高水平的放射性废物、放射性有机废物经处理后进行处置的方法同压水堆闭式燃料循环过程中产生的同类废物的处置方法类似,可参考相关资料,本章不再赘述。

7.4 先进快堆闭式燃料循环

快堆因具备燃料增殖和废物嬗变的能力,能够有效解决裂变核能可持续发展问题。快堆技术优势的发挥,必须与乏燃料后处理等相关技术相结合,形成完整的闭式燃料循环。从燃料循环角度看,先进快堆应能够进行全部锕系核素的循环,同时还应具备对长寿命裂变产物进行嬗变的能力。

1) 完全闭合的燃料循环模式

为达到所有锕系核素的全部闭合循环,OECD/NEA 推荐 3 种基于先进反应堆、后处理和燃料循环技术的完全闭合燃料循环模式,如图 7-19 所示。在这些循环模式下,钚以及次锕系核素在核能系统中实现完全循环,最终成为废物并需进行地质处置的是循环过程中的消耗和所产生的裂变产物,此外循环工艺过程中无纯钚产生环节,可提高防核扩散能力。在上述循环模式中,需配置先进燃料后处理技术,包括水法(UREX+或其他先进流程)和干法技术。对于快堆乏燃料后处理,干法技术更合适。

图 7-19 所示的模式(a)中,压水堆和快堆共存发展,UOX 燃料在压水堆中一次通过,其乏燃料使用水法(如 UREX+)流程处理,回收的超铀元素(TRU)制成燃料在快堆中循环;快堆乏燃料使用干法后处理,回收 TRU 仍返回快堆中循环。可以根据锕系核素质量流平衡关系,综合考虑系统中压水堆和快堆的比例。在模式(a)下,核能系统仍需要持续地消耗天然铀资源,但可实现全锕系循环、达到废物最小化目标。

图 7-19 所示的模式(b)中,核能系统完全由先进快堆构成,压水堆或其他热堆乏燃料后处理回收钚作为初始装料,之后完全使用快堆进行循环和发电。快堆乏燃料使用干法后处理技术。在该模式下,核能系统的长期运行中不消耗天然铀资源,只需补充贫铀材料。同时,该模式可实现全锕系循环,需地质处置的废物主要是循环损耗和裂变产物。该模式最大的好处在于堆型、燃料技术和燃料后处理技术单一,有利于集中力量进行科研攻关。

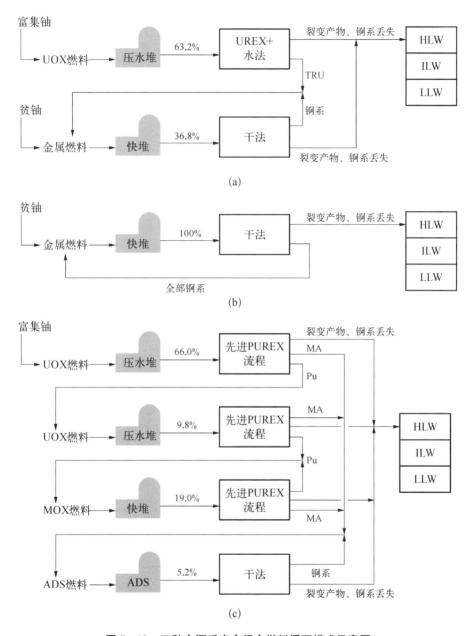

图 7‑19　三种全锕系完全闭合燃料循环模式示意图

（a）快堆‑热堆共存发展 TRU 整体循环模式；（b）完全快堆 TRU 整体循环模式；（c）ADS 与热堆、快堆匹配双流程循环模式初步方案（钚在热堆和快堆中循环、MA 在 ADS 中循环）

图 7-19 所示的模式(c)中,压水堆、快堆和 ADS 系统共存发展,主要的技术特点是利用压水堆和快堆循环钚,利用 ADS 进行次锕系核素循环。UOX 燃料在压水堆中辐照后,使用传统 PUREX 水法流程处理,回收钚在压水堆中再循环一次;MOX 在压水堆循环一次后,再进行后处理,回收钚进入快堆多次循环;压水堆和快堆乏燃料后处理产生的次锕系元素在 ADS 中循环,ADS 乏燃料使用干法技术。在该模式下,核能系统也同样需要持续消耗天然铀资源,同时需要开发 ADS 技术的工业应用。该模式的好处是,在系统中可以尽可能最大化传统压水堆和快堆的发电占比,把技术研发的重点均放在 ADS 系统及其配套的燃料循环技术上。

2) 一体化快堆

经历多年发展摸索,针对快堆相关的先进闭式燃料循环,国际上逐步提出了"同厂址循环"和"全部超铀元素循环"的理念,并与适用于该理念的乏燃料干法后处理技术结合,形成了"同址循环的先进快堆核能园区"概念,即燃料堆上辐照、乏燃料后处理和燃料再制造等燃料循环过程在同一厂址内实现,并进行全部超铀元素循环利用,称为一体化快堆核能系统。一体化快堆核能系统概念的核心要素在于:第一,一座可适用全锕系核素循环的先进快堆;第二,能够实现高燃耗并保证安全性的新型燃料;第三,燃料后处理和循环工艺要符合工艺简单、设备小型轻量和厂房占地小等要求,并可进行高燃耗乏燃料的快速处理。

同传统的闭式燃料循环方式相比,上述一体化快堆具有大大缩短燃料堆外时间,提高安全性和经济性,提高资源利用率的同时大幅度降低了次锕系核素积存量,以及可不产生纯钚产品以增强防核扩散能力等优点,并有成为未来先进快堆闭式燃料循环发展方向的趋势。

参考文献

［1］ Company J. Feasibility study on commercialized fast reactor cycle systems-phase II final report ［R］. Ibaraki, Japan: Japan Atomic Energy Agency and The Japan Atomic Power Company, 2006.

［2］ Flanary J R, Goode J H, Bradley M J, et al. Hot cell studies of aqueous dissolution process for irradiated carbide reactor fuels ［R］. Oak Ridge: ORNL, 1964.

［3］ Ferris L M, Bradley M J. Reactions of uranium carbides with nitric acid ［J］. Journal of the American Chemical Society, 1965, 87(8): 1710-1714.

［4］ Govindan P, Vijayan K S, Dhamodharan K, et al. Recovery of plutonium from lean organic in presence of Ru activity［R］. Mumbai：Board of reseach in Nuclear sciences-Dept of Atomic Energy，2006.

［5］ Nakamura H，Funasaka H，Namekawa T. Development of FBR fuel cycle in Japan (1) development scope of fuel cycle Technology［R］. Anaheim，CA，USA：Proceedings of ICAPP'08，2008.

［6］ 胡赟,徐銤.快堆中不同核燃料类型的长寿期性能评价[J].核动力工程,2008,29 (1)：53 - 56.

［7］ 刘海军,陈晓丽.国外乏燃料后处理发展现状[J].乏燃料管理及后处理,2007,5：51 - 57.

［8］ Souček P，Malmbeck R，Mendes E，et al. Exhaustive electrolysis for recovery of actinides from molten LiCl-KCl using solid aluminium cathodes［J］. Journal of Radioanalytical and Nuclear Chemistry，2010，286(3)：823 - 828.

［9］ Souček P，Malmbeck R，Nourry C,et al. Pyrochemical reprocessing of spent fuel by electrochemical techniques using solid aluminium cathodes［J］. Energy Procedia，2011，7(1)：396 - 404.

［10］ Koyama T，Ogata T，Inoue T. Actinide and Fission Product Partitioning and Transmutation［R］. Mito，Japan：Tenth Information Exchange Meeting. 2008.

［11］ Nawada H P，Bhat N P，Balasubramanian G R. Thermochemical modeling of electrorefining process for reprocessing spent metallic fuel［J］. Journal of Nuclear Science and Technology，1995，32(11)：1127 - 1137.

［12］ 罗上庚.放射性废物处理与处置[M].北京：中国环境科学出版社,2007.

［13］ Megy J，Bourgeosis M，Sauteron J. Fast reactor fuel cycles［R］. London：BNES，1982.

［14］ McDeavit S M，Abraham D P，Park J Y. Evaluation of stainless steel zirconium alloys as highlevel nuclear waste forms［J］. Journal of Nuclear Materials，1998，257 (1)：21 - 34.

［15］ 刘丽君.国外乏燃料高温冶金后处理产生废物的处理方法[J].辐射防护,2008,28 (3)：184 - 188.

［16］ 刘雅兰,柴之芳,石伟群.干法后处理含盐废物陶瓷固化技术研究进展[J].无机材料学报,2020,35(03)：271 - 276.

［17］ Leturcq G，Grandjean A，Rigaud D. Immobilization of fission products arising from pyrometallurgical reprocessing in chloride media［J］. Journal of Nuclear Materials，2005，347(1/2)：1 - 11.

［18］ Park H S,Kim I T，Cho Y Z，et al. Stabilization/solidification of radioavtive salt waste by using $x\mathrm{SiO_2} - y\mathrm{Al_2O_3} - z\mathrm{P_2O_5}$ (SAP) material at molten salt state［J］. Environmental Science ＆ Technology，2008，42(24)：9357 - 9362.

［19］ Stefanovsky S V，Stefanovsky O I，Kadyko M I，et al. Sodium aluminum-iron phosphate glass-ceramics for immobilization of lanthanide oxide wastes from pyrochemical reprocessing of spent nuclear fuel［J］. Journal of Nuclear Materials，2018，500：153 - 165.

［20］　OECD. Advanced nuclear fuel cycles and radioactive waste management［R］. Paris: Nuclear Energy Agency, Organisation for Economic Co-operation and Development, 2006.

［21］　Riley B J, Crum J V, Matyas J, et al. Solution-derived, chloride-containning minerals as a waste form for alkali chalorides ［J］. Journal of the American Ceramic Society, 2012, 95(10): 3115 - 3123.

第8章
未来发展展望

作为全书的结尾,我们重温一下著名物理学家、反应堆之父费米曾说过的两句话:"发展快堆的国家,可以永久地解决能源问题。""首先发展快中子增殖堆的国家,将得到原子能方面竞争的利益"。那快堆是怎样的一种技术,能够带来什么,先进快堆的未来发展前景是什么? 我们回顾、总结并展望如下。

快堆是快中子核反应堆的简称,是由能量较高的快中子诱发自持链式裂变反应的核反应堆。这种反应堆堆芯中子能谱硬,^{239}Pu 等易裂变核每次裂变产生的有效裂变中子数高,具备增殖核燃料和嬗变长寿命废物的能力。快堆可以利用天然铀资源中占绝大多数的 ^{238}U,实现天然铀资源利用率的最大化。另外,对于天然钍资源,也可以利用快堆将其转换成 ^{233}U。用快堆增殖钍具有增殖比大、^{233}U 纯度高(^{232}U 含量低)的优点,其转换的 ^{233}U 可供热堆或快堆作为燃料使用。对于 ^{233}U、^{235}U、^{239}Pu 等主要易裂变核,相比热中子或超热中子,在快中子诱发裂变下均能够产生更多的有效裂变中子数,实现更好的燃料转换增殖效果。快堆也可以嬗变压水堆乏燃料中的超铀元素和长寿命裂变产物,实现高放废物最小化,降低核废物处置的长期风险。快堆结合闭式燃料循环能够实现核裂变能的可持续发展。

快堆通常使用液钠等液态金属冷却剂,这类冷却剂的传热能力强,可实现很高的体积功率密度,同时能实现高达 500 ℃以上的堆芯出口温度,实现更高的能量转换效率。液态金属冷却快堆还有常压运行、热惯性大、自然循环能力强等优点,具有良好的固有安全性。此外,快堆中不设慢化剂,堆芯更为紧凑。上述技术特征也决定了快堆在小、微型动力堆方面具有较大应用前景。

进入 21 世纪后,随着燃料材料、非能动停堆和余热排出、新型燃料再生循环、动力转换等方面的技术进步,创新型设计的先进快堆概念不断提出,其在安全性和经济性等方面显著提升。在安全性提升方面,先进快堆在纵深防御基本原则的基础上,更多采用非能动安全和固有安全设计,以实现实质消除大规模放射性释放。在经济性提升方面,通过系统简化和构筑物优化以及模块化和标准化设计降低建造成本,利用深燃耗、大容量和长寿命设计进一步降低发电成本;结合燃料循环技术实现闭式循环,提高铀资源利用率,降低长寿命废物产生量,可带来资源高效利用和环境友好性的附加经济性优势;此外,热电联产、制氢等多样化用途也可提升先进快堆的经济吸引力。

核能是安全、经济、高效的低碳能源,是人类应对气候变化的重要可选能源,应作为实现"碳达峰""碳中和"战略目标的强力支撑。要实现核裂变能长期、大规模可持续发展,必须解决铀资源高效利用和废物尤其是长寿命放射性废物最小化等战略性问题。基于先进快堆和先进闭式循环的核能系统,能够提高铀资源利用率并嬗变长寿命放射性废物,具备安全性、经济性、可持续性和防核扩散性等基本特征,能满足第四代核能系统的技术目标,可以作为未来大规模发展并支撑我国先进低碳能源体系的核能系统。

在大规模核能发电方面,随着技术进步,工业界提出了一体化快堆、行波堆等新概念。为在同一反应堆内兼顾增殖和嬗变,即同时实现提高铀资源利用率和减少长寿命废物的目标,需要进行全部锕系核素循环。为安全、经济地进行全锕系循环,人们逐步提出了"同厂址循环"的理念,与适用的乏燃料后处理技术结合,即可形成"同厂址循环的一体化快堆核能园区"。此时,燃料堆内辐照、乏燃料后处理和燃料再生等燃料循环过程将在同一厂址内实现,并循环利用全部锕系核素,此为"一体化快堆"先进核能系统。与传统的快堆闭式燃料循环方式相比,该系统具有大大缩短燃料堆外时间,提高安全性和经济性,提高资源利用率,同时大幅度降低次锕系核素积存量以及可不产生纯钚产品以增强防核扩散能力等优点。

美国、俄罗斯等国均先后提出一体化快堆概念。美国是最早提出一体化快堆概念的国家,并且在其国内金属燃料和干法后处理技术基础上,提出了多个一体化快堆先进核能系统的概念,并认为是先进快堆及闭式燃料循环发展的未来。目前,通用电气日立核能公司(GEH)开发的 PRISM 反应堆仍作为其新型先进堆产品之一,并且在 2018 年被选定成为美国多功能试验堆(VTR)建设的技术选择。俄罗斯在 2012 年发布了国家先进核能发展的"突破"计划,拟建立集快堆核电厂、燃料制造厂和后处理厂为一体的中试规模电力综合体(PDEC),实现中试规模同厂址全锕系闭式循环工业示范,寻求占领核电技术竞争的制高点、树立在先进核能领域内的领导地位。

美国泰拉能源公司提出了"行波堆"的先进快堆概念。这是一种特殊设计的钠冷快堆,通过精心设计的燃料倒换,实现了贫铀等可转换材料在同一个反应堆内的增殖和裂变利用。此种理念的系统,将贫铀等可转换材料在快堆堆内辐照增殖、卸出、后处理、燃料再制造并再次入堆辐照的完整循环过程转换到在同一个堆内实现,简化了核燃料循环过程,提高了一次通过下燃料的利用率,并降低了核扩散的风险。"行波堆"形成的前提是燃料及其结构件需要耐受极高燃耗和极高辐照剂量损伤,关键技术的成熟度还较低,但"行波堆"仍是先进快堆未来的发展方向。待技术完全成熟后,"行波堆"可以作为先进快堆进行规模化部署。

另外,快堆技术也可以朝着中、小、微型化特殊用途的方向发展,这也是目前核能应用研究的热点,其灵活的功率设置能够适应多种应用领域,满足不同层次的使用需求,同时模块化设计和安装的特点可以大大缩短反应堆建造和维修周期。中、小、微型反应堆的潜在用途广泛,如在产氢、低温供热、水下核动力、移动式电源、海水淡化、空间核动力等方面有很好的应用前景。先进中、小、微型快堆具有总体投资规模较小、安全性更高、厂址要求低、利用形式多样等优势,能够更加灵活地满足市场需求,将是特殊场合反应堆应用的重要技术选择。

快堆由于具有工作压力低、功率密度高、固有安全性高的特点,在不同功率规模、不同用途的特种反应堆解决方案方面,具有较大优势。从 20 世纪末到 21 世纪初的几十年内,美国、日本、俄罗斯等多个国家纷纷提出使用液态钠或铅基冷却剂的新型中、小、微型快堆概念。这其中包括美国提出的封装核热源 ENHS,小型可运输自动运行铅基堆 SSTAR;日本提出的超安全小型简化 4S 快堆、整体换料微型堆 RAPID 及月球表面用自动运行微型堆 RAPID - L;俄罗斯提出的小型铅冷快堆 BREAST - OD - 300(也是俄罗斯"突破"计划中中试规模电力综合体的先进快堆选型)、小型铅铋冷快堆 SVBR - 75/100。这些先进快堆的用途是多样化的,涵盖发电、供热、制氢、生产蒸汽以及海水淡化等多个方面;所设想的应用场景也五花八门,包括固定式、可运输、星球表面等。这代表着核反应堆设计工程师们正畅想并积极探索未来先进快堆在多种场合的多维度应用。

快堆技术是人类继发现核裂变现象后提出的实现可控、自持链式裂变反应的基本途径之一,具有显著的技术特点和难点。可以展望的是,随着设计理念的进一步提升以及各种新技术的进一步发展,先进快堆必然在中、大型商用发电以及小、微型特殊场合应用等方面发挥越来越大的作用。

附录　彩图

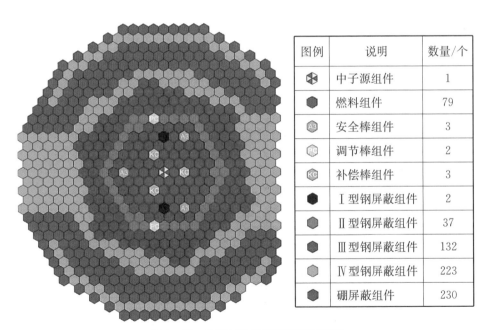

图例	说明	数量/个
	中子源组件	1
	燃料组件	79
A3	安全棒组件	3
PC	调节棒组件	2
KC	补偿棒组件	3
	Ⅰ型钢屏蔽组件	2
	Ⅱ型钢屏蔽组件	37
	Ⅲ型钢屏蔽组件	132
	Ⅳ型钢屏蔽组件	223
	硼屏蔽组件	230

图 1-10　CEFR 首炉堆芯装载布置图

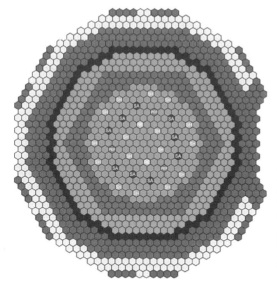

图例	说明	数量
⬡	内堆芯燃料组件/个	211
⬡	中间堆芯燃料组件/个	156
⬡	外堆芯燃料组件/个	198
⬡	径向转换区组件/个	90
⬡	钢反射层组件/个	178
⬡	硼屏蔽组件/个	182
⬡	堆内储存阱/个	188
⬡	补偿棒/根	16
SA	安全棒/根	9
PEP	非能动控制棒/根	3
⬡	调节棒/根	2

图 1 - 11　BN - 800 堆芯装载布置图

图例	说明	数量/个
⬡	燃料组件	54
⬡	内部转换区组件	24
⬡	径向转换区组件	48
⬡	控制棒组件	6
⬡	气体膨胀组件	6
⬡	反射层组件	48
⬡	硼屏蔽组件	54
⬡	堆内储存阱	54
⬡	外部屏蔽组件	72

图 1 - 12　非均匀布置堆芯示意

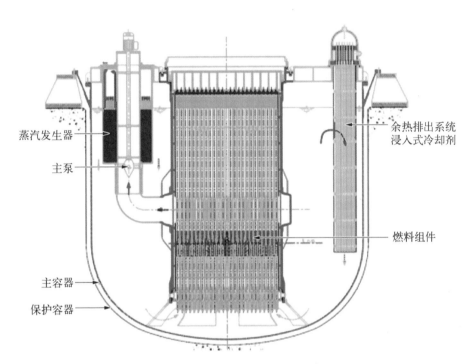

蒸汽发生器

主泵

主容器

保护容器

余热排出系统
浸入式冷却剂

燃料组件

图 2-4 欧洲铅冷快堆 ELFR 示意图

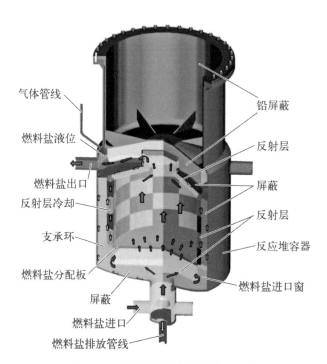

气体管线

铅屏蔽

燃料盐液位

反射层

燃料盐出口

屏蔽

反射层冷却

反射层

支承环

反应堆容器

燃料盐分配板

燃料盐进口窗

屏蔽

燃料盐进口

燃料盐排放管线

图 2-5　液态燃料熔盐堆概念示意图

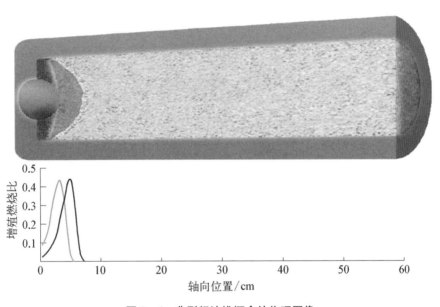

图 2-6　典型行波堆概念的物理图像

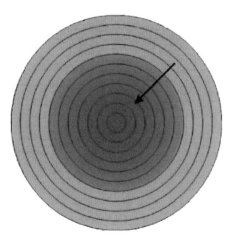

图 2‑7　典型驻波堆概念的物理图像

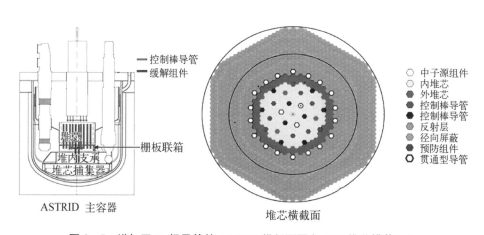

图 3‑5　增加了 21 根导管的 ASTRID 纵剖面图和 CFV 堆芯横截面图

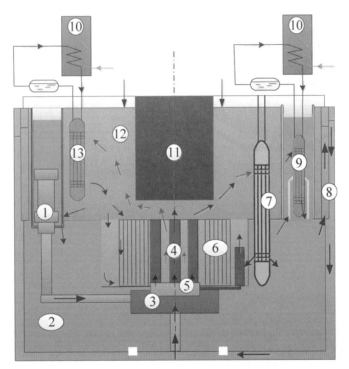

1—泵；2—冷池；3—大栅板联箱；4—燃料组件；5—小栅板联箱；6—盒间流；7—中间热交换器；8—堆容器冷却；9—冷池独立热交换器；10—空气冷却器；11—中心测量柱；12—热池；13—热池独立热交换器。

图 3‑14 中国 CFR600 的余热排出系统概念示意图

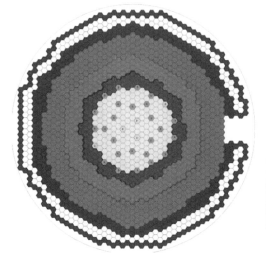

示意图	组件名称	数量
⬡	内区燃料组件/个	184
⬢	外区燃料组件/个	132
⬢	转换区组件/个	255
⬢	反射层组件/个	446
⬢	补偿棒/根	19
⬢	安全棒/根	6
⬢	碳化硼/根	390

图 6-7　CFR1000 堆芯布置图

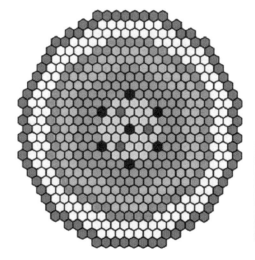

图例	组件类型	数量/个
⬡	内区燃料组件	33
⬡	内区燃料组件	90
⬢	补偿棒组件	7
⬢	安全棒组件	3
⬡	反射层组件	102
⬢	碳化硼组件	60
⬡	堆内储存阱	138
⬢	屏蔽组件	78

图 6-8　韩国 PGSFR 快堆堆芯装载图

索　引